实木智能化在线检测与分选

张怡卓　李　超　曹　军　著

科学出版社

北　京

内 容 简 介

本书系统地阐述了实木智能化在线检测与分选的技术方法，包括实木板材图像的获取、运动图像的预处理、缺陷和纹理的特征提取与分类器设计等。全书共11章，第1章是绪论，介绍研究背景和研究现状；第2章介绍板材图像预处理，是实木图像研究的前期准备；第3～6章介绍实木表面缺陷识别与分类方法；第7～10章介绍实木表面纹理识别与分类方法；第11章介绍板材表面多目标柔性分选技术。

本书可供高等院校模式识别与智能系统、控制科学与工程、电气工程及其自动化等相关专业的本科生、研究生参考阅读。

图书在版编目（CIP）数据

实木智能化在线检测与分选/张怡卓，李超，曹军著. —北京：科学出版社，2015.7

ISBN 978-7-03-044580-3

Ⅰ. ①实… Ⅱ. ①张… ②李… ③曹… Ⅲ. ①板材分选装置 Ⅳ. ①TG333.2

中国版本图书馆 CIP 数据核字（2015）第 124844 号

责任编辑：姜 红 张 震 / 责任校对：鲁 素
责任印制：赵 博 / 封面设计：无极书装

科学出版社出版
北京东黄城根北街16号
邮政编码：100717
http：//www.sciencep.com
文林印刷厂印刷
科学出版社发行 各地新华书店经销
*
2015年7月第 一 版 开本：720 × 1000 1/16
2015年10月第二次印刷 印张：15 1/2
字数：310 000

定价：96.00 元

（如有印装质量问题，我社负责调换）

前　言

木材因其具有的声学、光学特性和加工方便的优点被广泛应用于各个行业，如铁路、交通、建筑、化工、纺织、造纸、军事和宇航等，同时制造各种工具、农具、家具、工艺品、乐器等也都离不开木材。我们可以根据各种木材具有的化学、物理和力学性质对其进行识别，按其质量特性确定其用途，使木材在流通中做到真材实料、按质论价，充分合理地使用木材资源。

实木板材以物美价廉、环保耐用等优势获得了广阔的市场前景，然而其表面的缺陷与纹理严重影响了板材质量和等级。传统的以人工目测为主要手段的板材表面缺陷识别和纹理等级分选方法生产成本高、效率低，已经无法满足现代化生产的需求。实木智能化的在线检测与识别，自提出以来就得到了业界的密切关注，近年来应用图像处理解决缺陷与纹理识别的问题得到了空前的发展，为实木板材检测和等级分选提供了新的思路和方法。该技术可以在不损坏木材的前提下实现表面缺陷检测与纹理分类，拥有非常广阔的研究和应用价值。

本书以实木板材表面的缺陷和纹理为主要研究对象，结合作者的研究成果，在深入研究计算机视觉技术、图像处理算法、模式识别理论、人工智能理论的基础上，考虑到实木板材图像的特征及特点，根据应用中出现的不同问题，提出了相关的检测识别算法。在缺陷分割及识别方面，本书提出了采用梯度算子与Otsu阈值分割、形态学分割、区域生长与禁忌搜索方法，总结了4类25个特征（包括几何特征、区域特征、纹理特征以及不变矩特征），并研究了线性鉴别分析（linear discriminant analysis，LDA）算法等特征融合算法；在纹理识别方面，研究了灰度共生矩阵、Tamura视觉特征、小波变换、曲波变换、双树复小波等纹理特征，提出相应的特征优选算法，如遗传算法、粒子群算法等；在分类器的选择和分析方面，详细介绍了自组织特征映射（self-organizing map，SOM）神经网络、误差反向传播（back propagation，BP）神经网络、压缩感知（compressed sensing，CS）、模糊分类器、支持向量机（support vector machine，SVM）等的具体应用。本书旨在帮助读者透彻理解和掌握实木板材在线检测与分选方法的基本原理和框架，了解图像处理技术和智能化算法在实木板材检测与分选领域中的应用，为进一步深入研究打下基础。

本书详细总结近年来的研究工作，提出的改进算法能够在提高检测识别准确率的同时，降低运算时间。这些新方法为智能检测分选系统提供了多种选择，解决了智能化在线分选系统中亟待解决的问题，为实木智能化在线检测与分选系统提供了详尽的理论依据，同时为图像处理领域提供了一些有价值的参考。本书共11章，主要分为四部分。第一部分是第1章和第2章：实木在线检测与分选基本知识介绍和实木图像预处理，是全书的铺垫。第二部分是第3～6章：实木表面缺陷识别与分类方法介绍。第三部分是第7～10章：实木表面纹理识别与分类方法介绍。第四部分是第11章：介绍柔性分选技术以及缺陷与纹理协同分选算法。第1～4章为李超撰写，第5～11章为张怡卓撰写，曹军教授负责全书的章节设计及统稿。

本书的研究工作得到了国家林业局948项目（项目编号：2011-4-04）和国家林业公益性行业科研专项项目（项目编号：201304510）的资助，以及其他横向研究课题的支持，特此向支持和关心作者研究工作的所有单位及个人表示衷心的感谢。书中部分内容参考了国内外相关领域的文献和书籍，在此一并致谢。由于本书介绍的是前沿算法在实木检测领域中的应用，这给撰写本书增加了难度。同时作者水平有限，不妥之处在所难免，希望广大读者不吝赐教。

作　者

2014年12月于哈尔滨

目 录

第 1 章　绪　　论

1.1　实木在线检测与分选的研究背景和意义

1.1.1　研究背景

木材是一种珍贵的自然资源，也是人类使用的最古老的材料之一；它是再生材料，可以进行多次循环使用。自古以来就作为居住、工具和燃料使用。木材具有大自然赋予的美丽纹理、独特的色泽、质感以及优越的材料特性，尤其是经锯切或刨开后，这种纹理会显现出来并带着光泽，使材料的质感体现更加具体、形象。木材正是因为这种美妙的艺术特质，被广泛应用于室内住宅的装饰如衣柜、室内家具陈设、隔断屏风重点部位的造景及公共建筑的室内地板、天花板造型等生活环境之中。实木家具不但给人温馨的感觉，渲染一种亲切的气氛，表现了自然质朴的环境风貌，而且对于工作人员的视觉神经产生的刺激最小，从而能够为人类提供良好的视觉质感。

近几十年，世界很多地区的林产工业以优质天然林为原材料，生产大批量原木获得效益。对于很多林产品的生产国家，林业资源的可持续性保证了经济的发展。随着世界人口膨胀和生活水平的提高，人们对原木、工程木制材料的需求也在持续上升。例如，1998 年美国消费的原木达到了前所未有的高度，约为 5.05 亿立方米。世界范围内对木材的需求在过去 30 年也翻了一番，约为 35 亿立方米。尽管整个世界在为林业的可持续发展做努力，但供需之间的矛盾仍在不断恶化，到 2050 年估计世界对木材的需求会增加至 52 亿立方米。随着世界性木材资源的日益短缺，尤其是珍贵树种的逐渐枯竭，如何高效地利用木材资源便成了关系到一个国家可持续发展的大计。

目前，我国每年木材消耗量为 3.8 亿～4 亿立方米，而国内森林蓄积供给量约为 3.65 亿立方米（折合木材约为 2 亿立方米），且中、小幼龄林面积的比例大，树种结构不合理，短期内自给能力差，原木进口依存度达 50%。然而，随着国际木材市场价格的上涨及木材主要出口国的政策变化，我国进口木材付出的经济代价越来越高，难度越来越大。2009 年木材进口用汇为 2000 亿～3000 亿元，仅次于石油、钢铁用汇量；国内木材资源总量供应不足，木材供应结构矛盾突出，木材高效利用水平和综合利用率低。

板材是木材应用需求量最大的品种，而板材表面存在的各种缺陷，直接影响板材的利用价值和经济价值，因而板材表面缺陷是评价板材质量的重要指标之一。随着木材加工业向机械化、自动化的大规模生产发展，对板材进行分选成为木材加工过程中的一个十分重要的环节，直接影响木材的出材率和质量，人们对板材的加工质量，尤其是表面缺陷给予了越来越多的重视，因而表面缺陷检测技术变得越来越重要。此外，板材表面纹理也直接影响木材的等级、强度、使用价值以及经济价值。同时板材花纹美观与否，对一些板材及木制品也十分重要。因此，针对板材表面纹理进行分类的研究，一方面可以实现产品质量的工程目标，满足指接、拼板、家具、地板、装饰等木材加工行业各个领域多目标优选的分类要求，对木材进行高效节约并提高综合优化利用水平；另一方面为木材加工企业提供流程工业综合自动化的整体解决方案，提高产品质量、自动化程度、生产效率。

在我国的木材生产领域，大部分生产还处在半机械甚至原始的人工生产状况，板材分选及产品分等主要依靠人工视觉与经验，对板材的颜色、纹理、色泽等特性进行评价。由于板材表面缺陷种类有多种，同类缺陷在大小和外观形态上也各有差异，这种检测方式一方面不可避免人为因素的干扰，无法避免漏检、误检等情况的发生，不能保证产品的高质量；另一方面浪费大量的人力财力，提高了成本，降低了竞争优势，还浪费了宝贵的林木资源。因此，运用科学有效的方法实现实木地板分选势在必行。

1.1.2 研究意义

我国是一个林业资源相对匮乏的国家，对木材资源的长期过量采伐、毁林开荒，使我国的森林生态环境受到了严重破坏，造成了木材短缺。特别是这些年我国经济迅速发展，木材供应压力巨大，木材供需矛盾更是不断加剧，每年有 1 亿～1.5 亿立方米的木材资源都要依靠进口解决。木材作为珍贵的森林资源，必须合理充分地加以利用，这就要求在木材加工与生产工程中，既要节约木材，又能充分表现木材花纹的肌理及柔和自然的色泽这两大艺术特质。

木材资源供应不足制约了全行业的整体发展。据有关专题研究报告指出，我国在 2000 年与 2010 年最低的木材需求量分别为 1.8 亿立方米与 2.1 亿立方米。根据我国现有森林资源的日可供应量，2000 年与 2010 年大约分别为 1.2 亿立方米与 1.5 亿立方米，供需缺口已高达 6000 万立方米，而原材料依赖进口日渐艰难。从某种意义上说，当前我国的林业生态建设任务客观上是对木材制品从质到量上都提出了更高、更严苛的要求。

我国拥有 20 万家木材加工企业，而且大多数企业生产规模较小；与发达国家相比，其产品质量与管理水平落后、装备与技术有待提高；原材料的综合利用率与高效利用率都不高，初级产品较多，精加工产品较少。我国的木材贸易通常以进口原材料，出口中低档产品为主；拥有显著的加工贸易的特点，这是一种以低附加值产品为主的贸易方式。这种木材工艺技术上的落后，使得我国的木材行业处于整个价值链的底部，形成了在资源上大出大进，而生产效益低下的窘况。

林业产业的不合理结构，使木材产业在比例上失衡、多样性不高。缺乏龙头企业，产品地位不高，产业链条短；林种结构不合理，尚未形成多元化的发展；木材相关的服务组织与中介组织尚有待完善；经济林规模小，花卉、苗木生产基地建设缓慢，难以形成规模效应，不能满足当前的经济建设需求。

因此，应珍惜与爱护当前有限的森林资源，更要充分利用木材资源，合理使用木材资源。如何提高木材利用率，充分地利用好森林资源，更是我国林业科技工作人员需要认真面对的重要课题之一。木材产品的检测是能够提高木材利用率的一个非常重要的途径与手段。探索出快速、准确地对木材纹理与缺陷检测分级的方法尤为重要。

在对木材加工及应用时，首先要对木材纹理进行检测。在传统的检测工序中，一方面通过人工来检测和分类存在各种不可避免的人为因素的主观影响，导致结果的可靠性差；另一方面在这一操作中还浪费了人力等资源。这些主观影响大以及分类精度低等因素都已经成为木材分级自动化生产的一道薄弱的工序。随着现在科技水平的发展，对生产的要求在提高，对木材加工与优选等方面的自动化程度也提出了更高的要求。因此，找到一种有效的方法实现对木材表面纹理进行快速且准确的分类成为自动化领域研究中亟待解决的问题。

本书以实木表面缺陷及纹理自动检测分选为目标，以图像处理与模式识别为技术手段，通过对实木地板表面图像获取与转换、缺陷分割、缺陷特征提取与选择、缺陷识别等相关步骤的深入研究，构建分选系统软硬件系统，实现板材按等级要求的在线分选。本书的研究内容及提出的新算法对板材生产中的自动检测和分级技术改造与创新有重要意义。分选方法的采用和分选系统的实施将从节约降耗、增质增效等方面产生重大经济、社会效益，有助于降低企业生产成本、提升企业竞争力。该分选系统不仅适用于实木地板分选行业，而且对指接、拼板、家具、装饰等木材加工行业的缺陷在线检测有借鉴意义。

1.2　实木检测的概述

1.2.1　研究对象

1）木材缺陷

国家标准对木材缺陷有着明确的定义：凡是能够降低木材质量或影响木材使用的各类缺点均视为木材缺陷。国家标准将木材缺陷分成十类：节子、虫害、变色、裂纹、腐朽、伤疤（损伤）、木材构造缺陷、树干形状缺陷、木材加工缺陷和变形。为了研究与讨论的方便，通常将木材缺陷分成三类：环境因素或树木生长特性而形成的木材缺陷，称为天然缺陷；木材干燥或加工不当所导致的木材缺陷，称为木材加工缺陷；由于生物原因对伐倒木、活力木或成材造成危害而形成的木材缺陷，称为生物危害缺陷。部分木材缺陷样本如图 1-1 所示。

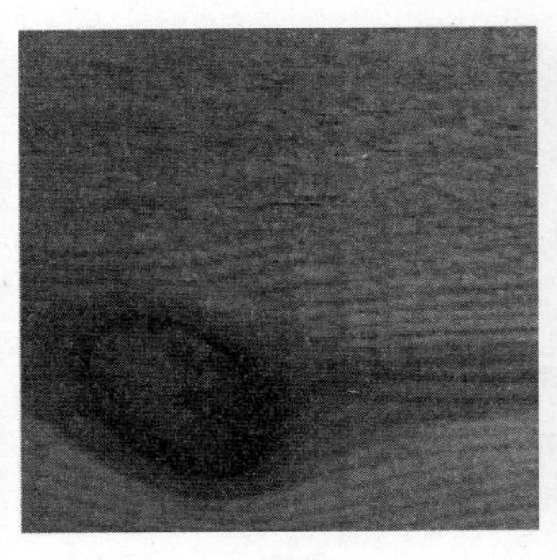
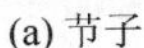

(a) 节子

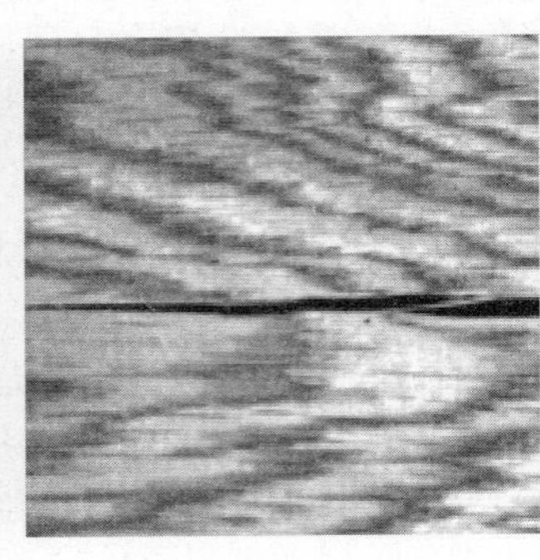

(b) 裂纹

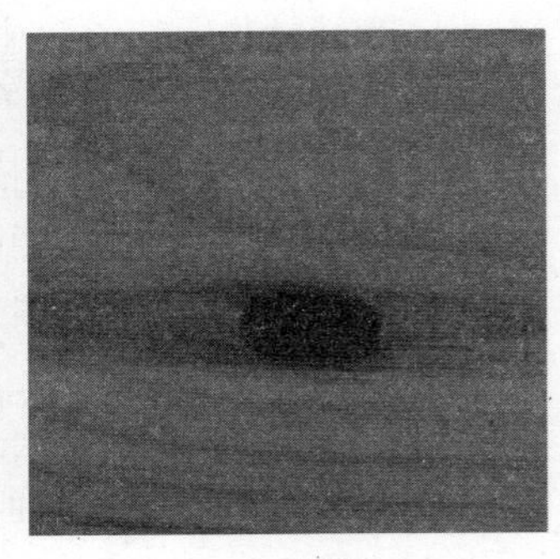

(c) 虫眼

图 1-1　部分木材缺陷样本

（1）天然缺陷：采伐前产生的缺陷是生长过程中由于生长和环境等在木材内部产生的缺陷。节子、裂纹以及木材构造缺陷是天然缺陷的主要组成部分。

（2）木材加工缺陷：木材在加工过程中所造成的木材表面损伤称为木材加工缺陷。木材加工缺陷包括锯割缺陷和干燥缺陷，又可以细分为钝棱、变形等。

（3）生物危害缺陷：主要是虫子、微生物等寄生在木材、砍伐的原木或未砍伐的活树上，并对它们造成危害而形成的缺陷。腐朽、虫眼和变色是三种主要的生物危害缺陷。当木材遭到自然界中各种生物的危害时，其材质会受到不同程度的影响，从而使木材的实用价值降低。生物危害对木材价值的影响程度主要取决于缺陷的外形、破坏的程度和缺陷分布情况。

实木地板国家标准（GBT 15036—2001），根据产品的外观质量、物理力学性能将实木地板分为优等品、一等品和合格品。实木地板的外观分级标准如表 1-1 所示（只列出本研究所涉及的部分）。

表 1-1　实木地板的外观分级标准

名称	表面			背面
	优等品	一等品	合格品	
活节	直径≤5mm 长度≤500mm 个数≤2 个 长度＞500mm 个数≤4 个	5mm＜直径＜15mm 长度≤500mm 个数≤2 个 长度＞500mm 个数≤4 个	直径≤20mm 个数不限	尺寸与个数不限

续表

名称	表面			背面
	优等品	一等品	合格品	
死节	不许有	直径≤2mm 长度≤500mm 个数≤1个 长度＞500mm 个数≤3个	直径≤4mm 个数≤5个	直径≤20mm 个数不限
蛀孔	不许有	直径≤5mm 个数≤5个	直径≤2mm 个数≤5个	直径≤20mm 个数不限
裂纹	不许有	不许有	宽≤0.1mm 长≤15mm 数量≤2条	宽≤0.3mm 长≤50mm 条数不限

2）木材纹理

木材纹理是指木材表面上因结构、生长轮、木射线、轴向薄壁细胞、导管、木纤维及色素物质、木节或锯切方向等因素所产生的自然图案。这种自然图案美观与否，直接关系着木制品的感观效果和经济效益。在本书中将纹理分为直纹、抛物纹和乱纹三种效果的纹理。部分木材纹理样本如图1-2所示。

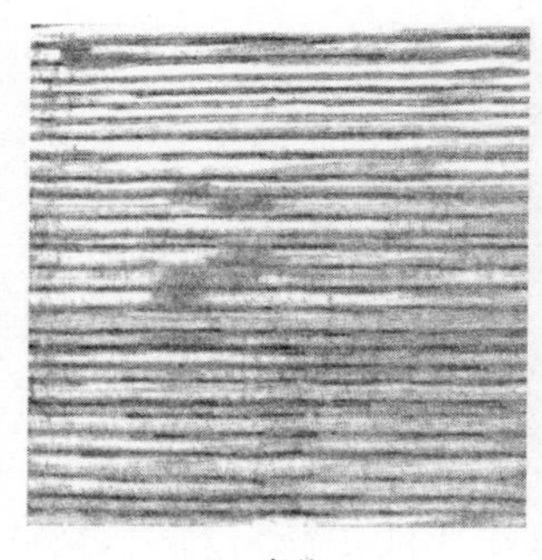

(a) 直纹

(b) 抛物纹

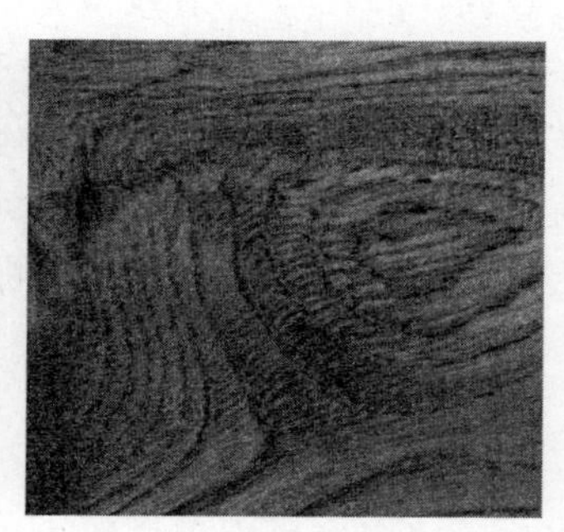

(c)乱纹

图1-2　部分木材纹理样本

树木的生长情况、加工切割方式不同，得到的纹理也不尽相同。径切板一般得到的是直纹，弦切板通常是抛物纹，其他情况的纹理统称为乱纹。

实木的种类较多，应用也颇为广泛。本书针对实木的智能化检测与分选方法，以实木地板为例进行缺陷、纹理的研究和实验。

1.2.2　实木板材检测的主要研究手段

缺陷检测的方法主要有X射线检测法、超声波检测法、核磁共振法、微波检测法等。

X 射线检测法：当木材密度和材质不同时，射线的吸收和衰减效应也会发生变化。我们可以根据感光底片上黑白程度不同的图像来推断木材的内部密度变化，进而确定板材内缺陷的类型、位置、大小和形状。虽然 X 射线技术在木材无损检测中已经很成熟，但是这种设备成本高、需要保护设施，在实际应用中还不是特别广泛。

超声波检测法的主要原理是根据超声波在板材中传播时会发生一定的反射、衍射与散射等能量衰减特性，当超声波经过木材缺陷时，由于传播路径质地发生了很大的变化，这种能量衰减特性也会不同，通过测试折射出的超声波波速、波形等并经过一定的电路处理来判断木材缺陷的类型、形状、大小和位置等信息。虽然超声波检测法应用广泛，但由于其处理参数本身的局限性，在缺陷定量和定性方面的灵敏度并不是很高，所以目前这种方法也主要处于实验室的研究阶段。

核磁共振法是利用水分子可以使核磁信号在胶片上显示的原理，获得了比较精确的木材缺陷边界，使原木锯切之前便检测出节疤等缺陷，核磁共振检测技术具有快速、易于计算机处理等优点，但由于这种能发出磁振信号的设备成本也比较高，而且与 X 射线检测法一样需要保护设施，所以目前也主要处于实验室研究阶段。

微波检测法利用微波在不同的传导介质中其衰减速度和传播速度的不同，检测木材内部的缺陷。虽然目前这种方法已经比较成熟，但由于用这种测试仪通过微波检测法检验时受到多种因素的制约，所以目前微波检测法大多用于板材性质检测。

对于纹理特征的分析方法一般可分为：统计法、模型法和频谱法。

统计法中最常用的方法为灰度共生矩阵。王克奇等（2006）采用灰度共生矩阵，提取出适用于描述木材纹理的特征参数。由于灰度共生矩阵需要对整幅图像信息进行统计分析，所以难以实现在线分选的速度要求。

模型法中常用的有分形法和马尔可夫随机场法。任宁等（2007）采用分形法分析了 20 种典型的木材弦向与径向纹理图像；王晗等（2007）选用高斯-马尔可夫随机场的方法，通过判断纹理的主方向对其进行区分。分形理论与马尔可夫随机场法相对复杂，计算时间长，不适合在线检测与分选。

在频谱法的分析中，近年来小波变换引起了广泛注意。王亚超等（2012）采用实数 9/7 小波变换对木材纹理进行了多尺度分解，提取纹理“小波能量分布比例和 EHL/ELH 值”表达木材纹理的规律特征和方向性；杨福刚等（2006）选用了二进正交小波基的变换方法对木材纹理图像进行多层分解，利用 SVM 分类器对木材纹理样本进行训练和识别分类。尽管小波变换具有快速分类的特点，但是由于小波变换缺少方向性，所以对复杂纹理分类精度不高。

1.2.3　基于图像处理的板材检测发展历程

自20世纪70年代以来，国内外学者相继开展了关于木材表面视觉物理量的研究，并取得了一定的进展。

（1）着眼于缺陷检测的研究：研究集中在特征选择和缺陷识别方法。在特征选择方面，Pham等（1999）总结了4类共32个特征向量，然后利用神经网络分类器对4类特征进行分析。Estcvez等（1999）提出了缺陷分类特征选择方法，实验表明遗传算法效果最好。Estcvez等（2003）应用遗传算法对板材10类的缺陷进行了特征选择。在缺陷识别方法上，Kauppinen等（1999）提出了运用自组织网络对板材表面缺陷分类，由于该方法需要设计人机接口来完成同类缺陷认知，过程仍需要改进以完成缺陷的自动辨识。Castellani等（2009）提出运用遗传算法与神经网络相结合的方法对装饰板材进行分类，运用遗传算法优化神经网络结构，并对网络训练；该方法对板材单一缺陷的辨识比较理想。Irene等（2008）提出运用SVM对板材表面4种缺陷进行分类，运用B样条找到缺陷边界，选用缺陷面积、缺陷内部颜色、缺陷边缘颜色及外部颜色为特征量对缺陷区域进行分类，但该方法需要找到缺陷区域，此外，基于B样条的边界界定缺乏准确性，因此，辨识速度、精度会受到影响。

（2）着眼于纹理分类的研究：在纹理分析和分类的研究方面，国内外学者建立了一些基于数字图像处理的纹理算法。Li等（2003）提出了简单的多分类思想，运用离散小波框架变换（discrete wavelet frame transform，DWFT）为特征提取器，通过定义3个高斯变量，构造了3个SVM分类器，通过分类器的融合提高了辨识精度。王克奇等（2006）运用灰度共生矩阵法提取纹理特征参数；杨福刚等（2006）选用小波基进行特征选择，并利用SVM分类器对纹理分类；谢永华等（2010）应用不变矩为特征参数，应用最近邻分类器对板材纹理进行分类；Sengur（2008）采用模糊神经网络对彩色图像纹理进行分类。Avci等（2009）提出了纹理特征优化的方法，运用遗传算法优化小波基和信息熵，运用神经网络为分类器完成了纹理的分类。

1.3　国内外研究现状

1.3.1　国外研究现状

1）缺陷检测国外研究现状

Qi等（2010）提出了结合Hopfield神经网络与数学形态学，检测木材缺陷边缘在X射线下的木材成像，通过这种方法可以获得一个生动和无声的缺陷边缘的实验结果。

Wu（2010）提出了一种基于相似性传播聚类分析的新的木材缺陷检测方法，该方法有效地提高了木材缺陷识别的精度和速度。

Amir（2012）提出灰度共生矩阵法、局部二进制模式和统计矩三种方法的混合使用，进行特征缺陷提取，用主成分分析（principal components analysis，PCA）和线性判别分析（linear discriminant analysis，LDA）减少向量维度。

Zhao（2012）提出了用可变电容介电常数测量方法进行实木板材缺陷的检测，通过测量各板块之间的差异和有无缺陷，实现快速、非接触无损检测。

2）纹理分类国外研究现状

Wooten 等（2011）提出了一种区别出树皮木屑的图像处理算法。通过对纹理的判断，得出代表树皮纹理的单个值。

Suo（2011）研究了不同纹理分析方法在不同材料上的识别程度，通过对比多种材料的识别精度，确定最好的材料结构分析方法。

Pramunendar（2013）在椰子木质量分类中使用自调优多层感知器（multilayer perceptrons，MLP）分类器和 SVM，应用灰度共生矩阵建立矩阵，用来提取椰子木材图像的纹理特征。

Liu（2013）提出了学习有识别力的照明模式和纹理过滤器，可以直接测量双向纹理函数（bidirectional texture function，BTF）的最优预测分类，同时研究了纹理旋转和尺度变化的影响及材料分类。

Jamali（2011）提出了一种基于表面纹理的机器学习，用来区分不同材料的应用，不同的纹理产生不同强度的硅胶的振动，因此，纹理可以区分不同频率的存在信号。

1.3.2　国内研究现状

1）缺陷检测国内研究现状

白雪冰等（2010）利用一种空频变换方法对缺陷图像进行分割，对缺陷图像进行了成功的分割。

韩书霞等（2011）用计算机断层扫描技术对原木进行无损检测，采用分形特征参数分析的方法对原木计算机断层扫描（computed tomography，CT）图像进行缺陷分析。

仇逊超等（2013）提出了一种基于多通道 Gabor 滤波的改进 C-V 彩色模型的木材缺陷识别算法，这种方法可快速、准确地实现对木材节子缺陷彩色图像及单板多节子彩色图像的分割。

王阿川等（2013）提出了一种改进的动态轮廓理论模型及相应的检测算法，该方法可以很好地应用于木材单板缺陷图像的多目标识别中。

徐姗姗等（2013）提出一种基于卷积神经网络算法的识别方法，该方法无须对图像进行复杂的预处理，能识别多种木材缺陷，精度较高且复杂度较小，具有很好的鲁棒性。

2）纹理分类国内研究现状

谢永华等（2010）提出了小波分解与分形维的方法对木材纹理进行分类，发现木材纹理细致时，图像的分形维数较小；当木材纹理粗糙时，分形维数较大。

葛静祥（2010）通过构建粗分类和细分类相结合的多分类器，实现了纹理图像的准确划分，对 brodatz 纹理集划分的正确率达到 92%，对 rotate 纹理集划分的正确率达到 99%。

王亚超等（2012）通过利用实数 9/7 小波变换，对木材纹理进行多尺度分解，得到筛选出木材纹理最佳分解尺度为 3，同时还发现小波能量分布比例和 EHL/ELH 值可作为木材纹理方向性参数。

王楠楠等（2013）改进局部二元模式（local binary pattern，LBP）直方图算法，引入局部二元模式方差（local binary pattern variance，LBPV）算子，发现采用基于 LBP 频率估计主方向和特征降维的方法，不但降低了计算复杂度，节省了分类时间，而且进一步提高了分类效率。

王爱斐（2013）提出了一种基于混合高斯模型的地板块纹理分类算法，对多类别地板块纹理的识别和分类。该算法运算速度快、分类准确率高、存储空间小，优于传统的灰度共生矩阵提取法和 SVM、BP 神经网络、K 最近邻（K-nearest neighbor，KNN）算法的分类效果，具有较高的实用价值。

1.4 本书的主要研究内容与结构

1.4.1 主要研究内容

缺陷对实木装饰美观产生巨大影响，传统的缺陷检测是以人工目测为主要检测手段，这种方法工作量大、效率低下，无法满足人们日益增长的需求，对板材进行缺陷的自动识别和分选是本书的研究内容之一。木材的纹理是体现木板宏观美学与质量的一个重要因素，传统的纹理描述，求解模型系数难度很大，计算量比较大，耗费时间，存在与人类视觉模型脱节、对木材纹理图像全局信息的利用不足等问题。为了解决以上问题，针对实木在线分选系统中的实际需求，本书对智能检测与识别方法进行了深入的讨论，以求提高检测与识别的速度和准确度。实木智能化在线检测与识别系统的流程图如图 1-3 所示。

本书就是针对智能化在线分选系统的各个环节，进行深入的理论分析和算法研究，解决存在的实际问题，提高分类精度，缩短总体运算时间，主要内容如下。

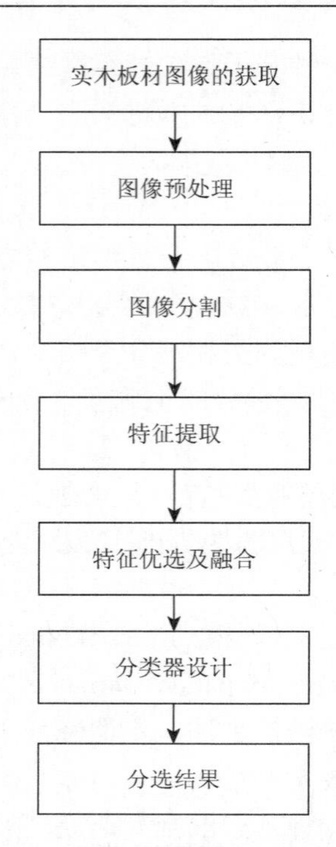

图 1-3　实木地板分选流程图

（1）图像采集：搭建实木板材表面图像采集和分选系统，获得一定量的板材试验材料，采集大量实木板材表面图像，为以后试验提供足够的试验素材。

（2）图像预处理：采集的木材图像是基于 RGB 模型的彩色图像，对彩色图像灰度化方法进行研究，降低图像处理的数据量。基于图像灰度直方图信息，对灰度图像进行增强处理，获得细节清晰缺陷信息。对邻域平均法和中值滤波法进行对比分析，消除图像噪声。研究微分锐化算法和拉氏锐化算法，消除图像模糊，突出图像边缘信息。

（3）图像分割：将图像分成各具特性的区域并提取出感兴趣目标的技术和过程。这里的特性可以是缺陷、灰度、颜色、纹理等，目标可以对应单个区域，也可以对应多个区域。本书针对实木板材的图像，主要研究图像缺陷的特性，在研究图像缺陷的特性过程中，提出了几种分割的算法，包括阈值分割算法、基于形态学的缺陷分割算法、基于图像融合的缺陷分割算法和基于 LDA 特征融合的压缩感知缺陷识别算法。

（4）特征提取：使用计算机提取图像信息，决定每个图像的点是否属于一个图像特征。特征提取的结果是把图像上的点分为不同的子集，这些子集往往属于孤立的点、连续的曲线或者连续的区域。特征提取要遵循以下四项基本原则：可区别性强、可靠性强、特征维数低和独立性。在实木板材表面特征中，缺陷特征有几何特征、形状特征、不变矩特征。纹理特征有Tamura特征、灰度共生矩阵的纹理特征、小波的纹理特征、曲波的纹理特征和双树复小波特征。本书主要针对这几种特征展开了研究。

（5）特征优选及融合：板材图像在经过特征提取后，由于提取的特征的数据量过多，数据之间的冗余性较大，给计算机的处理增加不必要的运算时间，所以对这些特征进行优化和融合处理，以最少、最优的特征来表征木材图像的信息。在特征优选及融合中，本书提出了用来线性降维的PCA、LDA、优化数据的遗传算法和粒子群算法来优化提取出来的特征。

（6）分类器设计：特征经过提取和优选之后，就可以依据优化后的特征对样本进行识别和分类。本书根据不同的特征和样本特点，设计了不同的分类器，如SOM分类器、BP神经网络分类器、模糊分类器、SVM分类器和压缩感知分类器，并对分类器进行适当的改进和优化，在保证在线分类的前提下，有效地提高了分类精度。

（7）分选结果：样本经过在线分选系统的智能化分选就可以得到分选结果，本书将分选结果主要归为两大类：缺陷和纹理。缺陷包括死节、活节、裂纹和虫眼这四类；而纹理包括直纹、乱纹和抛物纹这三类。本书还提出了面向对象的分选方案，可以根据用户需求来设定系统的分类标准和分类结果，实现柔性分选。

1.4.2 本书结构

基于以上研究内容，本书各章组织结构如下。

第1章为绪论。主要介绍研究目的和意义，描述相关领域的研究现状，简单介绍研究内容、研究路线以及文章结构安排。

第2章介绍板材图像预处理，图像增强、图像平滑等方法，是实木板材图像研究的前期准备。

第3～6章主要研究缺陷的分割方法；第7～10章研究纹理的分类方法。

第3章研究基于阈值融合的缺陷分割方法。介绍图像分割原理、梯度算子原理、梯度算子与阈值分割实验。

第4章研究基于形态学的板材缺陷分割与SOM分类。介绍数学形态学原理、相应的特征提取以及用神经网络构建出缺陷分类器。

第5章研究基于图像融合的缺陷分割方法。介绍缺陷分割算法、区域生长方法和禁忌搜索方法，设计了基于图像融合的缺陷分割方法。

第6章研究基于LDA特征融合的压缩感知缺陷识别方法。介绍LDA理论、特征降维的重要性，以及利用压缩感知的分类器设计。

第 7 章研究基于灰度共生矩阵及模糊理论的纹理分类。介绍纹理的特征、灰度共生矩阵、模糊理论以及模糊分类器设计。

第 8 章研究基于 PCA 与 SVM 的纹理分类方法。介绍 PCA 与 SVM，利用 SVM 进行纹理分类。

第 9 章研究基于多尺度变换的特征提取与纹理分类。介绍小波、曲波、双树复小波的原理与特征提取。

第 10 章研究基于多尺度变换特征融合的纹理分类。介绍混沌理论、混沌粒子群算法，以及不同波特征融合的纹理分类。

第 11 章介绍板材表面多目标柔性分选技术，提出了板材表面协同分选算法，依据用户不同的需求，分选出用户需要的实木板材。

1.5 本 章 小 结

本章主要介绍实木智能化检测与分选的研究目的和意义，表面缺陷检测与纹理分类是实现实木在线检测分选的关键技术，描述相关领域的研究现状，简单介绍研究内容、研究路线以及文章结构安排。

第 2 章　板材图像预处理

图像在采集传输的过程中，由于光线、曝光时间等因素的影响，会出现模糊现象。为了获得质量高的图像，就需要对采集的图像预处理。图像预处理主要是图像增强、图像平滑以及图像锐化。图像增强的方法有很多，如直方图修正、灰度变换、图像平滑去噪、伪彩色处理等。直方图修正是基于灰度变换而来的，能够更好地显示和处理图像；灰度变换是图像增强技术中一种简单的点运算处理技术；图像平滑去噪是图像增强的主要方面，是以对图像进行平滑和去噪为目的的最常用的预处理方法。

2.1　图像灰度化

人们通常用灰度来描述黑白或灰度扫描仪生成的图像。灰度共有 256 个级别，纯黑对应于灰度值 0，纯白对应于灰度值 255。图像灰度化就是把采集的彩色图像经过某种变换转化为只包含像素点亮度的灰度图像的过程。彩色图像的每个像素由 R、G、B 三个分量组成，每种颜色都有 256 种灰度值，由于图像所携带的信息主要表现在它的灰度形式上，对 R、G、B 三个分量进行处理，将图像灰度化就能方便对图像的后续化处理，减少图像的复杂度和信息处理量。

图像的灰度化就是彩色图像变为黑白图像，设 f 代表 R、G、B 彩色空间中的任意向量，如

$$f(x,y)=\begin{bmatrix} f_R \\ f_G \\ f_B \end{bmatrix}=\begin{bmatrix} R \\ G \\ B \end{bmatrix} \tag{2-1}$$

那么 $f(x,y)$ 的分量是一幅彩色图像在一个点上的 R、G、B 分量。彩色分量是坐标的函数，如

$$f(x,y)=\begin{bmatrix} f_R(x,y) \\ f_G(x,y) \\ f_B(x,y) \end{bmatrix}=\begin{bmatrix} R(x,y) \\ G(x,y) \\ B(x,y) \end{bmatrix} \tag{2-2}$$

常用的有以下 4 种方法实现图像的灰度化。

（1）取最大值的方法。在彩色图像的三个分量中，如果有最大的灰度值，则用它来代替输出点的灰度值，如

$$g(x,y)=\max(f_I(x,y)),\ \ I=R,G,B \tag{2-3}$$

（2）用加权平均值的方法。在蓝绿红三种颜色中，有重要的，也有不重要的，所以可以根据三个分量的重要性来实现加权运算。基于这个原理就可以侧重于那些敏感的色彩，以加权的办法实现彩色图像灰度化，如

$$g(x,y)=\frac{1}{i+j+k}(if_R(x,y)+jf_G(x,y)+kf_B(x,y)) \tag{2-4}$$

式中，i，j，k 是正整数。

（3）取分量的方法。这种方法比较简单，也就是将图像中三个分量的其中之一作为输出图像的灰度值，如

$$g(x,y)=f_I(x,y),\ I=R,G,B \tag{2-5}$$

（4）取平均值的方法。平均值的方法就是算出像素点的各个分量的灰度值，并把三种色彩的灰度值相加后，再除以三，得到一个平均值，用此值作为输出像素点的灰度值，如

$$g(x,y)=\frac{1}{3}(f_R(x,y)+f_G(x,y)+f_B(x,y)) \tag{2-6}$$

图 2-1 是采用以上 4 种方法对彩色图像进行灰度化。图 2-1(a)是原始图像；图 2-1(b)是采用最大值法获得的灰度图像；图 2-1(c)是采用加权平均法得到的灰度图像，其中 R、G、B 的权值分别为 1、1、3；图 2-1(d)是取分量方法获得的灰度图像，这里获取的是 R 分量图像；图 2-1(e)是采用三个分量取平均值获得的灰度图像。

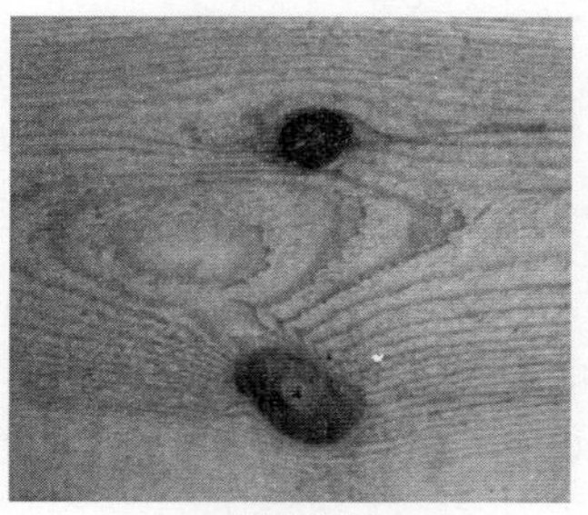

(a) 原始图像

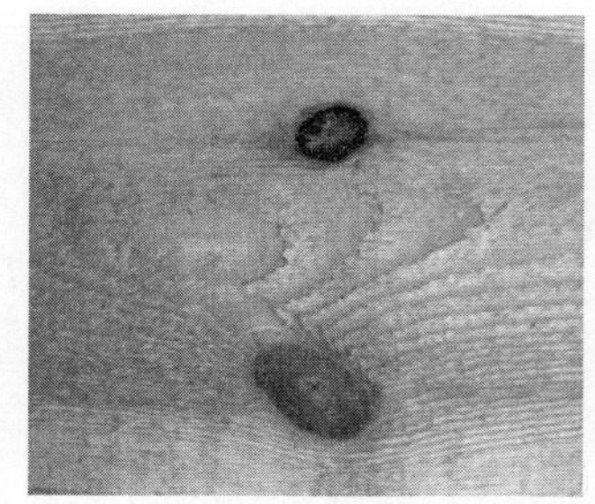

(b) 最大值法

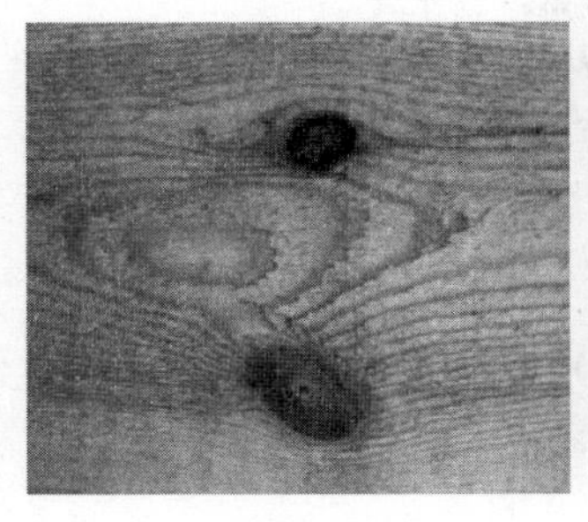
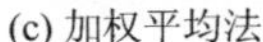
(c) 加权平均法

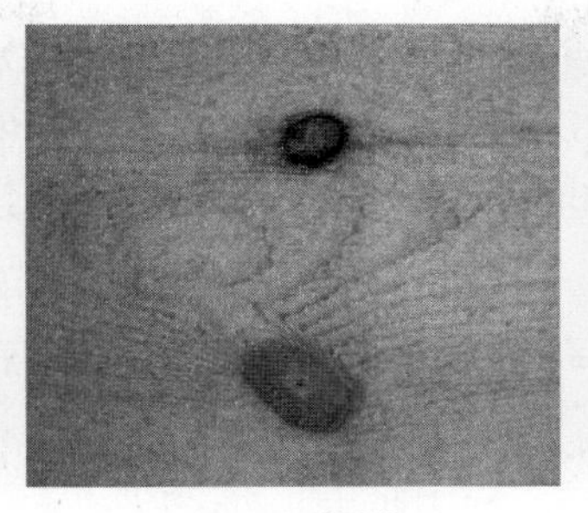
(d) R分量图像

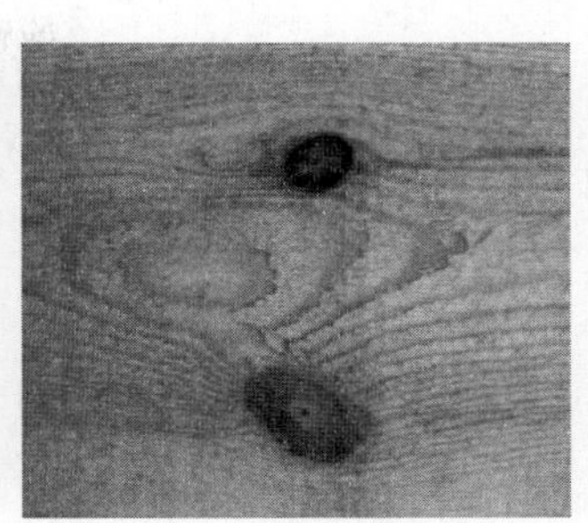
(e) 平均值法

图 2-1　图像灰度化

2.2 图 像 增 强

图像增强是数字图像处理技术中最基本的内容之一，其主要目的是运用一系列的技术手段改善图像的视觉效果，提高图像的清晰度，这样图像的形式就会更利于计算机进行进一步的处理和分析。对图像进行增强时，主要在空间域或者频率域对图像进行操作。总的来说，空间域法有两种：点运算和邻域运算。点运算有图像灰度变换、直方图修正等；邻域运算包括图像平滑和图像锐化等。频域法主要是对图像的频率进行滤波处理，如高通、低通、带通以及带阻滤波等。图像预处理时，通常对图像进行直方图均衡化处理或者对图像灰度进行某种数学变换来实现图像增强。

2.2.1　直方图均衡化

原始图像的直方图往往集中在某一段，直方图均衡化就是经过某种变换，将图像灰度的动态范围拉宽，使原始图像的直方图均匀分布在整个灰度区间，从而达到增加图像对比度的目的。

直方图表征了每一灰度级在图像中出现的概率，它是图像灰度级的函数。对于数字图像，直方图可以表示为

$$p_r(r_k)=\frac{n_k}{n},\quad k=0,1,2,\cdots,L-1 \tag{2-7}$$

式中，n 是图像的总像素数；L 是灰度级的总数目；r_k 表示第 k 个灰度级；n_k 表示像素值为 k 的像素个数。

设 r 是变换前的灰度级，并且是已经归一化灰度级，$0\leqslant r\leqslant 1$，$T(r)$是变换函数，$s=T(r)$ 是变换后的灰度级，$0\leqslant s\leqslant 1$。变换函数 $T(r)$满足以下条件：$0\leqslant r\leqslant 1$时，$T(r)$ 的值逐渐变大；对于$0\leqslant r\leqslant 1$，恒有$0\leqslant T(r)\leqslant 1$。

设 $p_r(r)$ 是随机变量 ξ 的概率密度函数，随机变量 η 是 ξ 的函数，即 $\eta = T(\xi)$，η 的概率密度函数是 $p_s(s)$，则通过 $p_r(r)$ 可以求出 $p_s(s)$。由于 $s = T(r)$ 是单调递增的，其反函数 $r = T^{-1}(s)$ 也应该是单调递增函数。可以求取随机变量 η 的分布函数为

$$F_\eta = p(\eta < s) = p(\xi < r) = \int_{-\infty}^{r} p_r(x)\mathrm{d}x \tag{2-8}$$

对式（2-8）两边求导，可得到随机变量 η 的概率密度函数 $p_s(s)$ 为

$$p_s(s) = \left[p_r(r) \cdot \frac{\mathrm{d}r}{\mathrm{d}s} \right]_{r=T^{-1}(s)} \tag{2-9}$$

若变换后有 $p_s(s) = 1$，则由式（2-9）得 $\mathrm{d}s = p_r(r) \cdot \mathrm{d}r$，对其两边积分得

$$s = T(r) = \int_0^r p_r(\omega) \cdot \mathrm{d}\omega \tag{2-10}$$

式中，ω 是积分变量，而 $\int_0^r p_r(\omega) \cdot \mathrm{d}\omega$ 是关于灰度级 r 的累积分布函数。

通过将关于灰度级 r 的累积分布函数作为图像直方图修正的变换函数，便可以实现图像直方图均衡化。在式（2-10）中对 r 求导得

$$\frac{\mathrm{d}s}{\mathrm{d}r} = p_r(r) \tag{2-11}$$

结果代入式（2-9）中，可得

$$p_s(s) = \left[p_r(r) \cdot \frac{\mathrm{d}r}{\mathrm{d}s} \right]_{r=T^{-1}(s)} = \left[p_r(r) \cdot \frac{1}{\mathrm{d}s/\mathrm{d}r} \right]_{r=T^{-1}(s)} = \left[p_r(r) \cdot \frac{1}{p_r(r)} \right]_{r=T^{-1}(s)} = 1 \tag{2-12}$$

通过上述推导过程可以看出，s 的概率密度分布区间是均匀。因而可以认为，用 r 的累积分布函数作为图像直方图修正的变换函数得出处理后的图像灰度级是均匀分布的，其结果扩展了灰度的动态范围。

数字图像是一种离散的情况，可以用式（2-7）来代替概率。式（2-10）的离散形式可以表示为

$$s_k = T(r_k) = \sum_{j=0}^{k} \frac{n_j}{n} = \sum_{j=0}^{k} p_r(r_j), \quad 0 \leqslant r_j \leqslant 1,\ k = 0,\ 1,\ \cdots,\ L-1 \tag{2-13}$$

一般来说，直方图灰度分布均匀的图像看起来会比较清晰柔和。将采集的木材图像进行直方图均衡化，可以使板材图像直方图的灰度间距变大、增大缺陷部位和正常部位的反差，这样就使板材表面图像灰度动态范围变大，进而使板材表面图像细节变得清晰。变换后的板材表面图像灰度直方图会在[0, 255]范围内趋于均化。

2.2.2 图像灰度变换

直接灰度变换是对图像像素值的操作，通过某种数学变换，将图像的像素值

集中区域映射到某一个新的像素空间。灰度变换后，图像的动态范围变大、对比度会增强，特征明显，从而达到改善画质的目的，让图像细节更清晰。灰度变换不改变图像内的空间关系，只是用点运算改变图像像素点的灰度值。灰度变换的表达式为

$$g(x,y)=T[f(x,y)] \tag{2-14}$$

式中，$f(x,y)$为原始图像；$g(x,y)$为变换后的图像；T 为变换函数。在此主要对灰度的线性变换以及分段线性变换进行介绍。

设原始图像 $f(x,y)$的灰度主要动态范围为[a, b]，对于变换后的图像 $g(x,y)$，希望其灰度主要动态范围为$[c, d]$。那么，变换函数为

$$g(x,y)=\frac{d-c}{b-a}[f(x,y)-a]+c \tag{2-15}$$

灰度线性变换曲线如图 2-2 所示。虽然变换后的图像的像素点个数与变换前一样，但是由于图像灰度的动态范围变大了，不同像素的像素值差异也变大了，不同像素彼此间的对比度变大，图像的某些细节更加清晰。特殊地，如果$a=d=255$，且$b=c=0$，此时得到的是原图像的补图像。当目标区域的灰度值普遍比较低时，可以采用图像求补的方法实现目标区域增强。

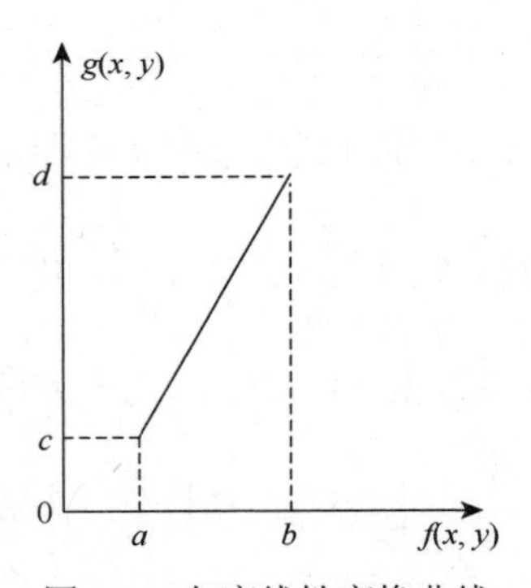

图 2-2　灰度线性变换曲线

对于灰度级为 L 的灰度图像，如果仅对灰度值分布在$[a, b]$区间内的像素点感兴趣，而对于此区间外的像素点不感兴趣，那么可以仅对$[a, b]$区间内的像素点做灰度变换，不在此区间内的灰度级则不作处理或设置为常数（如置“0”或置“1”），分别如式（2-16）和式（2-17）所示。

$$g(x,y)=\begin{cases} c, & 0\leqslant f(x,y)<a \\ \dfrac{d-c}{b-a}\left[f(x,y)-a\right]+c, & a\leqslant f(x,y)\leqslant b \\ d, & b<f(x,y)<L \end{cases} \tag{2-16}$$

$$g(x,y)=\begin{cases}\dfrac{d-c}{b-a}[f(x,y)-a]+c, & a\leqslant f(x,y)\leqslant b\\ f(x,y), & \text{其他}\end{cases} \tag{2-17}$$

图像增强实际上就是通过将图像中感兴趣的区域的灰度动态范围扩大，实现不同像素点之间的反差放大，进而提高图像各区域间的对比度。三段式的线性分段变换可以有效突出目标区域，抑制非目标区域，但是有时候往往需要一定的先验知识。三段分段线性变换曲线如图 2-3 所示，其变换公式如式（2-18）所示。

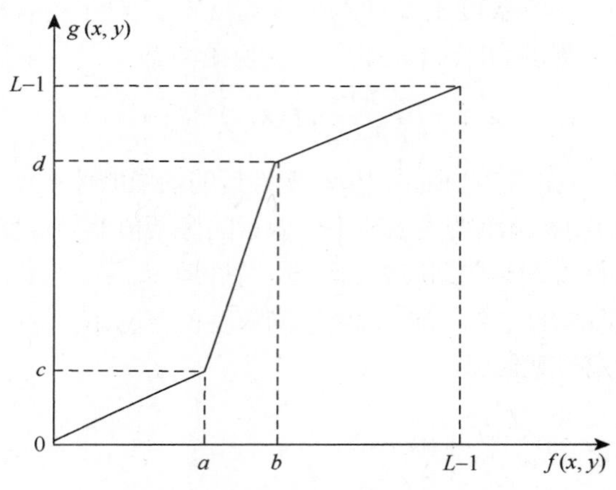

图 2-3　三段分段线性变换曲线

$$g(x,y)=\begin{cases}\dfrac{c}{a}f(x,y), & 0\leqslant f(x,y)<a\\ \dfrac{d-c}{b-a}[f(x,y)-a]+c, & a\leqslant f(x,y)<b\\ \dfrac{L-1-d}{L-1-b}[f(x,y)-b]+d, & b\leqslant f(x,y)<L\end{cases} \tag{2-18}$$

2.3　图 像 平 滑

图像平滑主要有两个目的：一是模糊图像；二是消除噪声。在提取大的目标之前通过图像平滑可以有效除去小的细节或弥合目标之间的缝隙。图像平滑的方法主要是邻域平均法和中值滤波法。

2.3.1　邻域平均法

邻域平均法的核心思想是通过计算中心像素某个邻域内所有像素的加权平均

值，并将该加权平均值作为中心像素的灰度值，从而实现消除图像噪声的目的。当邻域像素的加权系数为 1 时，计算的即为邻域的平均值。邻域平均法为

$$g(x,y)=\frac{\sum_{i=1}^{mn} w_i z_i}{\sum_{i=1}^{mn} w_i} \tag{2-19}$$

式中，z_i 是卷积模板中心像素点 (x,y) 的邻域像素值；w_i 是邻域像素点 z_i 对应的加权系数；mn 是邻域的大小，也就是卷积模板的大小。

邻域平均法常用模板有 3×3 Box 模板，如图 2-4(a)所示，以及 3×3 高斯模板，如图 2-4(b)所示。Box 模板中的加权系数全为 1，在进行平滑处理时，每一个邻域对处理的结果是一样的。高斯模板是对二维高斯函数进行采样、量化并归一化处理之后得到的，在模板中距离其中心越近，权重也就越大，也就是说当邻域像素与当前被平滑的像素位置越接近，其对平滑结果的影响越大。通过加权可以有效地减轻处理过程中造成的模糊。

$$\frac{1}{9}\begin{bmatrix}1 & 1 & 1\\ 1 & 1^* & 1\\ 1 & 1 & 1\end{bmatrix} \qquad \frac{1}{16}\begin{bmatrix}1 & 2 & 1\\ 2 & 4^* & 2\\ 1 & 2 & 1\end{bmatrix}$$

(a)　　　　(b)

图 2-4　卷积模板

2.3.2　中值滤波法

中值滤波不仅可以有效地过滤图像噪声，而且能够有效地保留图像的某些边缘细节信息。中值滤波的原理很简单，它把小窗口内所有像素的灰度值按照从小到大进行排列，取中间的灰度值作为窗口中心像素的灰度值。一般来说，选择包含奇数个像素的窗口作为中值滤波的窗口。中值滤波可以按照式（2-20）来定义：

$$g(x,y)=\text{middle}\{f(x-i,y-j)\},\quad (i,j)\in \boldsymbol{W} \tag{2-20}$$

式中，$g(x,y)$ 表示输出像素灰度值；$f(x,y)$ 表示输入像素的灰度值；$\text{middle}\{\cdot\}$ 表示取中间值；$\boldsymbol{W}$ 表示模板窗口。

中值滤波的步骤如下。

（1）选择一定大小的窗口，将此窗口的某个像素作为窗口中心，通常选择窗口大小为 3×3、5×5 等。

（2）定出窗口以后，把窗口所包围的像素点的灰度值排序。

（3）找到序列的中间值，并将此中间值代替窗口中心点的灰度值。

（4）将窗口遍历整幅图像并重复上述步骤。

2.3.3 图像平滑算法选择

当图像的噪声呈现零均值正态分布时，中值滤波对图像平滑的噪声方差(σ_{med}^2)为

$$\sigma_{\text{med}}^2=\frac{1}{4mf^2(\overline{m})}\approx\frac{\sigma_i^2}{m+\dfrac{\pi}{2}-1}\cdot\frac{\pi}{2} \tag{2-21}$$

式中，σ_i^2是输入噪声方差；$\overline{m}$是输入噪声均值；m是滤波器窗口大小；$f(\overline{m})$是噪声密度函数。

均值滤波对图像平滑的噪声方差(σ_o^2)为

$$\sigma_o^2=\frac{1}{m}\sigma_i^2 \tag{2-22}$$

通过对比可以看出，中值滤波对随机噪声的抑制能力要比均值滤波的抑制能力差，但是如果输入噪声是脉冲宽度小于$m/2$的脉冲干扰时，中值滤波的处理效果要好。图 2-5(a)是原始的R分量图像，图 2-5(b)是添加 0.02 椒盐噪声后的图像，图 2-5(c)是均值滤波结果，图 2-5(d)是中值滤波结果。可以看出均值滤波后的图像在原来噪声附近区域仍然会存在许多斑点。

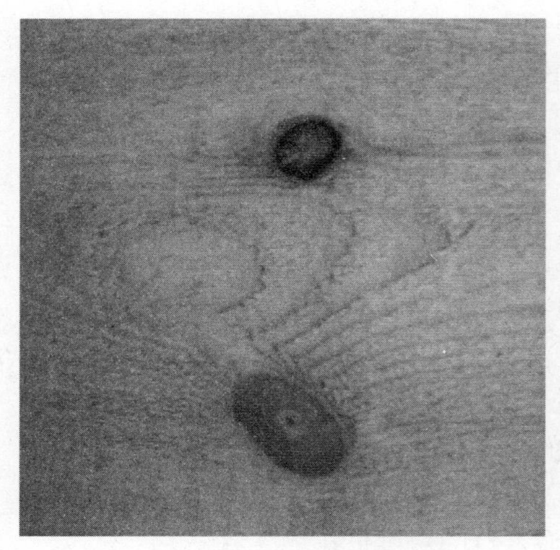

(a) 原始R分量

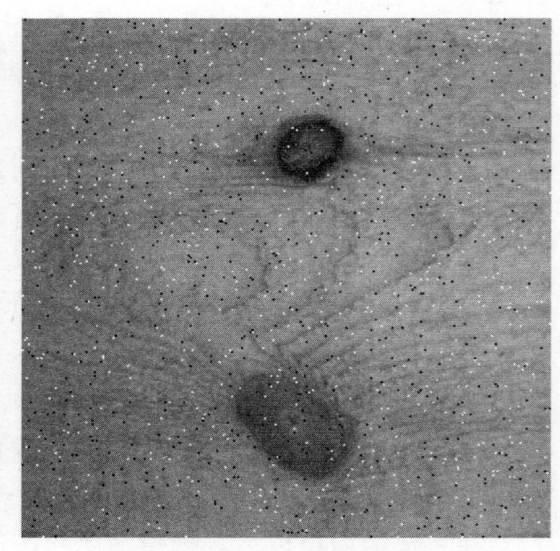

(b) 噪声图像

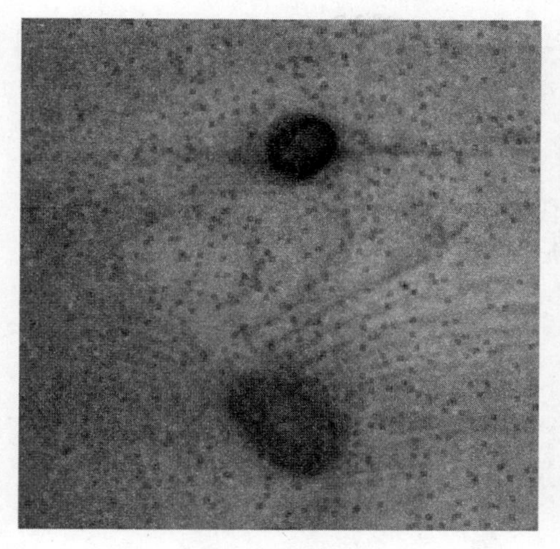
(c) 均值滤波

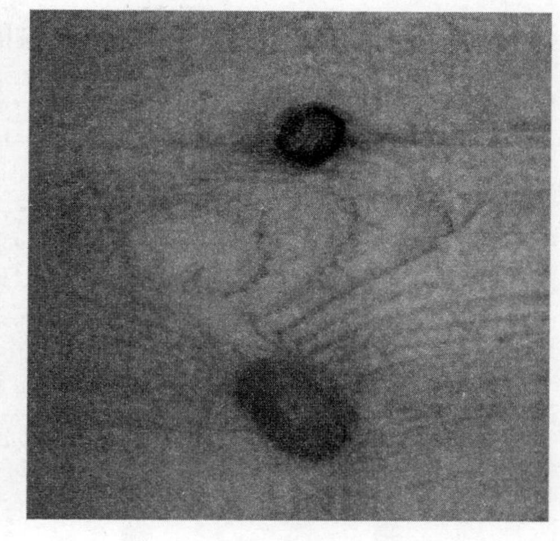
(d) 中值滤波

图 2-5　图像平滑结果

2.4　图 像 锐 化

2.4.1　微分锐化算法

数字图像的微分锐化的本质就是求取数字图像的变化率，这种方法可以将高频分量加强，从而使图像边缘变得清晰。

对于二维函数$f(x,y)$的梯度定义为向量：

$$\nabla f=\begin{bmatrix}G_x & G_y\end{bmatrix}^{\mathrm{T}}=\begin{bmatrix}\dfrac{\partial f}{\partial x} & \dfrac{\partial f}{\partial y}\end{bmatrix}^{\mathrm{T}} \tag{2-23}$$

式中，G_x、G_y分别是沿x、y方向的梯度。

该矢量的幅值为

$$\mathrm{mag}\left[f(x,y)\right]=\left[G_x{}^2+G_y{}^2\right]^{1/2}=\left[(\partial f/\partial x)^2+(\partial f/\partial y)^2\right]^{1/2} \tag{2-24}$$

对于数字图像中随机一点$f(m,n)$，式（2-24）可以近似为

$$\mathrm{mag}\left[f(m,n)\right]=\left\{\left[f(m,n)-f(m+1,n)\right]^2+\left[f(m,n)-f(m,m+1)\right]^2\right\}^{1/2} \tag{2-25}$$

式中，像素的相对位置如图 2-6(a)所示。

实际操作中，式（2-25）可以简化为

$$\mathrm{mag}[f(m,n)]=\left|f(m,n)-f(m+1,n)\right|+\left|f(m,n)-f(m,n+1)\right| \tag{2-26}$$

上述公式只考虑了水平和垂直方向的差分，还有一种 Roberts 梯度法是一种交叉差分算法，像素间的差分位置如图 2-6(b)所示，数学表达式为

$$G[f(x,y)]=\left\{[f(m,n)-f(m+1,n+1)]^2+[f(m+1,n)-f(m,n+1)]^2\right\}^{1/2} \tag{2-27}$$

实际操作中，可以用式（2-28）来替代：

$$\mathrm{mag}[f(m,n)]=|f(m,n)-f(m+1,n+1)|+|f(m+1,n)-f(m,n+1)| \tag{2-28}$$

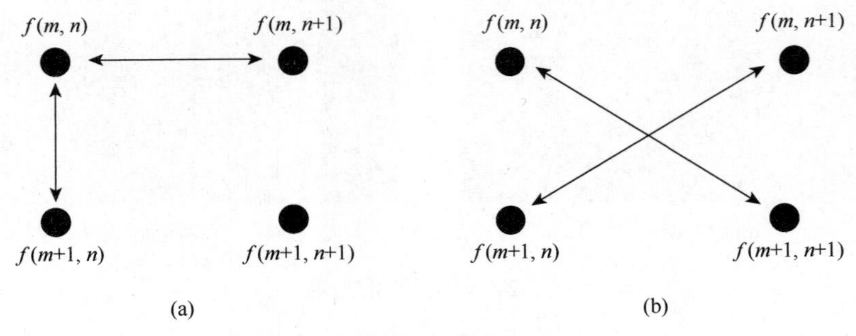

图 2-6　梯度算子像素相对位置

2.4.2　拉氏锐化算法

拉氏运算是拉普拉斯运算的简称，它是一种二阶偏导数运算。拉氏算子为

$$\nabla^2 f=\frac{\partial^2 f}{\partial x^2}+\frac{\partial^2 f}{\partial y^2} \tag{2-29}$$

设图像是由扩散现象引起的图像模糊，是锐化后的图像，那么满足

$$g=f-k\nabla^2 f \tag{2-30}$$

式中，k 是与扩散效应有关的系数。

对于数字图像 $f(x,y)$，其二阶偏导可以表示为

$$\begin{aligned}\frac{\partial^2 f(x,y)}{\partial x^2}&=\nabla_z f(m+1,n)-\nabla_z f(m,n)\\&=[f(m+1,n)-f(m,n)]-[f(m,n)-f(m-1,n)]\\&=f(m+1,n)+f(m-1,n)-2f(m,n)\end{aligned} \tag{2-31}$$

$$\frac{\partial^2 f(x,y)}{\partial y^2}=f(m,n+1)+f(m,n-1)-2f(m,n) \tag{2-32}$$

则拉氏算子为

$$\begin{aligned}\nabla^2 f&=\frac{\partial^2 f(x,y)}{\partial x^2}+\frac{\partial^2 f(x,y)}{\partial y^2}\\&=f(m+1,n)+f(m-1,n)+f(m,n+1)+f(m,n-1)-4f(m,n)\end{aligned}$$

$$=-5\left\{f(m,n)-\frac{1}{5}[f(m+1,n)+f(m-1,n)+f(m,n+1)+f(m,n-1)+f(m,n)]\right\}$$

（2-33）

特殊情况下，当 k=1 时，拉氏锐化后的图像为

$$\begin{aligned}g(m,n)&=f(m,n)-\nabla^2 f(m,n)\\&=5f(m,n)-f(m+1,n)-f(m-1,n)-f(m,n+1)-f(m,n-1)\end{aligned} \tag{2-34}$$

2.4.3 Sobel 锐化算法

Sobel 算子可表示为

$$\begin{aligned}s(i,j)&=|\Delta_x f|+|\Delta_x f|\\&=|(f(i-1,j-1)+2f(i-1,j)+f(i-1,j+1)-f(i+1,j-1)\\&\quad+2f(i+1,j)+f(i+1,j+1))|+|(f(i-1,j-1)+2f(i,j-1)\\&\quad+f(i+1,j-1)-f(i-1,j+1)+2f(i,j+1)+f(i+1,j+1))|\end{aligned} \tag{2-35}$$

其卷积算子为

$$\Delta_x f=\begin{bmatrix}-1 & 0 & 1\\-2 & 0 & 2\\-1 & 0 & 1\end{bmatrix}，\Delta_y f=\begin{bmatrix}-1 & -2 & -1\\0 & 0 & 0\\1 & 2 & 1\end{bmatrix}$$

代入式 $g(x,y)=f(x,y)+C[f(x,y)-l(x,y)]$，求得梯度幅值。

利用式（2-36）来产生包含最终边缘信息的二值化图像。

$$e(x,y)=\begin{cases}|G|, & |G|\geqslant T\\0, & 其他\end{cases} \tag{2-36}$$

式中，T 是一个非负门限值。适当地选择 T，可使二值化图像 $e(x,y)$ 中包含图像的主要轮廓和边缘的梯度幅值。

得到 $e(x,y)$，就可以实现数字图像的边缘锐化，具体算法为

$$g(x,y)=\begin{cases}f(x,y)+C[f(x,y)-l(x,y)], & e(x,y)>0\\f(x,y), & e(x,y)=0\end{cases} \tag{2-37}$$

对于图像上的每一点，若 $e(x,y)>0$，则表示该处是边缘，因而使用反锐化掩模对该像素进行锐化；若 $e(x,y)=0$，则表明该处不是边缘，不需要锐化，该像素值保持原状。

2.4.4 图像锐化及边缘检测实验

图 2-7 所示为用拉氏锐化算法和 Sobel 锐化算法的对比，图 2-7(a)是原始灰

度图像，图 2-7(b)是用中值滤波算法处理后的图像，可以看出该图像的很多边缘细节被过滤了，整幅图像也比较模糊。图 2-7(c)是拉氏锐化后的图像，该图像几乎恢复了图像的原貌。图 2-7(d)是 Sobel 锐化的图像，它虽然将图像的各个细节都凸显出来，但是视觉效果要比拉氏算法差一些。图 2-7(e)和图 2-7(f)分别是拉氏边缘检测和 Sobel 边缘检测的结果，可以看出，拉氏算法检测的边缘比较连续，而 Sobel 算法检测的边缘比较离散。之后采用禁忌搜索算法分割缺陷时需要检测二值图像的边缘作为种子点，此时没必要采用完整的边缘点，因此采用 Sobel 算法检测二值图像的边缘。

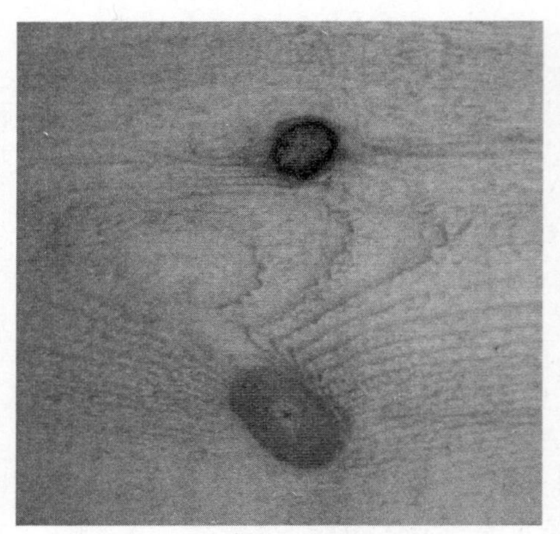

(a) 原始灰度图像

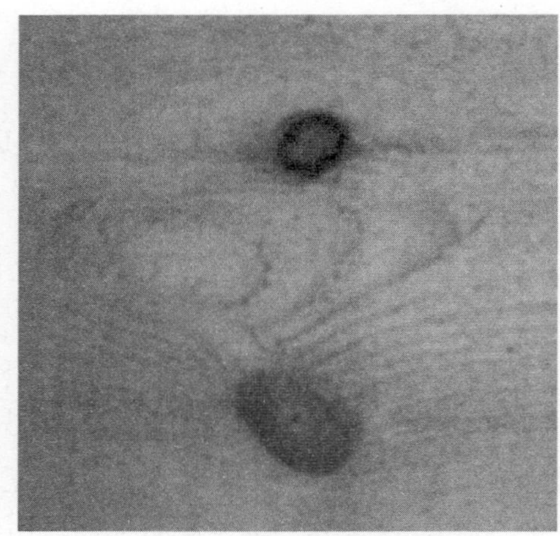

(b) 中值滤波图像

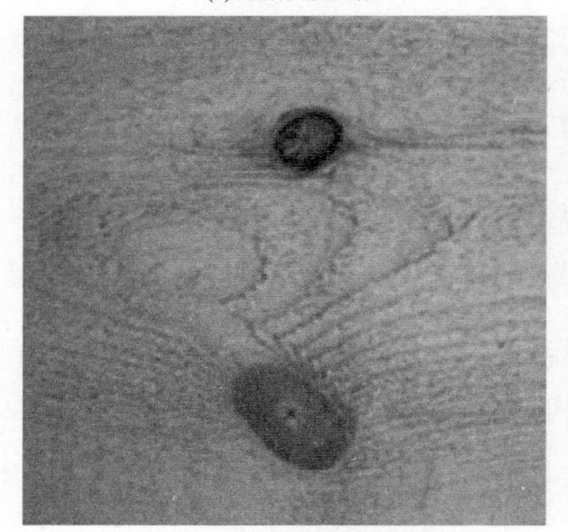

(c) 拉氏锐化

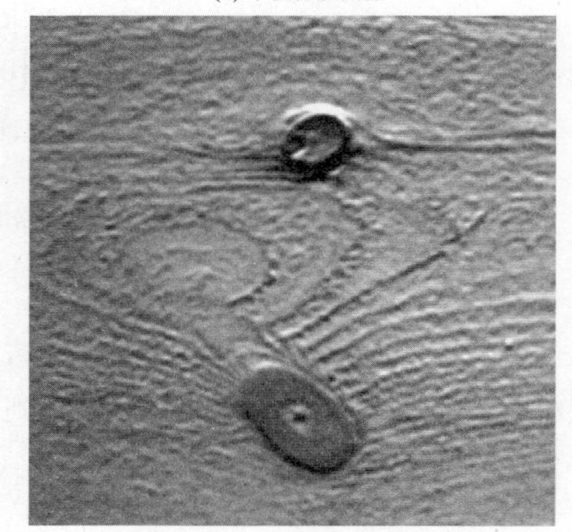

(d) Sobel锐化

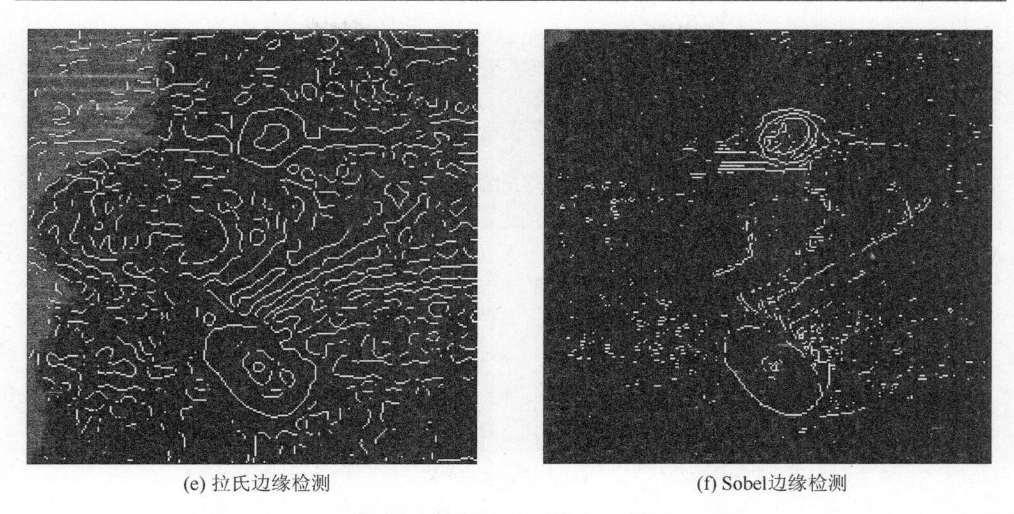

(e) 拉氏边缘检测　　(f) Sobel边缘检测

图 2-7　拉氏锐化算法和 Sobel 锐化算法的对比

2.5　板材原始图像的剪切与预处理

1）剪切处理

摄像视野不同，导致板材纹理在同一张图片中的多样化，因此限定截取 5～11 个直条纹，或者近似大小的弯条纹，作为待处理的样本图片，并整理归类，如图 2-8 所示。

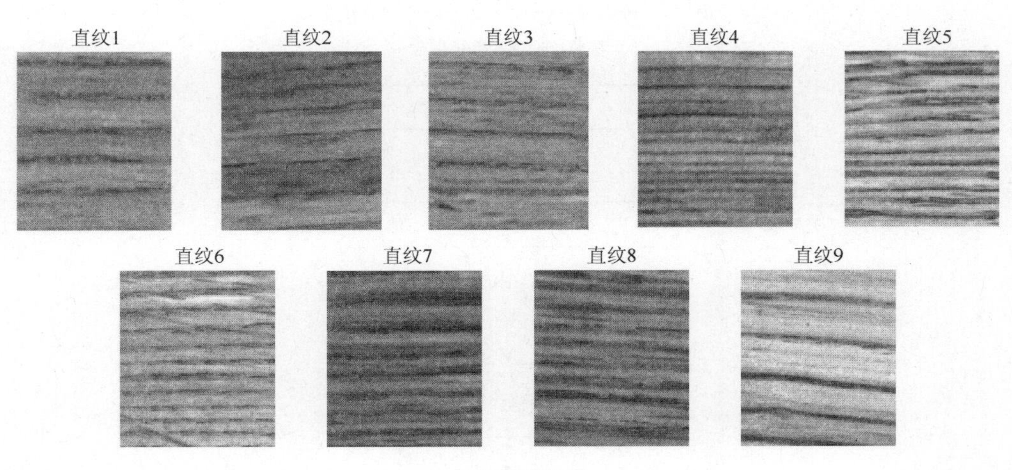

(a) 直纹采集图样

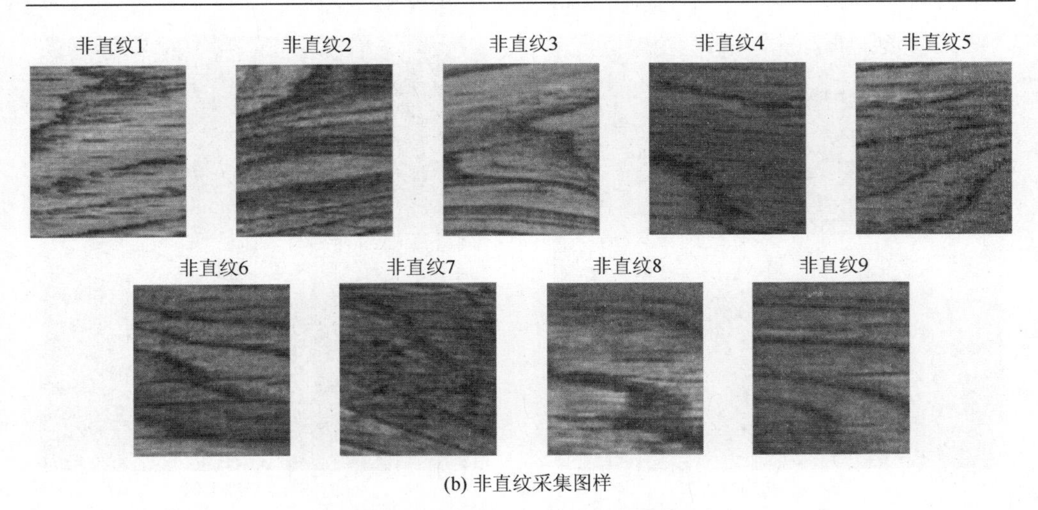

(b) 非直纹采集图样

图 2-8　木材纹理样本图片的采集

2）针对板材纹理分类的预处理

纹理识别是对板材图片的内容理解。通常情况下对板材纹理识别，主要分析其灰度图片，并且在进行分析前要对灰度图片进行灰度直方图均衡和等级归并。

灰度图片预处理流程图见图 2-9。

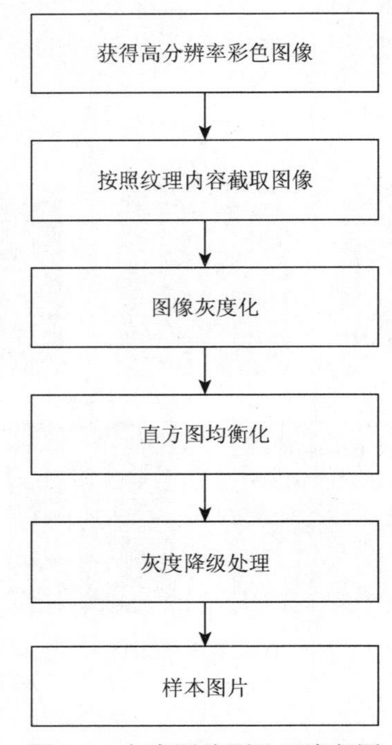

图 2-9　灰度图片预处理流程图

进行等级归并，一方面是因为后续需要对灰度图进行灰度共生矩阵的统计计算，而若生成原图的256个灰度范围的256×256的矩阵，则会使计算量过大，况且也失去了统计归纳的意义；另一方面是为了保证图片的质量和清晰度，摄像机的像素选择较大，但与此同时会引入部分噪声，使边缘不够清晰，故简化灰度的级别有利于消除部分噪声，使图片中信息净化。

另外，选择等级归并的数量，图2-10给出了视觉上的参照，将256个灰度级简化为8个灰度级后，样本图片的纹理信息仍然清晰可见，所以这也保证了后续处理的可靠性。

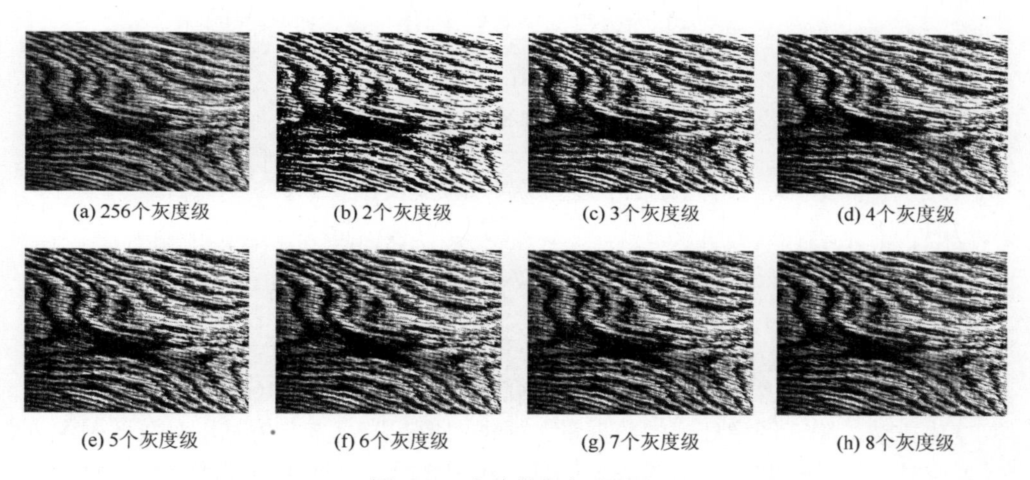

(a) 256个灰度级　(b) 2个灰度级　(c) 3个灰度级　(d) 4个灰度级

(e) 5个灰度级　(f) 6个灰度级　(g) 7个灰度级　(h) 8个灰度级

图2-10　灰度等级归并对比

3）针对板材颜色识别的预处理

彩色图片包含了颜色信息，根据图片中各个组成部分不同的颜色，可以读出图片中的很多信息，如轮廓、外形、结构、位置等。但是，假定忽略图片中每一个像素点所处的位置，仅考虑它们所固有的颜色，则通过遍历所有像素点得到的颜色直方图，将能够准确地表达图片的颜色信息。所以对于图片，并不需要进行过多处理，可以直接得到红（R）、绿（G）、蓝（B）三个通道的颜色直方图所合并成的向量，即体现颜色特征的样本数据。

彩色图片样本处理流程图如图2-11所示。

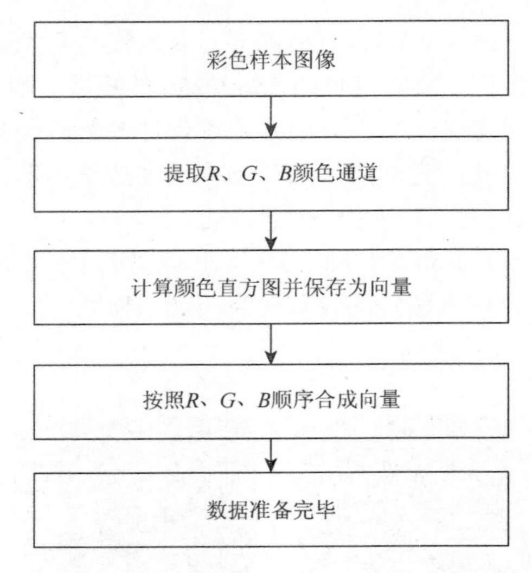

图 2-11　彩色图片样本处理流程图

2.6 本章小结

本章主要对图像预处理算法进行研究，首先研究了基于 RGB 模型的彩色图像灰度化方法，降低图像处理的数据量。根据图像灰度直方图信息，对灰度图像进行增强处理，获得细节清晰的缺陷信息。对邻域平均法和中值滤波法进行对比分析，消除了图像噪声。研究微分锐化算法和拉氏锐化算法，消除图像模糊，突出图像边缘信息。分别建立了木材纹理灰度图片库和木材颜色图片库，并简要介绍了图片库处理的过程及操作。

第 3 章　基于阈值融合的缺陷分割方法

图像分割是对板材表面缺陷识别的一个重要环节。它是把图像分成若干特定的、具有独特性质的区域并提出感兴趣目标的技术，是由图像处理到图像分析的关键步骤。图像分割多年来一直得到人们的高度重视，至今已提出了各种类型的分割算法。本书针对板材图像灰度值特点，提出了三种基于图像分割的缺陷检测算法，分别是基于阈值融合的分割方法、基于形态学的分割方法和基于图像融合的分割方法。从理论上讲，图像分割就是图像中各个像素按照其特征的不同进行分类的一个过程。本章主要研究基于阈值融合的缺陷分割方法，第 4 章和第 5 章介绍另两种缺陷分割的方法。

图像阈值分割是一种传统的最常用的图像分割方法，因其实现简单、计算量小、性能较稳定而成为图像分割中最基本和应用最广泛的分割技术。它特别适用于目标和背景占据不同灰度级范围的图像。它不仅可以极大地压缩数据量，而且大大简化了分析和处理步骤，使运算速度达到要求。本章运用梯度算子原理与 Otsu 全局阈值原理实现缺陷的主要分割。

3.1　基于灰度阈值的图像分割的原理

3.1.1　图像灰度阈值

通常情况下，板材表面缺陷的颜色较深，对应到灰度图像中，表示为其灰度值较低，设存在这样一幅图像 $f(x,y)$，其灰度直方图如图 3-1 所示，该图像是由灰度值较低的目标缺陷与灰度值较高的背景纹理组成的，缺陷的像素与背景像素具有的灰度值在其统计的灰度直方图上形成两个波峰。从背景纹理中分割目标缺陷的一种方法就是找到一个确定的灰度阈值 T，根据此阈值 T 将背景纹理与目标缺陷分开，即 $f(x,y)<T$ 的点(x,y)被称为目标点，否则称为背景点。经过分割的图像 $g(x,y)$由式（3-1）给出。

$$g(x,y)=\begin{cases}0, & f(x,y)>T \\ 1, & f(x,y)<T\end{cases} \tag{3-1}$$

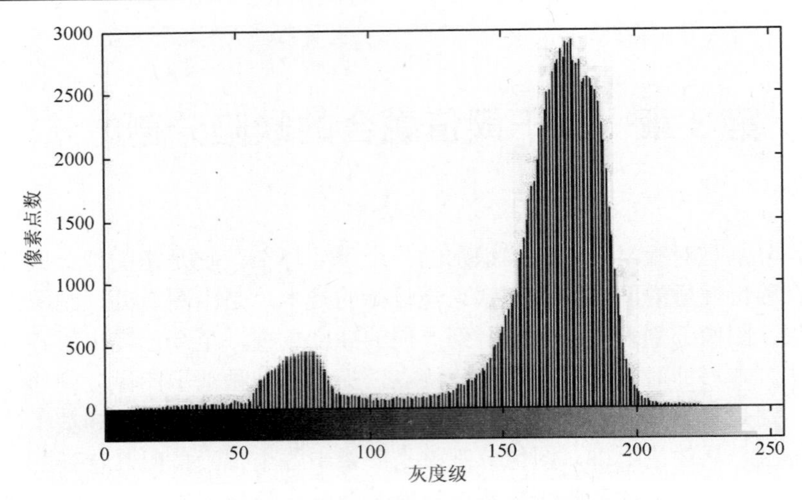

图 3-1　含有表面缺陷的图像所对应的灰度直方图

3.1.2　传统的全局阈值处理算法

传统的全局阈值方法是最基本的方法。选取阈值的一种方法是目视检查直方图，很容易选取一个阈值 T 来分开它们；另一种选择阈值的方法是反复试验，挑选阈值直到观察者觉得产生了较好的结果，分割过程中对图像上每个像素所使用的阈值都相等。具体算法如下。

（1）为全局阈值 T 选一个初始估计值（建议初始估计值为图像中最大亮度值和最小亮度值的中间值）。

（2）使用 T 分割图像。这会产生两组像素，亮度值≥T 的所有像素组成的 $G1$，亮度值＜T 的所有像素组成的 $G2$。

（3）分别对 $G1$ 和 $G2$ 计算其灰度均值 m_1 与 m_2。

（4）计算一个新阈值 T：$T=\frac{1}{2}(m_1+m_2)$。

（5）反复进行步骤（2）～步骤（4），直至多次迭代后的阈值 T 的差值小于或等于一个提前定义参数 ΔT。

全局阈值 T 的初值必须小于图像中的最大灰度值，并大于图像中的最小灰度值。通过选择参数 ΔT 的大小与初值，可以在一定程度上控制该算法的迭代次数，从而实现对图像处理速度的控制。通常 ΔT 越大，初值选定越合理，则算法的迭代次数越少，图像处理速度越快。

工具箱提供了一个称为 graythresh 的函数，该函数使用 Otsu 方法来计算阈值。为检验这种基于直方图的方法，从处理一个离散概率密度函数的归一化直方图开始，如

$$P_r(r_q)=\frac{n_q}{n},\ q=0,1,2,\cdots,L-1 \tag{3-2}$$

式中，n 是图像中的像素总数；n_q 是灰度级 r_q 的像素数目；L 是图像中所有可能的灰度级数。假设现在已经选定了一个阈值 k，$C0$ 是一组灰度级为[0, 1, ⋯, k–1]的像素，$C1$ 是一组灰度级为[k, k+1, ⋯, L–1]的像素。Otsu 方法选择最大化类间方差 σ_B^2 的阈值 k，类间方差定义为

$$\sigma_B^2=\omega_0(u_0-u_T)^2+\omega_1(u_1-u_T)^2 \tag{3-3}$$

式中，

$$\omega_0=\sum_{q=0}^{k-1}p_q(r_q)$$

$$\omega_1=\sum_{q=k}^{L-1}p_q(r_q)$$

$$u_0=\sum_{q=0}^{k-1}qp_q(r_q)\Big/\omega_0$$

$$u_1=\sum_{q=k}^{L-1}qp_q(r_q)\Big/\omega_1$$

$$u_T=\sum_{q=0}^{L-1}qp_q(r_q)$$

函数 graythresh 取一幅图像，计算它的直方图，找到最大化 σ_B^2 的阈值。阈值返回为 0～1 的归一化值。函数 graythresh 的调用语法为

$$T=\text{graythresh}(f)$$

式中，f 是输入图像；T 是产生的阈值。为了分割图像，在函数 im2bw 中使用阈值 T，因为阈值已被归一化到[0,1]，所以必须在使用阈值之前将其缩放到合适的范围。例如，若 f 是 unit8 类的图像，则在使用 T 之前要让 T 乘以 255。

3.1.3　Otsu 阈值分割

Otsu（1979）提出最大类间差阈值分割法，也称为 Otsu 算法或大津算法。这种算法仅考虑灰度图像的直方图而不受图像的对比度和亮度影响，通过自动选择最佳分割阈值，使得被分割的前景和背景的类间方差达到最大。Otsu 算法普遍被认为是图像分割中阈值选择的最佳算法，尤其是当图像灰度直方图呈现明显的双峰分布时，其分割效果非常理想。

阈值的处理通常可看成一种统计决策问题，最终目的是把图像中的像素分成两组或若干组，在这个过程中引起的平均误差尽可能小。Otsu 方法是在类间方差

达到最大时视为最佳情况，这也是统计鉴别分析中所使用的量度。Otsu 方法存在一个重要的特性，该方法通常以图像的直方图为基础进行计算，而图像的直方图是很容易得到的。

设$\{0, 1, 2, \cdots, L-1\}$为一幅数字图像，其大小为$M \times N$像素且具有L个不同的灰度级。灰度级i的像素数用n_i来表示，则图像中像素总数为$M \times N = n_0 + n_1 + n_2 + \cdots + n_{L-1}$。归一化后的直方图存在分量$p_i = n / MN$，则

$$\sum_{i=0}^{L-1} p_i = 1, \quad p_i \geqslant 0 \tag{3-4}$$

现在假设暂时选定一个阈值$T(k) = k, 0 < k < L-1$，用这个阈值将输入图像的像素分为$C1$与$C2$两类，其中的$C1$包含灰度值范围为$[0, k]$的所有像素，$C2$包含灰度值范围为$[k+1, L-1]$的所有像素。采用该阈值T，则像素被分为$C1$类的概率$P_1(k)$为

$$P_1(k) = \sum_{i=0}^{k} p_i \tag{3-5}$$

同理，像素被分为$C2$类的概率为

$$P_2(k) = \sum_{i=k+1}^{L-1} p_i = 1 - P_1(k) \tag{3-6}$$

$C1$类像素的平均灰度值为

$$m_1(k) = \frac{1}{P_1(k)} \sum_{i=0}^{k} i p_i \tag{3-7}$$

同理，$C2$类像素的平均灰度值为

$$m_2(k) = \frac{1}{P_2(k)} \sum_{i=k+1}^{L-1} i p_i \tag{3-8}$$

直至k级的累积均值为

$$m(k) = \sum_{i=0}^{k} i p_i \tag{3-9}$$

整个图像的平均灰度，也就是全局均值为

$$m_G = \sum_{i=0}^{L-1} i p_i \tag{3-10}$$

评价阈值在k处的阈值T的好坏，使用归一化无量纲矩阵

$$\eta = \frac{{\sigma_B}^2}{{\sigma_G}^2} \tag{3-11}$$

式中，${\sigma_G}^2$为全局方差，即

$${\sigma_G}^2 = \sum_{i=0}^{L-1} (i - m_G)^2 p_i \tag{3-12}$$

$\sigma_B{}^2$ 表示类间方差，定义为

$$\sigma_B{}^2 = P_1(m_1 - m_G)^2 + P_2(m_2 - m_G)^2 = \frac{(m_G P_1 - m)^2}{P_1(1-P_1)} \tag{3-13}$$

全局均值 m_G 只需要计算一次，所以接下来只需要对 m 和 P_1 进行计算。综合式（3-13）可以看出当两个均值 m_1 与 m_2 相隔越远时，σ_B^2 就越大，表明类间方差为类与类之间的可分性量度。又由于 σ_G^2 为常数，通过式（3-11）得出 η 为可分性量度，目的就是最大化这一可分性量度，也就是求出最大化的 $\sigma_B{}^2$。之后再确定阈值 k，实现最大化类间方差。

通过引入 k 得到结果表达式如下：

$$\eta(k) = \frac{\sigma_B{}^2(k)}{\sigma_G{}^2} \tag{3-14}$$

$$\sigma_B{}^2(k) = \frac{\left[m_G P_1(k) - m(k)\right]^2}{P_1(k)[1-P_1(k)]} \tag{3-15}$$

令最佳阈值为 k^*，则最大化的 $\sigma_B{}^2(k)$ 为

$$\sigma_B^2(k^*) = \max_{0 \leqslant k \leqslant L-1} \sigma_B^2(k) \tag{3-16}$$

为了寻找 k^*，将 k 的全部整数代入式（3-15）和式（3-16）进行计算，取使 $\sigma_B^2(k)$ 最大的 k 值。如果存在多个对应最大值的 k，则将取这些 k 的平均值。

计算出 k^* 后运用全局分割：

$$g(x,y) = \begin{cases} 1, & f(x,y) > k^* \\ 0, & f(x,y) \leqslant k^* \end{cases} \tag{3-17}$$

式中，$x = 0,1,2,\cdots,M-1$；$y = 0,1,2,\cdots,N-1$。

Otsu 算法的步骤如下。

（1）计算图像的归一化直方图。并运用 $p_i(i = 0,1,2,\cdots,L-1)$ 表示直方图的各分量。

（2）通过式（3-5）计算出累积和 $P_1(k)$，其中 $k = 0,1,2,\cdots,L-1$。

（3）通过式（3-9）计算出累积均值 $m(k)$，其中 $k = 0,1,2,\cdots,L-1$。

（4）通过式（3-10）计算出全局灰度的均值 m_G。

（5）通过式（3-15）计算出类间方差 $\sigma_B^2(k)$，其中 $k = 0,1,2,\cdots,L-1$。

（6）求得 Otsu 阈值 k^*，使 $\sigma_B^2(k)$ 最大的 k 值。如果该值不唯一，那么将求出各个最大值 k 的平均值，该值为 k^*。

（7）令 $k=k^{*}$，通过式（3-14）计算出可分性度量 η^{*}。

3.2　板材图像的梯度分割基本原理

边缘检测强调的是图像对比度。检测对比度，即亮度上的差别，可以增强图像中的边界特征，这些边界正是图像对比度出现的地方。这就是人类视觉感知目标周界的机制，因为目标表现的就是与它周围的亮度差别。对于缺陷部分的分割，缺陷的边缘往往存在灰度值突变的地方。边缘的亮度级存在阶梯变化，要检测边缘位置，可以应用一阶或二阶微分，因为一阶或二阶微分可以使变化增强；当信号没有变化时，一阶或二阶微分不会有响应。所以，运用一阶微分可以很好地检测图像中缺陷的灰度变化情况。如图 3-2 所示，在缺陷边缘处，其一阶或二阶导数都是存在明显变化的。

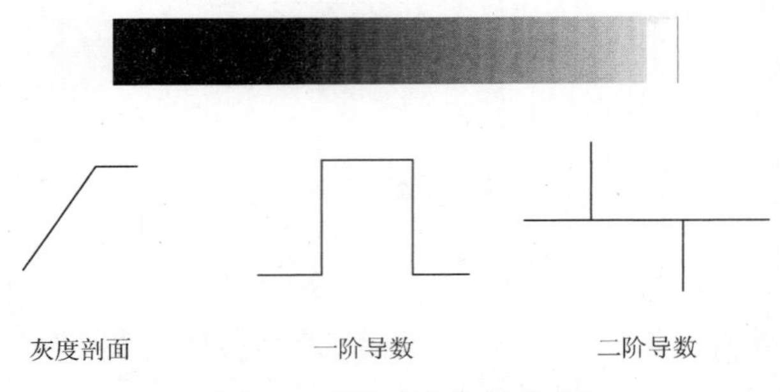

图 3-2　灰度变化导数说明

以梯度为工具，对图像 f 的（x, y）处进行缺陷边缘方向与强度的检测，梯度通常使用 ∇f 来表示，其具体向量定义为

$$\nabla f=\operatorname{grad}(f)\equiv\begin{bmatrix}\boldsymbol{G}_x\\ \boldsymbol{G}_y\end{bmatrix}=\begin{bmatrix}\dfrac{\partial f}{\partial x}\\ \dfrac{\partial f}{\partial y}\end{bmatrix} \tag{3-18}$$

此向量表示 f 在（x, y）处最大变化率的方向。

用 $M(x, y)$代表向量 ∇f 的大小，如

$$M(x,y)=\operatorname{mag}(\nabla f)=\sqrt{\boldsymbol{G}_x^{\ 2}+\boldsymbol{G}_y^{\ 2}} \tag{3-19}$$

式中，$\boldsymbol{G}_x$、$\boldsymbol{G}_y$ 以及 $M(x, y)$均为与原图像大小相同的图像，其中 $\boldsymbol{G}_x$ 和 $\boldsymbol{G}_y$ 表示图像 f 中各个像素灰度值在相应位置上的变化值。

梯度向量的方向为

$$\alpha(x,y)=\arctan\left[\frac{\boldsymbol{G}_y}{\boldsymbol{G}_x}\right] \tag{3-20}$$

式中，$\alpha(x, y)$是与原图像大小相同的图像，是通过 $\boldsymbol{G}_y$ 除以 $\boldsymbol{G}_x$ 的矩阵点运算得到的。点(x, y)位置的边缘方向与这个点的梯度向量的方向 $\alpha(x, y)$正交。

把数字图像表示为离散形式，所以在求偏导数 $\boldsymbol{G}_y$ 和 $\boldsymbol{G}_x$ 时，使用差分替代微分，实现计算的简化，用小范围的模板与图像的卷积近似地求取梯度值。使用不同的模板计算 $\boldsymbol{G}_y$ 和 $\boldsymbol{G}_x$ 会产生截然不同的检测算子，常见的有 Roberts 算子、Sobel 算子以及 Prewitt 算子。

1）Roberts 算子

Roberts 算子是最早期的边缘检测算子之一。它实现的是基础的一阶边缘检测，利用两个模板，对角线上而不是沿坐标轴方向的两个像素计算它们的差值。使用的模板为

$$\boldsymbol{G}_x=\begin{pmatrix}1 & 0\\ 0 & -1\end{pmatrix},\quad \boldsymbol{G}_y=\begin{pmatrix}0 & 1\\ -1 & 0\end{pmatrix} \tag{3-21}$$

实现过程中利用这些模板得到的最大值作为该点的边缘值存储。

另一个计算最大值的方法是，仅把两个模板的处理结果相加，从而合并水平边缘和垂直边缘。当然，边缘也有许多种类，因此，最好认为这两个模板是用来计算边缘向量的两个成分的，即沿水平轴和沿垂直轴的边缘强度，这样就可以得到向量成分，然后用向量方法相加。边缘强度就是向量的长度，边缘方向就是向量的方向。Roberts 算子适合处理低噪声的图像。

2）Sobel 算子

Sobel 算子是由以向量方式确定边缘的两个掩码组成的。在以理论为基础的边缘检测技术得到发展前，Sobel 算子一直是最受欢迎的边缘检测算子。

Sobel 算子的模板为

$$\boldsymbol{G}_x=\begin{pmatrix}-1 & 0 & 1\\ -2 & 0 & 2\\ -1 & 0 & 1\end{pmatrix},\quad \boldsymbol{G}_y=\begin{pmatrix}1 & 2 & 1\\ 0 & 0 & 0\\ -1 & -2 & -1\end{pmatrix} \tag{3-22}$$

Sobel 算子的通用形式综合了一条坐标轴上的最优平滑和另一条坐标轴上的最优差分，它把一条轴上的差分函数和另一条轴上的平滑函数结合在一起。Sobel 模板也可以用来处理与窗口大小相同维数的矩阵，计算出边缘强度和梯度。Sobel 函数把通用模板与设定为参数的图像进行卷积计算，输出结果是以向量方式表示的边缘强度和方向的图像。

Sobel 边缘检测方向数据可以用不同的方式排成点。如果只反转一个模板，则检测的边缘方向只围绕指定的那条轴。通过转置 Sobel 模板，检测的边缘方向可

以表示成该边缘的法线（而不是沿边缘的正切数据）。利用边缘检测来找出形状的算法都必须精确地知道使用何种排列方式，因为边缘方向虽然可以用于加快算法，但是如果真要那么做，则必须把它精确地映射到指定的图像数据。Sobel 算子对存在较多灰度噪声的图像处理效果较好。

3）Prewitt 算子

边缘检测类似于微分处理。由于它检测的是变化，必然对噪声以及图像亮度的阶梯式变化都有所响应。因此，把均值处理加入边缘检测过程一定要非常谨慎。可以把垂直模板 $\boldsymbol{G}_x$ 扩展成三行，而水平模板 $\boldsymbol{G}_y$ 扩展成三列。这样就得到 Prewitt 边缘检测算子，它由两个模板组成。

Prewitt 算子的模板为

$$\boldsymbol{G}_x=\begin{pmatrix}-1 & 0 & 1\\ -1 & 0 & 1\\ -1 & 0 & 1\end{pmatrix},\quad \boldsymbol{G}_y=\begin{pmatrix}1 & 1 & 1\\ 0 & 0 & 0\\ -1 & -1 & -1\end{pmatrix} \tag{3-23}$$

$\boldsymbol{G}_x$ 和 $\boldsymbol{G}_y$ 的符号可以用来确定边缘方向的相应象限。Prewitt 算子还可以通过卷积计算来实现，由于要进行直接均值计算和基础一阶边缘检测，所以它不太适合简单模板，而且边缘强度和方向的计算还需要对前面已经给出的模板卷积算子进行扩展。

由于该算子的均值处理特性，虽然边缘点的区域较宽，但边缘数据比其他算子更为清晰，亮度变化明显的区域得到加强。因此，Prewitt 算子对灰度渐变图像处理得较好。

4）拉普拉斯高斯算子

拉普拉斯高斯（Laplacian of Gaussian，LoG）算子计算可以利用高斯差分来近似，其中差分是由两个高斯滤波与不同变量的卷积结果求得的。LoG 算子的函数包括一个正规函数，它确保模板系数的总和为 1，以便在均匀亮度区域不会检测到边缘。这与拉普拉斯算子（模板系数之和为 0）形成对比，这是因为 LoG 算子包含微分和平滑作用，而拉普拉斯算子只进行单纯的微分计算。通过 LoG 算子生成的模板可以用于卷积计算。另外，高斯算子还可限制那些远离模板中心的点的影响，对离中心较近的点进行微分；标准方差 σ 的选择也可以保证这一作用，而且它是各向同性的，与高斯平滑一致。

由于 LoG 算子忽视了低频和高频的成分（即那些靠近原点和远离原点的成分），所以它相当于一个带通滤波。σ 的取值可以调节算子在空域的张开度和频域的带宽：σ 取值大则得到低通滤波。这一点不同于一阶边缘检测模板，一阶边缘检测模板是沿一条轴起高通（微分）滤波的作用，而沿另一轴起低通（平滑）滤波的作用。

LoG 算子的表达式为

$$\nabla^2 f(x,y)=\frac{\partial^2 f(x,y)}{\partial x^2}+\frac{\partial^2 f(x,y)}{\partial y^2} \tag{3-24}$$

根据数字图像离散的特点，其差分近似为

$$\nabla^2 f(x,y)=f(x+1,y)+f(x-1,y)+f(x,y-1)-4f(x,y) \tag{3-25}$$

实际应用中，计算是依靠模板卷积来实现的。常用的 LoG 算子模板为

$$\begin{pmatrix} -2 & -4 & -4 & -4 & -2 \\ -4 & 0 & 8 & 0 & -4 \\ -4 & 8 & 24 & 8 & -4 \\ -4 & 0 & 8 & 0 & -4 \\ -2 & -4 & -4 & -4 & -2 \end{pmatrix}$$

5）Canny 算子

Canny 算子也是一类边缘检测算子，不通过计算微分算子检测边缘。通过满足一定条件下推导计算出边缘检测的最优算子。

Canny 算子由三个主要目标形成：无附加响应的最优检测；检测边缘位置和实际边缘位置之间距离最小的正确定位；减少单边缘的多重响应而得到单响应。

第一个目标是减少噪声响应。它可以通过最优平滑处理来实现。Canny 最早表明高斯滤波对边缘检测是最优的。第二个目标是正确性，即在正确位置检测到边缘。它可以通过非极大值抑制（相当于峰值检测）处理来实现。非极大值抑制处理后返回的结果只是边缘数据顶脊处的那些点，而抑制其他所有点。这样做的结果是细化处理，非极大值一致的输出是正确位置上边缘点连成的细线。第三个目标限制的是单个边缘点对于亮度变化的定位，这是因为并非只有一条边缘表示为当前检测的边缘。

Canny 算子的梯度是通过求高斯滤波器的导数计算出来的，检测边缘的方式是寻求图像梯度的局部极大值。Canny 边缘检测方法通过求两个阈值来分别确定图像的强边缘和弱边缘，只有当强边缘与弱边缘相连接时，弱边缘才会体现在输出中。此方法不容易受图像噪声的影响。

Canny 算法的步骤如下。

（1）用高斯滤波器平滑输入图像。

（2）计算梯度角度图像与幅值图像。

（3）对梯度幅值图像使用非最大抑制。

（4）用双阈值处理与连接分析来检测并连接边缘。

6）梯度算子分割图像实验

先将带有缺陷的彩色图像变换为灰度图像，再分别运用 Sobel 算子、Roberts 算子、Prewitt 算子、LoG 算子和 Canny 算子对其进行边缘检测，结果如图 3-3～图 3-8 所示。

图 3-3　灰度图像

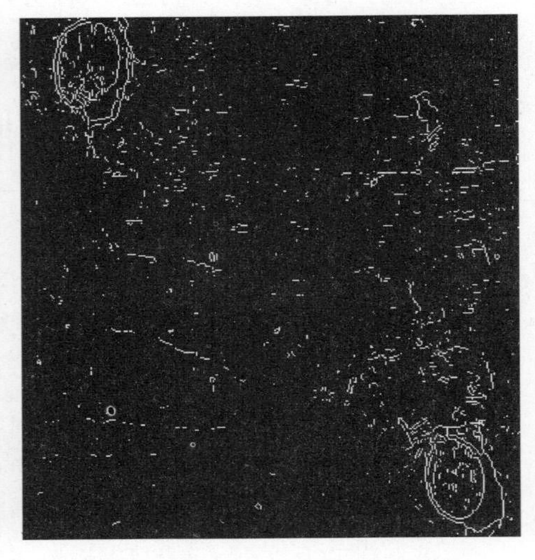

图 3-4　Sobel 算子边缘检测

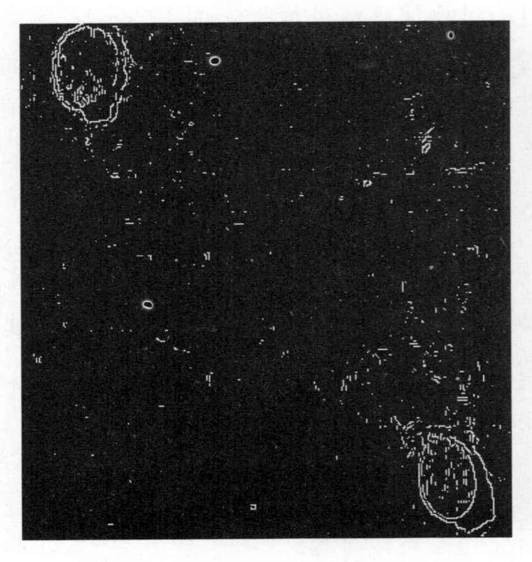

图 3-5　Roberts 算子边缘检测

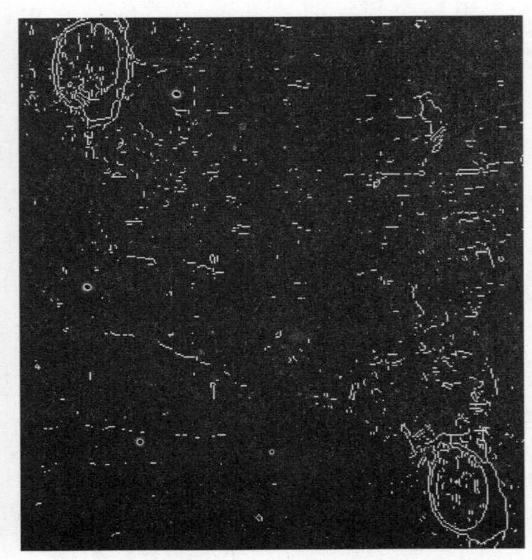

图 3-6　Prewitt 算子边缘检测

图 3-7　LoG 算子边缘检测

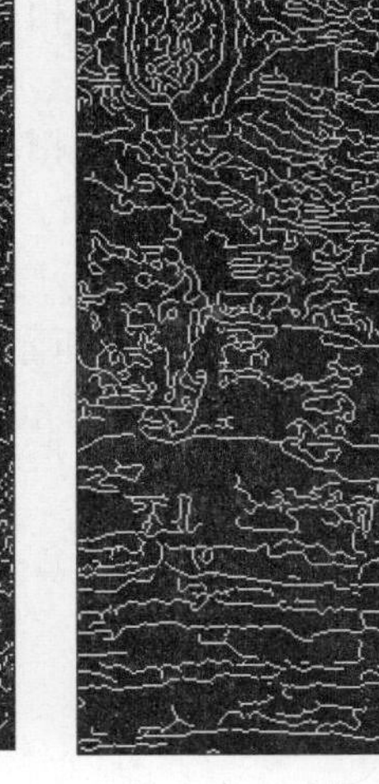

图 3-8　Canny 算子边缘检测

可以看出，运用 LoG 算子和 Canny 算子的边缘检测结果包含了大量的板材纹理，而我们的目的是对缺陷进行分割，纹理的边缘很大程度上是一种干扰，所以不采用这两种算子；Roberts 算子的边缘检测结果有些过于简单，在后期的处理中发现缺陷边缘很难闭合，经常造成漏识，所以不采用 Roberts 算子；Sobel 算子与 Prewitt 算子的边缘检测效果在无干扰时相差不大，但是当缺陷表面情况复杂或存在干扰时，Sobel 算子的表现要优于 Prewitt 算子，所以采用 Sobel 算子来进行边缘检测。

3.3　梯度算子与 Otsu 阈值分割

由于 Sobel 算子边缘检测会引入板材纹理信息，对缺陷识别产生影响。Otsu 算法过于简单，也会出现误识别现象。将梯度算子与 Otsu 阈值分割算法相结合，并引入形态学操作，对板材的图像能够较好地实现缺陷分割。

梯度算子与 Otsu 阈值分割的步骤如下。

（1）对灰度图像运用 Otsu 全局阈值法进行二值化分割。

（2）对灰度图像与运用 Otsu 全局阈值法分割的二值图像分别运用 Sobel 算子进行边缘检测。

（3）对两幅经过 Sobel 算子边缘检测的图像进行形态学膨胀运算。

（4）分别对进行过膨胀的图像进行空洞填充运算。

（5）分别对孔洞填充的图像进行开、闭运算。

（6）将经过开、闭运算的二值图像相加，将数值为 2 的区域置为 1。

（7）相加后的图像进行边缘提取。

（8）相加后置 1 的图像与灰度图像相乘得到缺陷目标。

实验过程如下。

（1）将原彩色图像变换为灰度图像，如图 3-9 所示；对灰度图像运用 Otsu 全局阈值法进行二值化分割，如图 3-10 所示；对灰度图像与运用 Otsu 全局阈值法分割的二值图像分别运用 Sobel 算子进行边缘检测，如图 3-11 和图 3-12 所示。

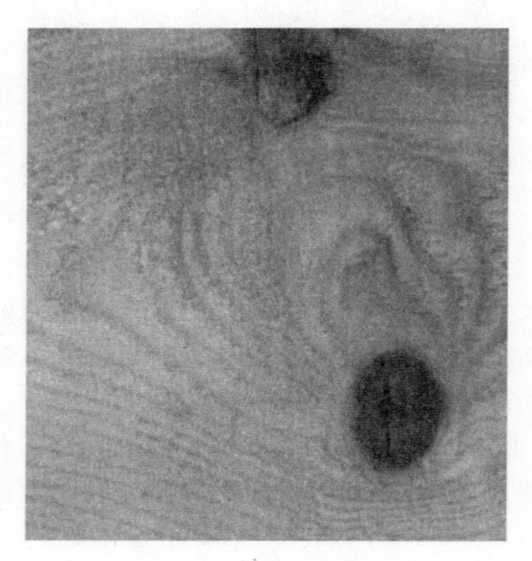

图 3-9　灰度图像

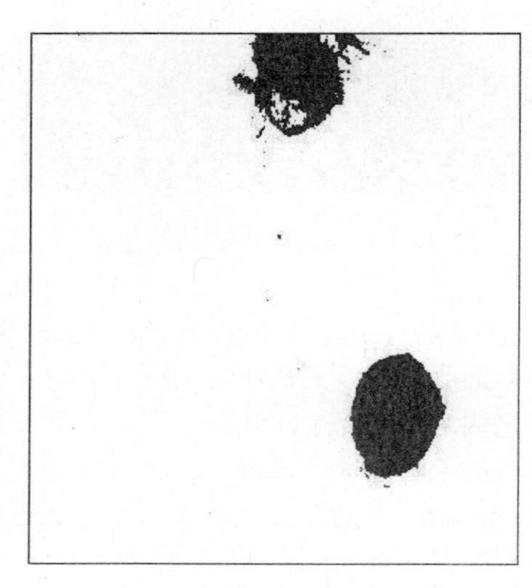

图 3-10　Otsu 全局阈值分割

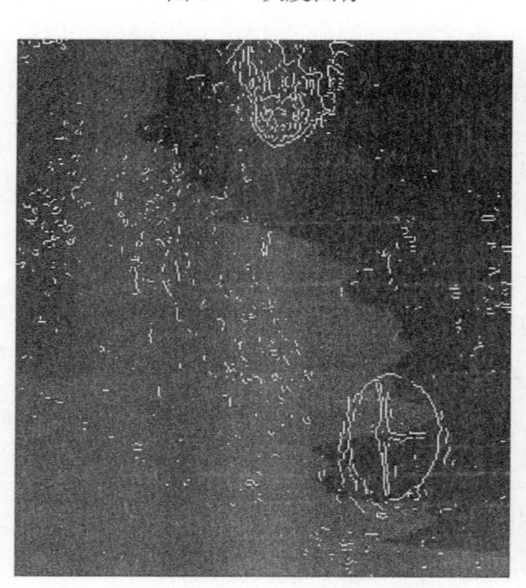

图 3-11　灰度图像 Sobel 算子边缘检测

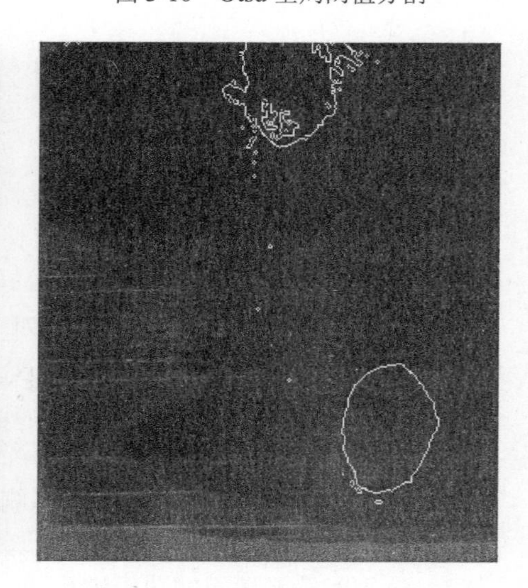

图 3-12　二值图像 Sobel 算子边缘检测

（2）对两幅经过 Sobel 算子边缘检测的图像进行形态学膨胀运算，采用3×3的十字形结构元素，目的是尽可能连接缺陷边缘处未连接的小的缺口，如图 3-13 和图 3-14 所示；分别对进行过膨胀的图像进行孔洞填充运算，目的是保证目标缺陷的完整性，如图 3-15 和图 3-16 所示；分别对孔洞填充的图像进行开、闭运算，采用6×6的圆盘形结构元素，目的是除去不感兴趣的表面纹理干扰并且使缺陷边缘相对平滑，如图 3-17 和图 3-18 所示。

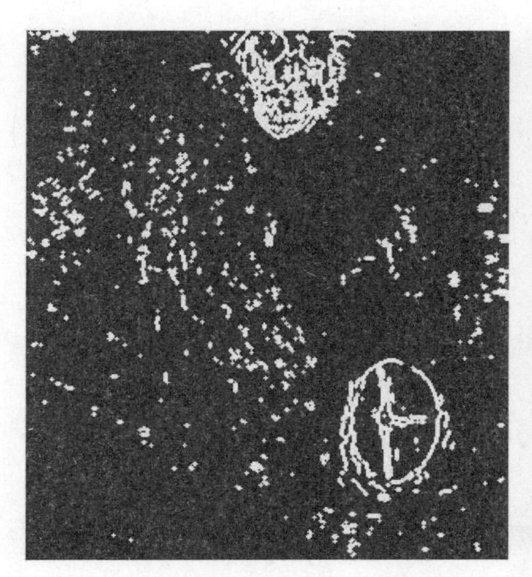

图 3-13 十字形结构元素膨胀 1

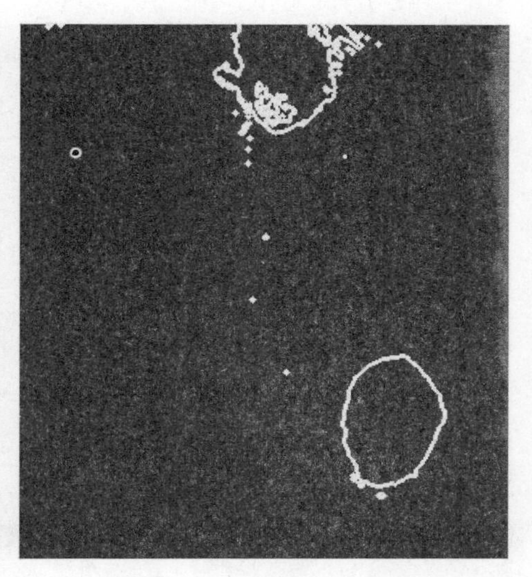

图 3-14 十字形结构元素膨胀 2

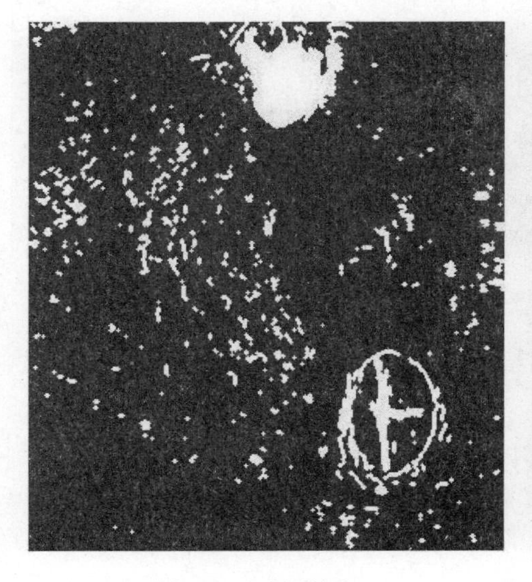

图 3-15 孔洞填充 1

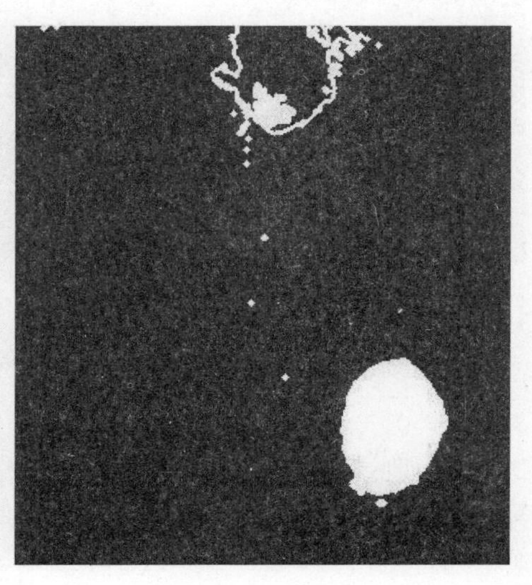

图 3-16 孔洞填充 2

图 3-17　开、闭运算 1

图 3-18　开、闭运算 2

（3）将经过开、闭运算的二值图像相加，这时会出现值为 2 的区域，将其置为 1 以保证后续的处理，如图 3-19 所示；运用 3×3 的矩形结构元素进行边缘提取，方便后期的特征提取，如图 3-20 所示；将相加后置 1 的图像与灰度图像相乘得到缺陷目标，如图 3-21 所示。

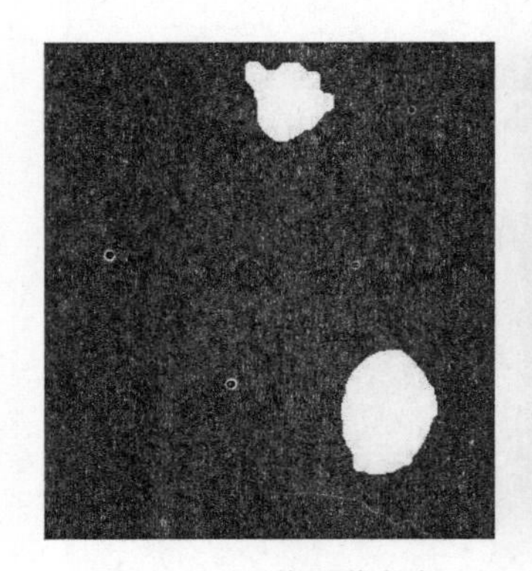

图 3-19　二值图像相加

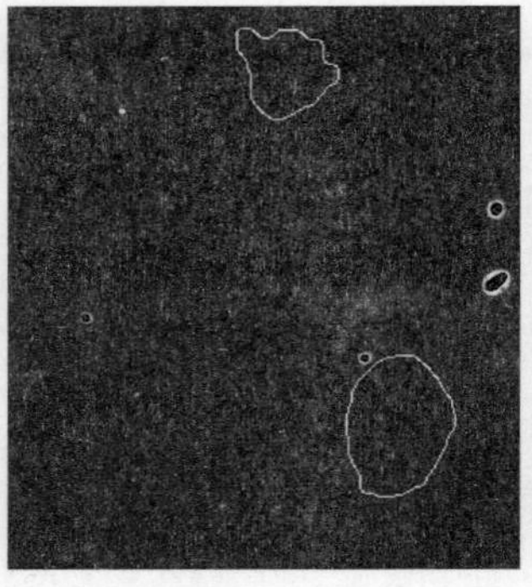

图 3-20　边缘提取

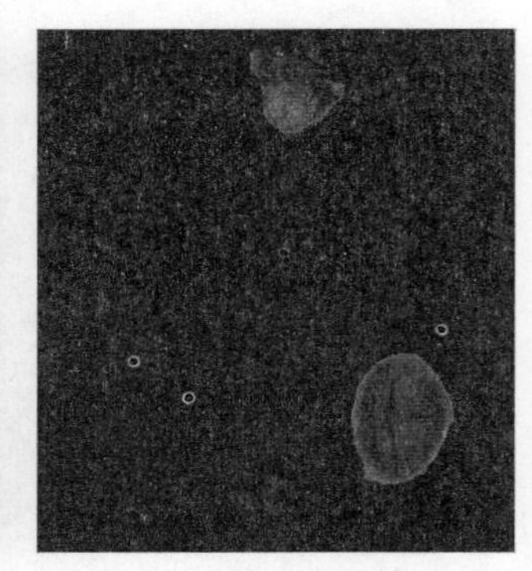

图 3-21　缺陷目标提取

3.4　本 章 小 结

从分割过程与结果可以看出，这种梯度算子与 Otsu 全局阈值法相融合的分割算法，既弥补了单纯的梯度算子方法对活节的检测中漏识缺陷的不足，又解决了单纯的 Otsu 全局阈值法对于表面情况复杂的死节的检测中误识的问题。在板材表面情况不是十分复杂的情况下，该方法能够很好地分割出实木地板表面的目标缺陷。

第 4 章　基于形态学的板材缺陷分割与 SOM 分类

板材表面存在很多复杂的情况，如表面存在非缺陷污点，多种缺陷同时出现，甚至多种缺陷互相重叠等。在复杂背景下，阈值处理与梯度算子融合的算法识别率存在局限性。为了提高实际分选系统在复杂背景下的缺陷识别率，本章提出了基于形态学重构的分割方法，该算法是一种改进的区域生长方法，拥有种子点优选的过程，然后进行数学形态学运算获得较为完整的目标缺陷图像。该方法可以有效地避免纹理等噪声对图像分割的影响，即使板材表面情况复杂，也能很好地实现缺陷的图像分割。此外，本章还根据缺陷种类，设计了相应的 SOM 分类器完成缺陷类别识别。

4.1　数学形态学的原理

4.1.1　数学形态学的基本概念

数学形态学中有一个重要的概念——结构元素。在处理数字图像时，首先要设计一种处理图像信息的“探针”，称为结构元素，后面常用 B 表示；结构元素具有确定的几何形状，如正方形、十字形、圆形、有向线段等。通过在图像中不停地移动结构元素，处理数字图像以达到所需求的效果。结构元素在形态学运算中起到的作用是极其重要的。对于某一个特定的结构元素，通常需要指定一个原点，作为结构元素进行形态学运算的参考点，该点可包含在结构元素中，也可在结构元素之外，但相应的形态学运算的结果会存在差别。

结构元素的设计与选取会直接影响形态学处理的结果。因此，要根据具体问题来选取结构元素。通常结构元素的选取要把握以下两个原则。

（1）在几何上，结构元素要比原图像目标简单，并且有界。具体尺寸要相对地小于目标。当使用具有性质相同或相似的结构元素时，最好依据目标某些特征的极限情况选取。

（2）在形状上，结构元素应具有某种凸性，如十字形、圆形、矩形等。

4.1.2　二值形态学基本操作

1）二值腐蚀

令集合 $A,B \subseteq \mathbf{Z}^2$，记 $\varnothing$ 为空集，则集合 A 被 B 腐蚀记为

$$A \Theta B = \{ \boldsymbol{X} | B_X \subseteq A \} \tag{4-1}$$

式中，“Θ”是形态学的腐蚀算子；$B_{\boldsymbol{X}}$是集合 B 移动一个矢量 $\boldsymbol{X}$ 后的变化集合。用 B 来腐蚀 A 所得到的结果是结构元素 B 完全包括在目标 A 中时 B 的原点位置的集合。

通常原点在结构元素内部，腐蚀具有使输入图像收缩的作用，如图 4-1 所示。图中结构元素 B 为圆形。从几何角度看，B 在 A 的内部移动，将圆形的原点位置（这里为圆心）标记出来，得到腐蚀的图像。

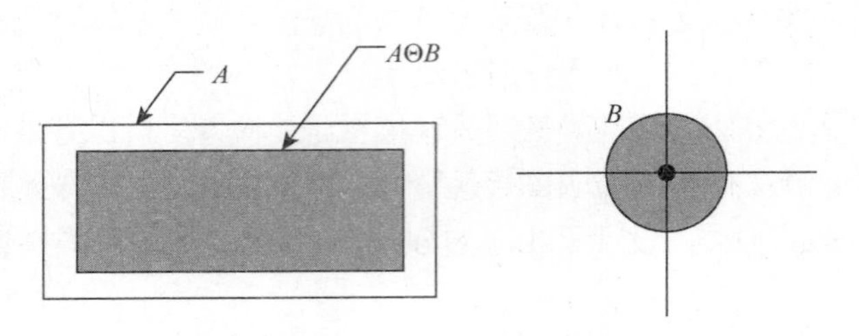

图 4-1 腐蚀说明

2）二值膨胀

令集合 $A, B \subseteq \mathbf{Z}^2$，则集合 A 被 B 膨胀记为

$$A \oplus B = \left[A^{\mathrm{C}} \Theta (-B) \right]^{\mathrm{C}} \tag{4-2}$$

式中，“$\oplus$”为形态学的膨胀符号；A 为目标图像；B 为结构元素；A^{C} 为 A 的补。用 B 来膨胀 A，相当于将 B 旋转 180°得到$-B$，再用$-B$ 对 A^{C} 进行腐蚀运算。腐蚀所得结果的补集便是所要求的膨胀结果，如图 4-2 所示。

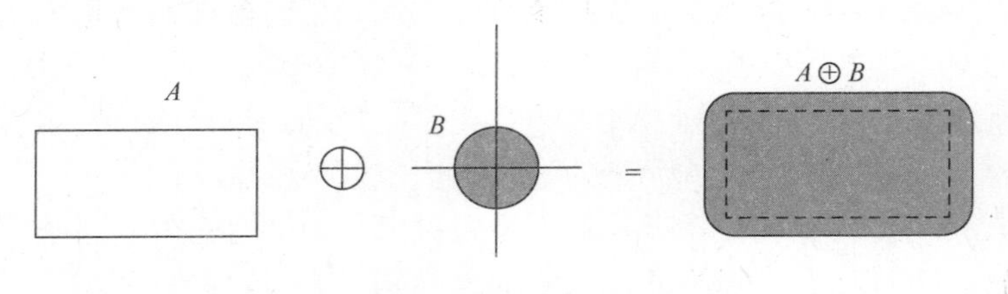

图 4-2 膨胀说明

3）二值开运算

令 A 为输入图像，B 为结构元素，则集合 A 被 B 作开运算记为 $A \circ B$，利用形态学腐蚀与膨胀运算可定义为

$$A \circ B = (A \Theta B) \oplus B = \mathrm{Open}(A, B) \tag{4-3}$$

式（4-3）表明，形态学开运算可以先作形态学腐蚀运算后作形态学膨胀运算，

如图 4-3 表示。从图中可以看出形态学开运算可以平滑目标边缘，可以把图像中的尖角转化为背景。

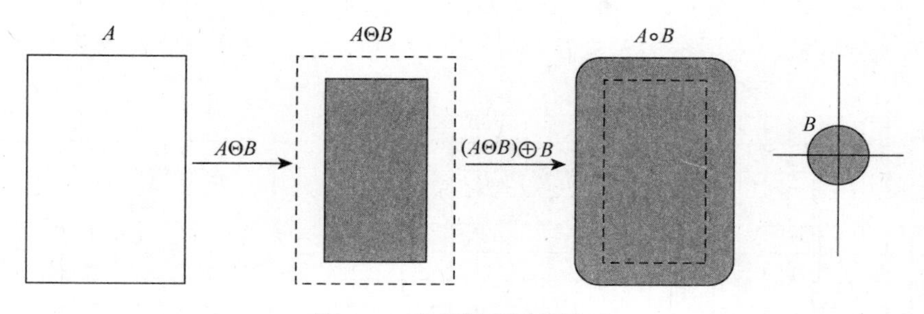

图 4-3　形态学开运算说明

4）二值闭运算

形态学闭运算是形态学开运算的对偶运算，定义为先进行膨胀运算后进行腐蚀运算。使用结构元素 B 对图像 A 作形态学闭运算可表示为 $A\cdot B$，其定义为

$$A\cdot B=\left[A\oplus(-B)\right]\Theta(-B)=\mathrm{Close}(A,B) \tag{4-4}$$

图 4-4 为形态学闭运算的示意图。因为 B 为圆形，所以 B 的旋转对运算结果不会产生影响。可以看出，形态学闭运算是对目标图像的周边进行滤波，平滑了凸向目标内部的尖角。与形态学开闭运算互为对偶运算，只是形态学开运算具有平滑目标外边界的作用，而形态学闭运算具有平滑图像内边界的作用。

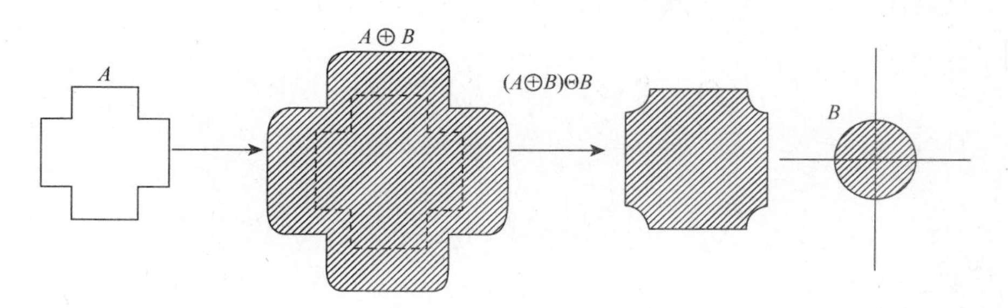

图 4-4　形态学闭运算说明

4.1.3　形态学重构

形态学测地膨胀是形态学重构的核心。测地膨胀是包含掩模图像和标记图像的操作，基本思想是用结构元素对标记图像进行膨胀操作，并将膨胀结果限定在掩模图像范围内，如此反复直到输出图像与前一次输出图像一致。设 f 为标记图像，B 为结构元素，G 为掩模图像，定义 $\delta_G^{(1)}(f)$ 表示以 G 为掩模图像，对标记图

像 f 进行一次测地膨胀操作后的图像。计算公式为

$$\delta_G^{(1)}(f)=(f\oplus B)\cap G \tag{4-5}$$

式中，$\cap$ 表示取交集运算，对于二值图像，可以认为是逻辑与运算。如图 4-5 所示，以 G 为掩模模板，采用结构元素 B 对标记图像 f 进行的一次测地膨胀操作说明。

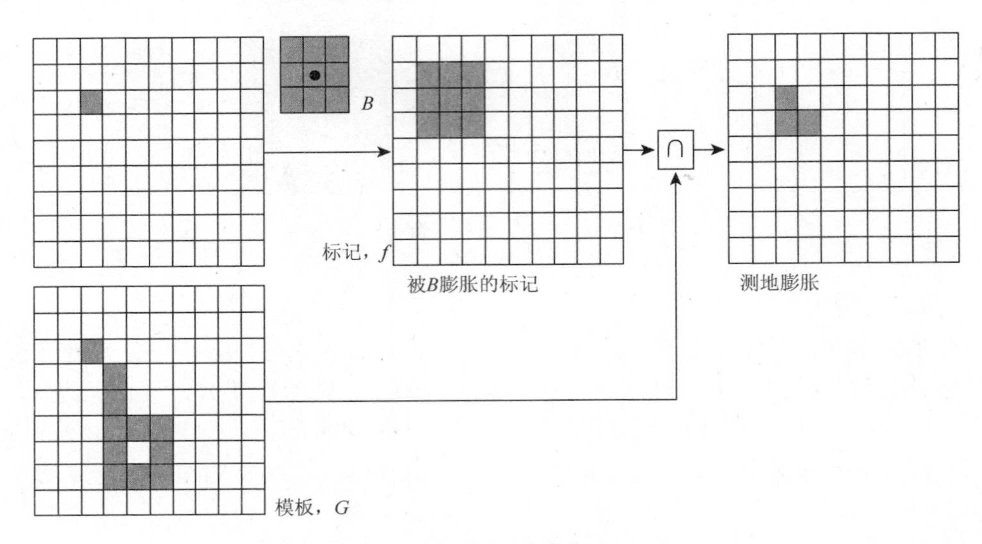

图 4-5　测地膨胀

设 $\delta_G^{(n)}(f)$ 表示以 G 为掩模图像，对标记图像 f 进行 n 次测地膨胀操作后的图像，则

$$\delta_G^{(n)}(f)=\delta_G^{(n)}(\delta_G^{(n-1)}(f))=(\delta_G^{(n-1)}(f)\oplus B)\cap G \tag{4-6}$$

当 $\delta_G{}^{(n)}(f)=\delta_G{}^{(n-1)}(f)$ 时，迭代结束，形态学重构完成。

4.2　基于 *R* 分量的形态学分割方法

4.2.1　*R* 分量提取

RGB 彩色模型中的图像由 *R*、*G*、*B* 三个独立的图像平面构成，每一种平面代表一种原色。*R* 分量提取就是提取 RGB 格式彩色图像中的 *R* 分量图像。对 *R*、*G*、*B* 三个分量图像进行实验比较，如图 4-6 所示，表 4-1 对图像转化所耗用的内核时间进行对比。由图可见，*R* 分量图像较其他图像具有更少的纹理噪声，而且直接提取图像的 *R* 分量消耗的内核时间较彩色图像转化为灰度图像需要消耗内核时间更少。因此，从在线分选速度出发，提取 *R* 分量图像进行缺陷分割。

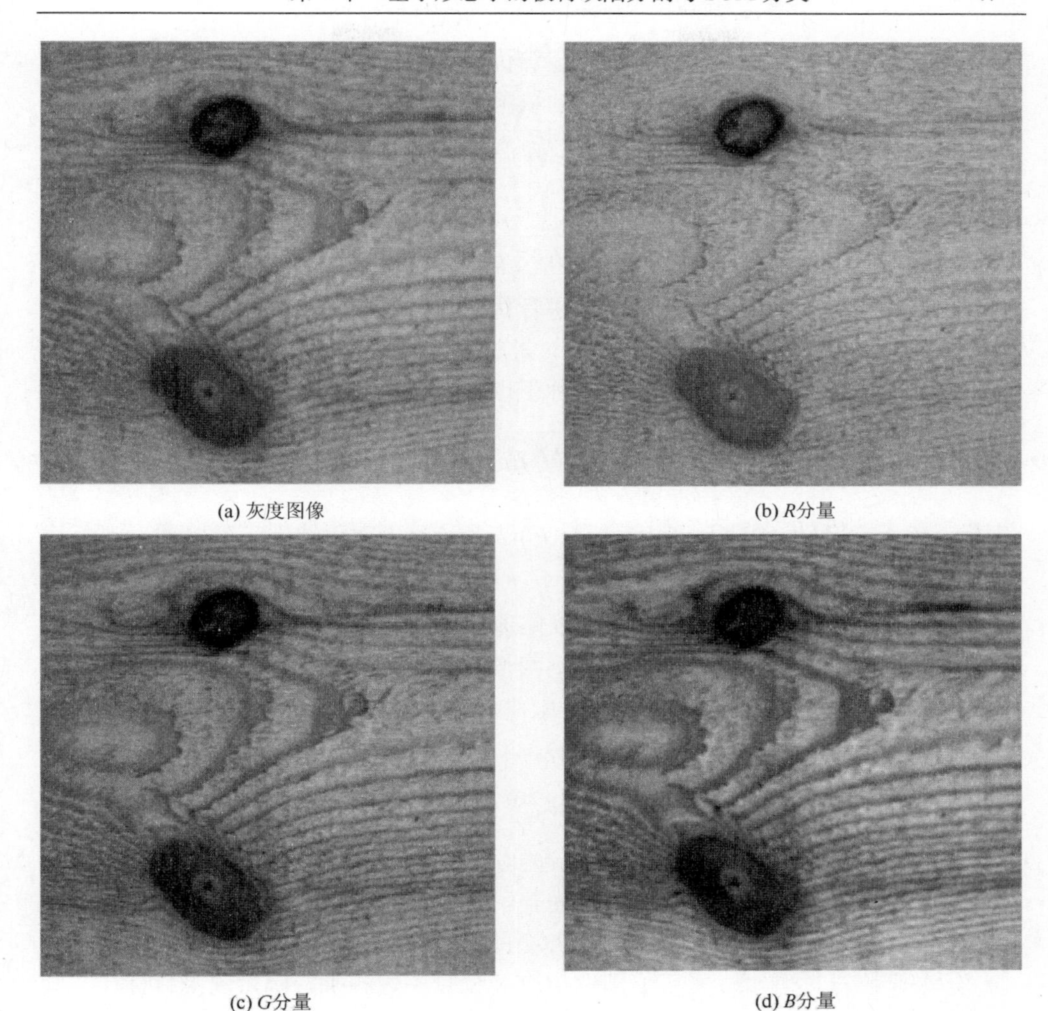

(a) 灰度图像　　(b) R分量

(c) G分量　　(d) B分量

图 4-6　分量图

表 4-1　图像转化耗用时间

操作	转化为灰度图像	提取 R 分量	提取 G 分量	提取 B 分量
耗用时间/ms	8.704	0.294	0.329	0.342

4.2.2　数学形态学分割步骤

数学形态学是基于几何学的一种图像处理方法，具有提取的边缘信息平滑，图像骨架连续、断点少，图像分割快速准确的特点。核心步骤是选用小阈值获得预备种子点，利用骨架提取等形态学运算优化的种子点，通过结构元素对掩模图像进行形态学重构，得到完整、准确的缺陷图像。具体步骤如下。

（1）获取预备种子点：使用较小阈值 T_1 按式（4-7）对 R 分量图像进行分割，得到预备种子点图像 g。

$$g(x,y)=\begin{cases}1, & f(x,y)\geqslant T_1\\0, & f(x,y)<T_1\end{cases} \tag{4-7}$$

（2）种子点优选：通过对种子点进行优化，既有效去除噪声，又保留图像原有信息。对预备种子点图像按式（4-8）进行形态学骨架提取和两次去毛刺操作，然后进行去独立点操作，得到最终的种子点。

$$F(g)=\bigcup_{k=0}^{N}\left\{(g\Theta kF)-\left[\left(g\Theta kF\right)\circ F\right]\right\} \tag{4-8}$$

式中，$N=\max\left\{k\middle|\left(g\Theta kF\right)\neq\varnothing\right\}$；$\left(g\Theta kF\right)$ 表示连续 k 次用结构元素 F 对 g 进行腐蚀；$\circ$ 表示形态学开运算。

（3）确定生长范围：确定较大灰度阈值 T_2，使之能够包括绝大部分缺陷的同时尽可能少地存在噪声，得到生长范围图像 G。

（4）形态学重构：创建结构元素 B，以优选后的种子点作为生长起点，以确定的生长范围 G 为模板，重复式（4-9）。

$$g_{k+1}=\left(g_k\oplus B\right)\cap G \tag{4-9}$$

式中，$\oplus$ 指形态学膨胀运算，直到 $g_{k+1}=g_k$。

（5）孔洞填充：确保缺陷目标的完整。

（6）平滑边缘：运用去毛刺操作去除目标边缘干扰，提高特征精度。

（7）缺陷目标确定：将二值图像与原 R 分量图像相乘，确定缺陷目标。

4.3　缺陷特征提取与分类器设计

4.3.1　缺陷特征表达及选取

缺陷分割之后要进行缺陷种类的识别，从而进行相应的分选和处理。识别的前提是对缺陷进行特征提取。好的特征既能够尽可能地包含较多的缺陷信息，又有较为简单的计算过程，通常特征提取要遵循以下四项基本原则：可区别性强、可靠性强、特征维数低和独立性。目前研究及反复实验分析得到了用于缺陷有效分类的特征有以下 4 类 25 个具体特征（包括几何特征、区域特征、纹理特征以及不变矩特征）。

1. 几何特征

1）周长

板材表面缺陷的周长是缺陷的一个基本属性；经过图像分割后，能够用形态学方法提取缺陷的边界，这样目标缺陷的周长就是统计边界上的像素点，周长的表达式为

$$\text{Perimeter} = \sum_{(x,y \in B)} 1 \tag{4-10}$$

式中，B 为目标缺陷的边界。

2）面积

将二值图像中缺陷部分的值设为 1，而其他部分的值为 0，则目标缺陷区域的面积为

$$\text{Area} = \sum_{(x,y \in R)} 1 \tag{4-11}$$

3）外接矩形长度、宽度及其长宽比

对目标缺陷图像进行逐行逐列的查找，找出目标缺陷图像中最小行（$L_{\min}$）、最大行（$L_{\max}$）、最小列（$R_{\min}$）和最大列（$R_{\max}$）四个值，则缺陷长和宽分别为

$$\max(W, L) = R_{\max} - R_{\min} \tag{4-12}$$

$$\min(W, L) = L_{\max} - L_{\min} \tag{4-13}$$

外接矩形长宽比为

$$\text{AR} = \frac{\max(W, L)}{\min(W, L)} \tag{4-14}$$

4）线性度

在实际检测的实木地板表面缺陷中，几乎不存在单纯的直线或曲线，大部分都是走向上非单像素、有一定宽度的图形，所以线性程度的描述是有必要的，线性度 X 表示为

$$X = \frac{\text{Area}}{\text{Perimeter}} \tag{4-15}$$

5）复杂度

复杂度参数表示为

$$\text{Compactness} = \frac{\|\text{Perimeter}\|^2}{4\pi \cdot \text{Area}} \tag{4-16}$$

当一个连通区域不是圆形时，Compactness 的值大于 1；当一个连通区域是圆形时，Compactness 的值等于 1，这时 Compactness 的值达到最小，形状越复杂，Compactness 的值越大。

6）矩形度

矩形度是指目标的面积与其最小外接矩形的面积之比，计算公式为

$$\mathrm{RD} = \frac{\mathrm{Area}}{\min(W,L)\cdot\max(W,L)} \tag{4-17}$$

目标的矩形度反映了目标对其外接矩形的填充程度；目标越接近矩形度，则越接近于 1。

2. 四个区域特征

偏心率（eccentricity）：与目标二阶矩相同的椭圆的偏心率；偏心率是椭圆的焦距与长轴的比值；范围为 0～1，偏心率等于 0 是圆，偏心率等于 1 是线段。

直径（diameter）：与目标面积相同的圆的直径。

短轴（short axis）：与目标二阶矩相同的椭圆的短轴长度。

长轴（longer axis）：与区域二阶矩相同的椭圆的长轴长度。

3. 灰度纹理特征

属于不同类别的板材表面缺陷处理形状有差别外，其相应的灰度纹理特征也是不同的，所以缺陷目标的灰度纹理特征也是缺陷特征的一个重要方面；缺陷的纹理特征是基于缺陷直方图的特征描绘得到的。若 $p(z_i)$表示灰度直方图，m 表示缺陷灰度均值，则灰度的 n 阶矩可以用定义来表示：

$$\mu_n(z) = \sum_{i=0}^{L-1}(z_i - m)^n p(z_i) \tag{4-18}$$

式中，L 是图像可能的灰度级；z_i 为灰度级。

均值：内部均值是缺陷区域内所有像素的平均灰度值，边缘均值是缺陷边缘的所有像素的平均灰度值。

$$\mathrm{Mean} = \sum_{i=0}^{L-1} z_i P(z_i) \tag{4-19}$$

标准差表示为

$$\mathrm{Std} = \sqrt{\mu_2(z)} \tag{4-20}$$

三阶矩表示为

$$\mathrm{Thirdmoments} = \sum_{i=0}^{L-1}(z_i - \mathrm{Mean})^3 P(z_i) \tag{4-21}$$

平滑度表示为

$$\mathrm{Smoothness} = 1 - 1/(1 + \mathrm{Std}^2) \tag{4-22}$$

一致性表示为

$$\text{Consistency} = \sum_{i=0}^{L-1} P^2(z_i) \tag{4-23}$$

熵表示为

$$\text{Entropy} = -\sum_{i=0}^{L-1} P(z_i)\log_2 P(z_i) \tag{4-24}$$

4. 不变矩特征

不变矩是一种传统、经典的图像特征提取方法；它也是一种图像上的统计特征，通过计算图像整体灰度分布的各阶矩来描绘灰度的分布情况；对于一幅 $N \times M$ 的图像 $f(x,y)$ ，则其 $(p+q)$ 阶矩为

$$M_{pq} = \sum_{x=1}^{M}\sum_{y=1}^{N} x^p y^q f(x,y) \tag{4-25}$$

通过计算 $f(x,y)$ 的 $(p+q)$ 阶中心矩，可以得到矩的不变特征：

$$\mu_{pq} = \int_{-\infty}^{\infty}\int_{-\infty}^{\infty} (x-x_c)^p (y-y_c)^q f(x,y)\mathrm{d}x\mathrm{d}y \tag{4-26}$$

对于 $(p+q) \geqslant 2$ 的高阶矩，它们归一化后的中心矩定义为

$$\eta_{pq} = \frac{\mu_{pq}}{\mu_{00}^r} \tag{4-27}$$

式中， $r = \dfrac{p+q+2}{2}$ 。

为了使图像的矩特征同时具有平移、缩放和旋转的不变性，Hu（1962）提出了图像识别中的不变矩理论，给出了具备缩放、平移、旋转不变性的七个不变矩表达式。七个不变矩是二阶中心矩与三阶中心矩的线性组合，具体表达式为

$$\varphi_1 = \eta_{20} + \eta_{02} \tag{4-28}$$

$$\varphi_2 = (\eta_{20} - \eta_{02})^2 + 4\eta_{11}^2 \tag{4-29}$$

$$\varphi_3 = (\eta_{30} - 3\eta_{12})^2 + (3\eta_{21} - \eta_{03})^2 \tag{4-30}$$

$$\varphi_4 = (\eta_{30} + \eta_{12})^2 + (\eta_{21} + \eta_{03})^2 \tag{4-31}$$

$$\begin{aligned}\varphi_5 = {} & (\eta_{03} - 3\eta_{12})(\eta_{30} + \eta_{12})[(\eta_{30} + 3\eta_{12})^2 - 3(\eta_{21} + \eta_{03})^2] \\ & + (3\eta_{21} - \eta_{03})(\eta_{21} + \eta_{03})[3(\eta_{30} + \eta_{12})^2 - (\eta_{21} + \eta_{03})^2]\end{aligned} \tag{4-32}$$

$$\varphi_6 = (\eta_{20} - \eta_{02})[(\eta_{30} + \eta_{12})^2 - (\eta_{21} + \eta_{03})^2] + 4\eta_{11}(\eta_{30} + \eta_{12})(\eta_{21} + \eta_{03}) \tag{4-33}$$

$$\begin{aligned}\varphi_7 = {} & (3\eta_{21} - \eta_{03})(\eta_{30} + \eta_{12})[(\eta_{30} + \eta_{12})^2 - 3(\eta_{21} + \eta_{03})^2] \\ & + (3\eta_{21} - \eta_{30})(\eta_{21} + \eta_{03})[3(\eta_{30} + \eta_{12})^2 - (\eta_{21} + \eta_{03})^2]\end{aligned} \tag{4-34}$$

4.3.2　特征提取步骤

活节、死节、虫眼和裂纹的面积，边缘灰度均值，内部灰度均值，长宽比四大缺陷特征有明显的不同。提取面积特征可有效地区分出虫眼和节子；提取缺陷边缘灰度均值与缺陷内部灰度均值可以区分活节与死节；提取缺陷长宽比可以更好地识别裂纹。

虫眼和裂纹一般比较小或狭窄，在进行形态学开、闭运算，以平滑缺陷边缘时往往会导致虫眼、裂纹缺陷的消失，在采取缺陷分割时采用标记连通区域并计算其个数的方法可以解决这个问题。具体步骤如下。

（1）标记连通区域，按式（4-11）和式（4-14）分别求取各区域面积和长宽比。

（2）创建结构元素 B，利用结构元素 B，对缺陷图像 F，首先运用式（4-35）进行形态学开运算，再运用式（4-36）进行形态学闭运算。

$$F \circ B = (F \Theta B) \oplus B \tag{4-35}$$

$$F \cdot B = (F \oplus B) \Theta B \tag{4-36}$$

式中，

$$F \Theta B = \left\{ z \middle| (B)_z \cap F^{\mathrm{C}} = \varnothing \right\} \tag{4-37}$$

$$F \oplus B = \left\{ z \middle| (\hat{B})_z \cap F \neq \varnothing \right\} \tag{4-38}$$

其中，F^{C} 为 F 的补集，$\hat{B}$ 为 B 的映像：$\hat{B} = \left\{ \alpha \middle| \alpha = -\beta, \beta \in B \right\}$，$(B)_z$ 为点 $z = (z_1, z_2)$ 对集合 B 的平移，定义为

$$(B)_z = \left\{ c \middle| c = a + z, a \in B \right\} \tag{4-39}$$

（3）查看连通区域个数是否变化，若变化则将消失区域的内部均值设为 0，未消失区域按式（4-39）求取内部均值；若不变则直接按式（4-39）求取各区域内部灰度均值。

（4）按 $F'' = F - F'$ 提取缺陷图像的边缘图像，然后按式（4-39）求取各区域的边缘灰度均值。

4.3.3　基于 SOM 神经网络的缺陷分类

1. SOM 神经网络基础

自组织特征映射（self-organizing feature map，SOM）神经网络是一种无导师学习的网络，用于对输入向量进行区域分类。SOM 神经网络通过模拟正常人体的

大脑对信息处理的方式来对输入的向量进行聚类分析。它不仅识别输入区域邻近的区域，还研究输入向量的分布特性和拓扑结构。

自从 1981 年，SOM 模型由芬兰的赫尔辛基大学 Kohoncn 教授提出以后，现在该算法模型已经得到了广泛的应用和发展。这种网络是竞争型的网络，在训练过程中，网络可以自动地进行无导师学习。SOM 神经网络的“胜者为王”（winner takes all，WTA）竞争机制说明：这种网络的根本特征就是进行自组织学习。

2. SOM 神经网络模型

SOM 神经网络模型由处理单元、网络拓扑结构和学习规则组成。每一个处理单元都有若干输入和输出的路径。一般来说，SOM 神经网络模型没有隐含层，仅由两层构成，即输入层和输出层。输入层里面的神经元通过与之相应的权值向量将信息传送到输出层。两层之间的各个神经元都有连接关系。输入层内的各个节点之间两两不连接。网络的输出层又称为竞争层。输出层内每个神经元与其邻域内的其他神经元都连接，但这种连接关系只是一种相互间的激励。训练后竞争层不同的神经元代表了不同的分类类别，从这个意义上讲，SOM 的输出层是一种特征映射层。SOM 神经网络拓扑模型如图 4-7 所示。

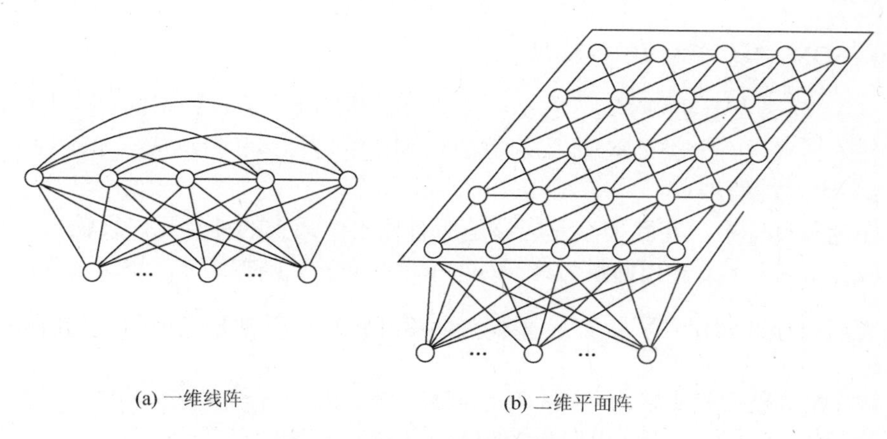

图 4-7　SOM 神经网络拓扑模型

在图 4-7 中，网络上层有 $m \times n = M$（特殊情况下，$m=n$）个输出神经元，按二维形式排成一个矩阵；输入神经元位于下层，有 N 个矢量，即 N 个神经元。每一个输入神经元通过相应的权值连接到相应的输出神经元，而且在二维平面线阵上的神经元与其邻域内的其他神经元都连接。从工程应用角度来看，其计算结构模型如图 4-8 所示。

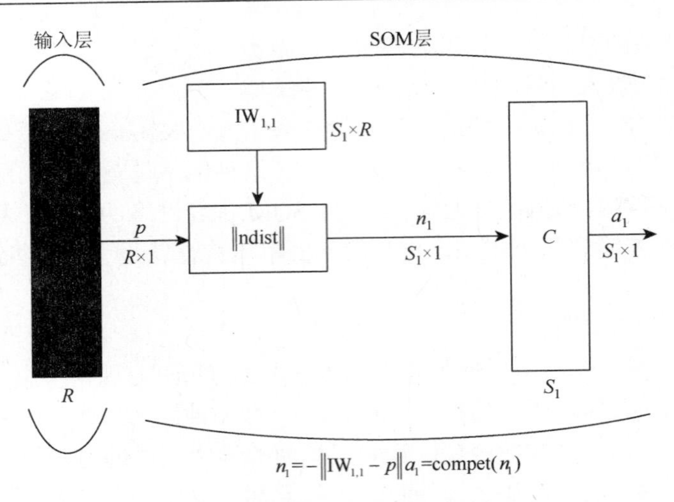

图 4-8　SOM 神经网络结构

将缺陷的面积、边缘灰度均值、内部灰度均值、长宽比四大特征作为 SOM 神经网络输入神经元的输入，用缺陷类别已知的样本对神经元进行训练，然后用训练好的网络对尚不明确类别的缺陷分类。

3. SOM 神经网络的学习过程

SOM 算法为无导师学习，它是在无监督的情况下，通过网络的自身训练，自动对输入模式进行分类。SOM 学习算法包含竞争、合作和自适应三个过程。

1）竞争过程

在竞争过程中，获胜神经元应该是所有输出中最大的神经元。设输入向量为 $\boldsymbol{X}=(x_1,x_2,\cdots,x_N)^{\mathrm{T}}$，输出向量为 $\boldsymbol{W}=(w_{i1},w_{i2},\cdots,w_{iz})^{\mathrm{T}}$，则神经元的输出最大取决于这两者的内积，即 $\boldsymbol{u}^i=\sum_{j=1}^{N}w_{ij}x_j$。当输入向量和权值向量都是已经归一化后的向量时，输出最大就相当于输入向量和输出向量的欧几里得距离（欧氏距离）最小。欧氏距离是指 n 维欧氏空间中向量 $\boldsymbol{Y}=(y_1,y_2,\cdots,y_N)^{\mathrm{T}}$ 和向量 $\boldsymbol{Z}=(z_1,z_2,\cdots,z_N)^{\mathrm{T}}$ 的距离。令 $\boldsymbol{X}$ 表示网络的输入向量，当神经元 c 满足式（4-40）时，该神经元获胜。

$$\|\boldsymbol{X}-\boldsymbol{W}_c\|=\min\|\boldsymbol{X}-\boldsymbol{W}_i\|,\quad i=1,2,\cdots,M \tag{4-40}$$

式中，$\|\boldsymbol{X}-\boldsymbol{W}_i\|$ 表示输入向量和权值向量之间的欧氏距离。

2）合作过程

获胜神经元的加强中心就是在合作过程中确定的。在竞争过程中获胜的神经元就是整个拓扑邻域的中心。与获胜神经元相邻的神经元都将得到加强。

3）自适应过程

自适应过程也称为突触自适应过程。在该过程中兴奋神经元为了增加其关于输入的函数判别值，就不得不自动对其权值进行适当的调整。

SOM 学习算法的具体步骤如下。

（1）初始化：对网络的连接权值赋予 0～1 的随机值。选取神经元 j 的邻域神经元的集合 $N_{j^*}(t)$，如图 4-9 所示。一般最开始的 $N_{j^*}(0)$ 比较大，随着训练和学习的进行，$N_{j^*}(t)$ 逐渐变小。

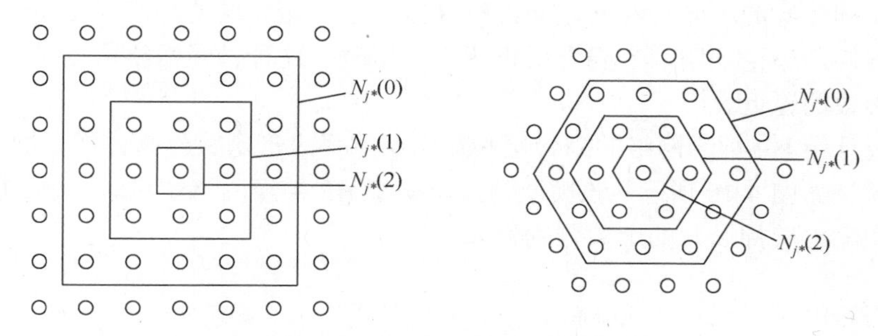

图 4-9　SOM 神经网络初始化

（2）提供新的采样模式 $\boldsymbol{X}$。

（3）计算输入特征向量与竞争层输出神经元之间的距离：

$$d_i = \|\boldsymbol{X} - \boldsymbol{W}_i\| = \sqrt{\sum_{i=1}^{N}\left[x_i(t) - w_{ij}(t)\right]^2} \tag{4-41}$$

求取欧氏距离最小的神经元 j^*，并将该神经元作为获胜神经元 k：

$$d_k = \min(d_j), \forall j \tag{4-42}$$

（4）给出一个优胜邻域 $s_k(t)$。根据式（4-43）修正获胜神经元 j^* 及其邻域内其他神经元的权值：

$$w_{ij}(t+1) = w_{ij}(t) + \alpha(t,N)\left[x_i^{\,p} - w_{ij}(t)\right], \quad i = 1,2,\cdots,n, j \in N_{j^*}(t) \tag{4-43}$$

式中，$\alpha(t,N)$ 是训练时间 t 和邻域内第 j 个神经元与获胜神经元 j^* 之间的拓扑距离 N 的函数。$\alpha(t)$ 可采用 t 的单调下降函数。

（5）计算输出 o_k。按照式（4-44）进行计算：

$$o_k = f\left(\min_j \|\boldsymbol{X} - \boldsymbol{W}_j\|\right) \tag{4-44}$$

式中，$f = \begin{cases} 1 \\ 0 \end{cases}$，或其他非线性函数。

（6）提供新的特征向量并重复以上学习过程。

4.3.4 基于 BP-SOM 的缺陷分类

1. BP 神经网络结构

BP 神经网络是由 Rumelhart 等（1986）提出来的。从结构上讲，BP 神经网络是一种前向型神经网络，该网络具有一个输入层、一个或多个隐含层以及一个输出层，同一层的不同神经元之间没有连接关系，相邻层的神经元使用全连接方式进行连接。理论证明，当隐含层设置为一层时，这种神经网络可以实现对任意非线性函数的逼近。

本设计中 BP 神经网络的隐含层和输出层选择 S 形函数作为传递函数。BP 神经网络模型如图 4-10 所示，该模型是三层典型 BP 神经网络结构。其中，输入层、中间层和输出层神经元的个数分别为 m、l、n。

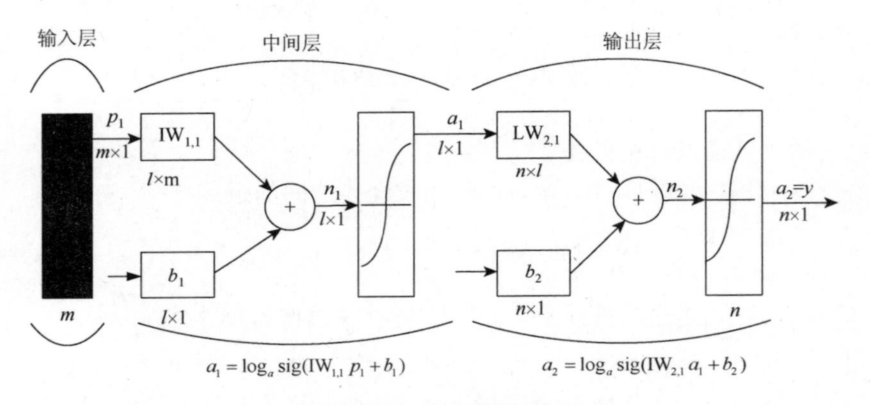

图 4-10　BP 神经网络模型

2. BP 神经网络算法

BP 神经网络是误差反向传播算法，是一种有导师的网络学习算法。从工程角度来讲，BP 神经网络的基本思想使用一定数量的已知样本输入神经网络，经过神经网络的计算和处理后，在神经元的输出层，每个神经元会有一个输出值。当神经元的输出值与期望输出值的误差大于给定的误差要求时，则将此误差从输出层反向传播到输入层。网络通过对每一个神经元的权值和阈值进行相应的调整，使得神经网络的输出误差向着减小的方向进行。当误差满足要求时，停止调整。BP 神经网络的训练模式如图 4-11 所示。

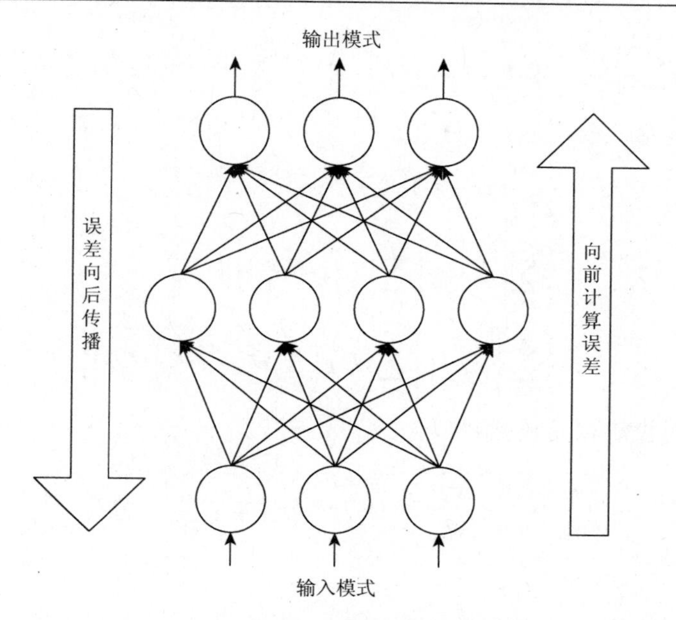

图 4-11　BP 神经网络的训练模式

设样本对（X, Y），其中 $\boldsymbol{X}=(x_1,x_2,\cdots,x_m)'$，$\boldsymbol{Y}=(y_1,y_2,\cdots,y_n)'$，隐含层神经元 $\boldsymbol{O}=[O_1,O_2,\cdots,O_t]$。$\boldsymbol{W}$ 表示输入层与中间层之间的权值矩阵，$\boldsymbol{W}_2$ 是中间层与输出层之间的权值矩阵：

$$\boldsymbol{W}=\begin{bmatrix} w_{11} & w_{12} & \dots & w_{1m} \\ w_{21} & w_{22} & \dots & w_{2m} \\ \vdots & \vdots & & \vdots \\ w_{l1} & w_{l2} & \dots & w_{lm} \end{bmatrix},\quad \boldsymbol{W}_2=\begin{bmatrix} w'_{11} & w'_{12} & \dots & w'_{1m} \\ w'_{21} & w'_{22} & \dots & w'_{2m} \\ \vdots & \vdots & & \vdots \\ w'_{l1} & w'_{l2} & \dots & w'_{lm} \end{bmatrix} \tag{4-45}$$

中间层神经元对应的阈值和输出层神经元对应的阈值分别为

$$\boldsymbol{\theta}=[\theta_1,\theta_2,\cdots,\theta_l]',\quad \boldsymbol{\theta}'=[\theta'_1,\theta'_2,\cdots,\theta'_l]' \tag{4-46}$$

中间层神经元 j 的输出为

$$O_j=f\left(\sum_{i=1}^{m}w_{ji}x_j-\theta_j\right)=f(\text{net}_j),\quad j=1,2,\cdots,l \tag{4-47}$$

式中，$\text{net}_j=\sum_{i=1}^{m}w_{ji}x_j-\theta_j$，$j=1,2,\cdots,l$；$f(\cdot)$ 是中间层的传递函数。

在输出层，神经元 k 的输出为

$$z_k=g\left(\sum_{r=1}^{l}w'_{kr}O_r-\theta'_k\right)=g(\text{net}_k),\quad k=1,2,\cdots,n \tag{4-48}$$

式中，$\text{net}_k = \sum_{r=1}^{l} w'_{kr} O_r - \theta'_k, k = 1, 2, \cdots, n$；$g(\cdot)$是输出层的传递函数。

网络误差为

$$\begin{aligned} E &= \frac{1}{2}\sum_{k=1}^{n}(y_k - z_k)^2 \\ &= \frac{1}{2}\sum_{k=1}^{n}\left[y_k - g\left(\sum_{r=1}^{l} w'_{kr} O_r - \theta'_k\right)\right]^2 \\ &= \frac{1}{2}\sum_{k=1}^{n}\left\{y_k - g\left[\sum_{r=1}^{l} w'_{kr} f\left(\sum_{i=1}^{m} w_{ji} x_i - \theta_j\right) - \theta'_k\right]\right\} \end{aligned} \tag{4-49}$$

误差 E 对权值 w'_{kr} 的偏导数为

$$\frac{\partial E}{\partial w'_{kr}} = \frac{\partial E}{\partial z_k}\frac{\partial z_k}{\partial w'_{kr}} = -(y_k - z_k) g'(\text{net}_k) O_j = -\delta_k O_j \tag{4-50}$$

式中，$\delta_k = (y_k - z_k) g'(\text{net}_k)$。

误差 E 对权值 w_{ji} 的偏导数为

$$\begin{aligned} \frac{\partial E}{\partial w_{ji}} &= \sum_{k=1}^{n}\sum_{j=1}^{l}\frac{\partial E}{\partial z_k}\frac{\partial z_k}{\partial O_j}\frac{\partial O_j}{\partial w_{ji}} \\ &= -\sum_{k=1}^{n}(y_k - z_k) g'(\text{net}_k) w'_{kr} f'(\text{net}_j) x_i \\ &= -\delta_1 x_i \end{aligned} \tag{4-51}$$

式中，$\delta_1 = \sum_{k=1}^{n}(y_k - z_k) g'(\text{net}_k) w'_{kr} f'(\text{net}_j) = f'(\text{net}_j)\sum_{k=1}^{n}\delta_k w_{kr}$。

由式（4-50）和式（4-51）可得权值的调整公式为

$$\begin{cases} w_{ji}(t+1) = w_{ji}(t) + \Delta w_{ji} = w_{ji}(t) - \eta\dfrac{\partial E}{\partial w_{kj}} = w_{ji}(t) + \eta\delta_j x_i \\ w'_{kr}(t+1) = w'_{kr}(t) + \Delta w'_{kr} = w'_{kr}(t) - \eta'\dfrac{\partial E}{\partial w'_{kr}} = w'_{kr}(t) + \eta'\delta'_j O_j \end{cases} \tag{4-52}$$

式中，η 是中间层的学习步长；η' 是网络输出层的学习步长。

同理，误差 E 对阈值 θ'_k 的偏导数为

$$\frac{\partial E}{\partial \theta'_k} = \frac{\partial E}{\partial z_k}\frac{\partial z_k}{\partial \theta'_k} = -(y_k - z_k) g'(\text{net}_k)(-1) = (y_k - z_k) g'(\text{net}_k) = \delta'_k \tag{4-53}$$

误差 E 对阈值 θ_j 的偏导数为

$$\frac{\partial E}{\partial \theta_j} = \sum_{k=1}^{n} \frac{\partial E}{\partial z_k} \frac{\partial z_k}{\partial O_j} \frac{\partial O_j}{\partial w_{ji}} = -\sum_{k=1}^{n} (y_k - z_k) g'(\text{net}_k) w'_{kr} f'(\text{net}_j)(-1)$$
$$= \sum_{k=1}^{n} (y_k - z_k) g'(\text{net}_k) w'_{kr} f'(\text{net}_j) = \delta_1 \tag{4-54}$$

由式（4-53）和式（4-54）可得阈值的修正公式为

$$\begin{cases} \theta_j(t+1) = \theta_j(t) + \Delta\theta_j = w_{ji}(t) - \eta \dfrac{\partial E}{\partial \theta_j} = \theta_j(t) + \eta\delta_j \\ \theta'_k(t+1) = \theta'_k(t) + \Delta\theta'_k = \theta'_k(t) - \eta' \dfrac{\partial E}{\partial \theta'_k} = \theta'_k(t) + \eta'\delta'_k \end{cases} \tag{4-55}$$

BP 神经网络算法流程图如图 4-12 所示。

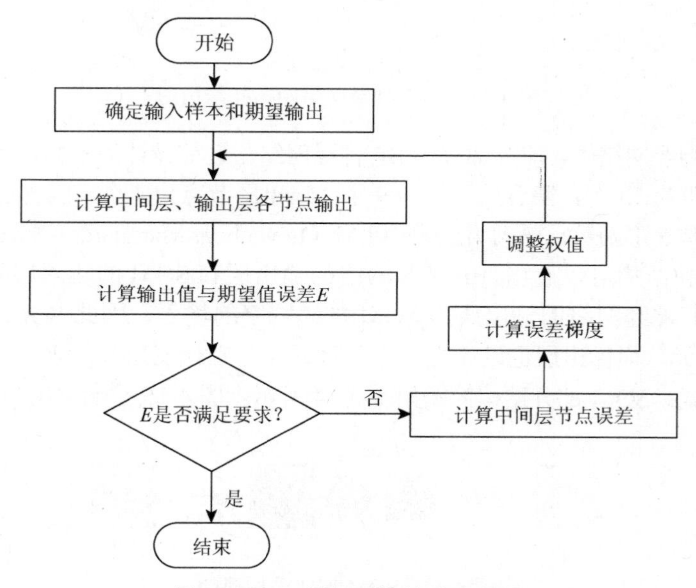

图 4-12　BP 神经网络算法流程图

3. BP-SOM 结构

BP 神经网络是一种有导师训练的前向型神经网络，它具有很强的数据压缩能力和容错能力。SOM 神经网络是一种无导师神经网络，它能够很好地模拟大脑神经系统“近兴奋远抑制”的效果，通过不断观察、分析和比较，自动揭示样本的内在信息规律和本质，从而实现对样本进行准确的分类和识别。根据这两种神经网络各自的特点和功能，将这两种网络串联，组成 BP-SOM 混合神经网络。混合神经网络的拓扑结构图如图 4-13 所示。从图上可以看出，该混合神经网络主要由两部分组成：前一部分是 BP 神经网络，层与层之间全部连接，层内各神经元不连接；后一部分是 SOM 神经网络，层与层之间全部连接，在输出层相邻神经元相连接。

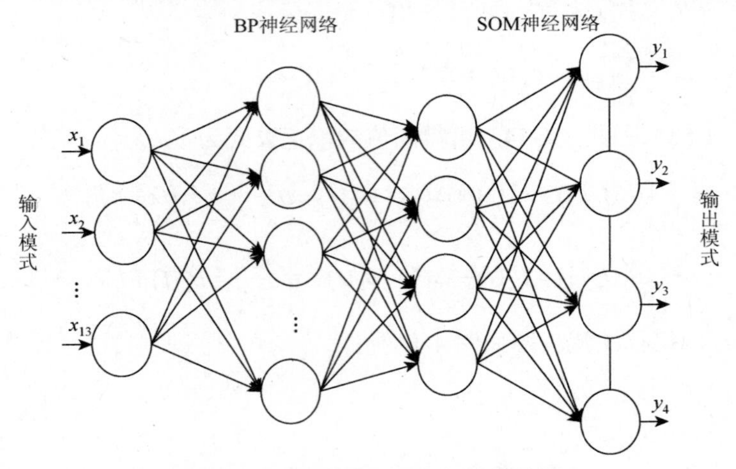

图 4-13　混合神经网络的拓扑结构图

在混合神经网络中，前一部分的 BP 神经网络与之前设计的一样，即设计三层网络，输入节点为 13 个，隐含层节点为 9 个，输出层节点为 4 个，隐含层和输出层的激励函数都是 *S* 形函数，学习方法采用 LM（Levenberg Marquardt）算法。从混合神经网络的拓扑结构可以看出，BP 神经网络的输出层和 SOM 的输入层融合成一层，也就是说 BP 神经网络的输出成为 SOM 神经网络的输入，因此 SOM 输入层设计为 4 个神经元，而输出层也设计为 4 个神经元，分别代表死节、活节、裂纹和虫眼四种输出模式。SOM 部分结构简图如图 4-14 所示。图 4-15 是输出层的拓扑结构。

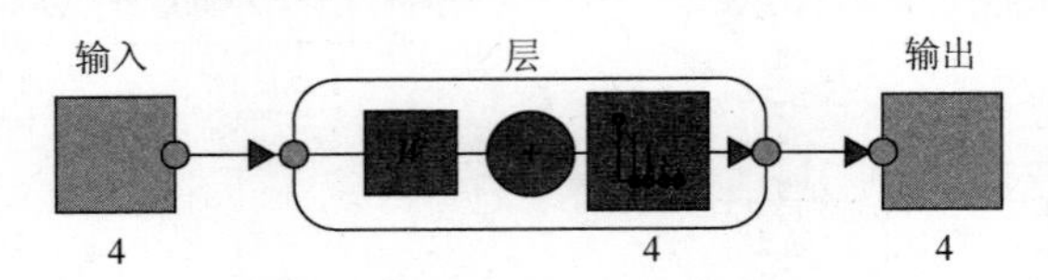

图 4-14　SOM 部分结构简图

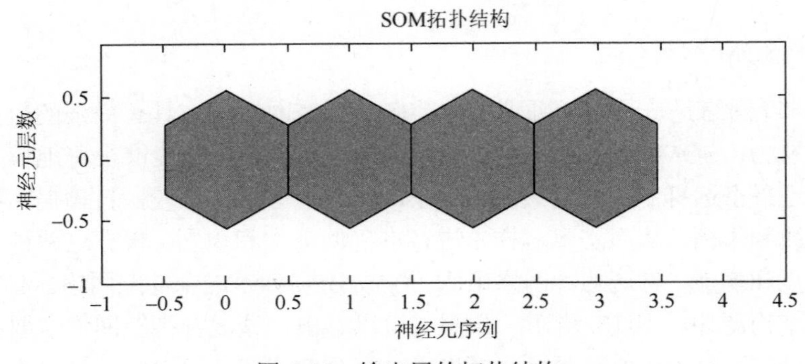

图 4-15　输出层的拓扑结构

4. BP-SOM 的学习过程

对神经网络学习和训练的目的是获得比较理想的权值和阈值，由于 BP 神经网络和 SOM 神经网络的学习方式不同，所以在对网络进行训练时需要分开训练，分别获取两部分的权值和阈值。试验样本依然是四类缺陷各 30 个，其中每类样本前 20 个用来训练，后 10 个用于测试。训练步骤如下。

（1）采用训练样本对 BP 神经网络进行训练，其中期望输出依然为：0001 代表死节、0010 代表活节、0100 代表裂纹、1000 代表虫眼。学习算法为 LM 算法，允许误差为 10^{-3}，得到训练后的权值和阈值。

（2）将 BP 神经网络的输出模式给 SOM 进行训练，训练好之后保存网络阈值和权值，并记录竞争层神经元对应的缺陷模式。

4.4　实验结果与分析

实验用到的图像均由 Oscar F810C IRF 摄像头获得，其采集光源为双排 LED 平行光。图像处理平台为 MATLAB 2012a，计算机主频为 2GHz。

4.4.1　形态学分割结果

按照形态学分割的步骤对实木地板毛坯材表面图像进行分割。图 4-16 是形态学分割过程，图 4-16(a)为 R 分量图像，图中左边圆圈圈起来的部分是颜色较深的纹理，右边两个圈起来的是目标缺陷。首先采用较小阈值 T_1 对 R 分量进行阈值分割，根据先验知识在本批次毛坯材中 T_1 设置为 60。分割后得到的预备种子点如图 4-16(b)所示。可以看到该阈值会将左侧较深的纹理分割出来，如图 4-16(b)圈内的白色区域，在其他图像中也会出现类似的分割结果。

为了屏蔽噪声，按照形态学分割步骤（2）对预备种子点图像进行形态学骨架提取、两次去毛刺和一次去独立点操作，得到最终的种子点如图 4-16(c)所示。

按照形态学分割步骤（3），采用较小阈值 T_2 对 R 分量进行阈值分割获得生长范围图像，在本批次图像中 T_2 设置为 120，分割结果如图 4-16(d)所示。

创建 9×9 圆盘形结构元素，以生长范围图像为掩模图像 [图 4-16(c)]；以优选后的种子点为标记图像 [图 4-16(d)]；按照膨胀原理，从标记图像重构掩模图像，如图 4-16(e)所示。

重构后的图像其缺陷区域往往并不完整，如图 4-16(e)的目标区域中有很多黑点，采用形态学空洞填充可以保证目标缺陷的完整性，如图 4-16(f)所示。之后对其进行去毛刺操作，如图 4-16(g)所示。

最后，将二值图像与原 R 分量图像掩模获得目标缺陷，如图 4-16(h) 所示。图 4-16(i) 为基于传统区域生长方法的分割结果，与形态学方法比较可以发现这种方法将左侧较深灰度的纹理误识为缺陷，如图 4-16 中圈起来的部分。因此，基于形态学的方法不仅可以比较完整地获得目标缺陷的图像，而且可以有效地避免纹理等噪声对图像分割的影响。

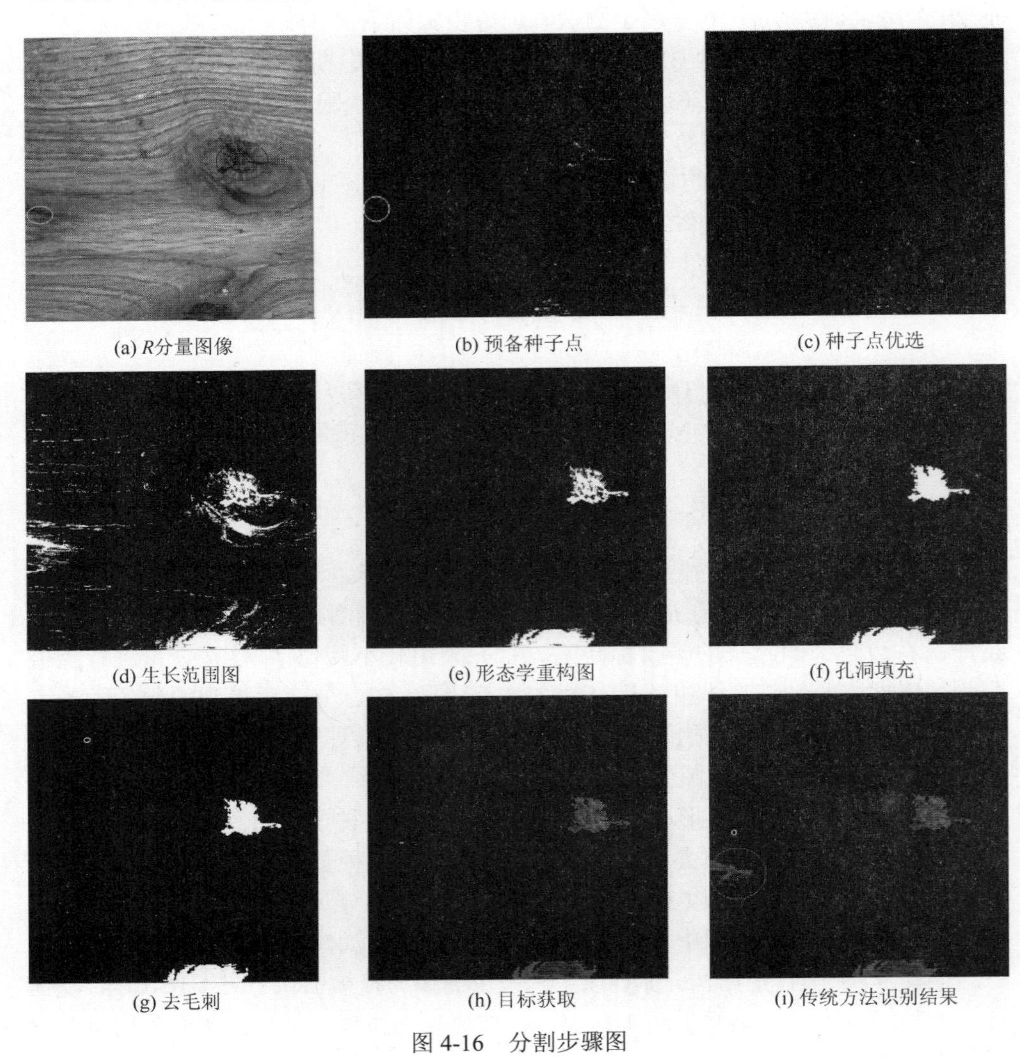

(a) R分量图像　(b) 预备种子点　(c) 种子点优选
(d) 生长范围图　(e) 形态学重构图　(f) 孔洞填充
(g) 去毛刺　(h) 目标获取　(i) 传统方法识别结果

图 4-16　分割步骤图

4.4.2　特征提取

经反复实验发现，9×9 的圆盘形结构元素可以很好地平滑缺陷边缘，准确提取缺陷内部和边缘图像。

实验原图像大小为 256×256 像素。提取过程如图 4-17(a) 是采用形态学算法获得的缺陷分割结果。首先对分割结果图像进行形态学标记，如图 4-17(b) 所示；然后进行形态学开闭运算以提取缺陷边缘和内部图像，由于裂纹和虫眼的面积比较小，经过开闭运算后裂纹和虫眼消失了，如图 4-17(c) 所示；将图 4-17(c) 与原图像经过掩模得到节子内部图像如图 4-17(d) 所示；经形态学开闭运算消失的区域的内部灰度均值设置为“0”，边缘提取得到节子边缘如图 4-17(e) 所示；其余部分是非节子目标如图 4-17(f) 所示。

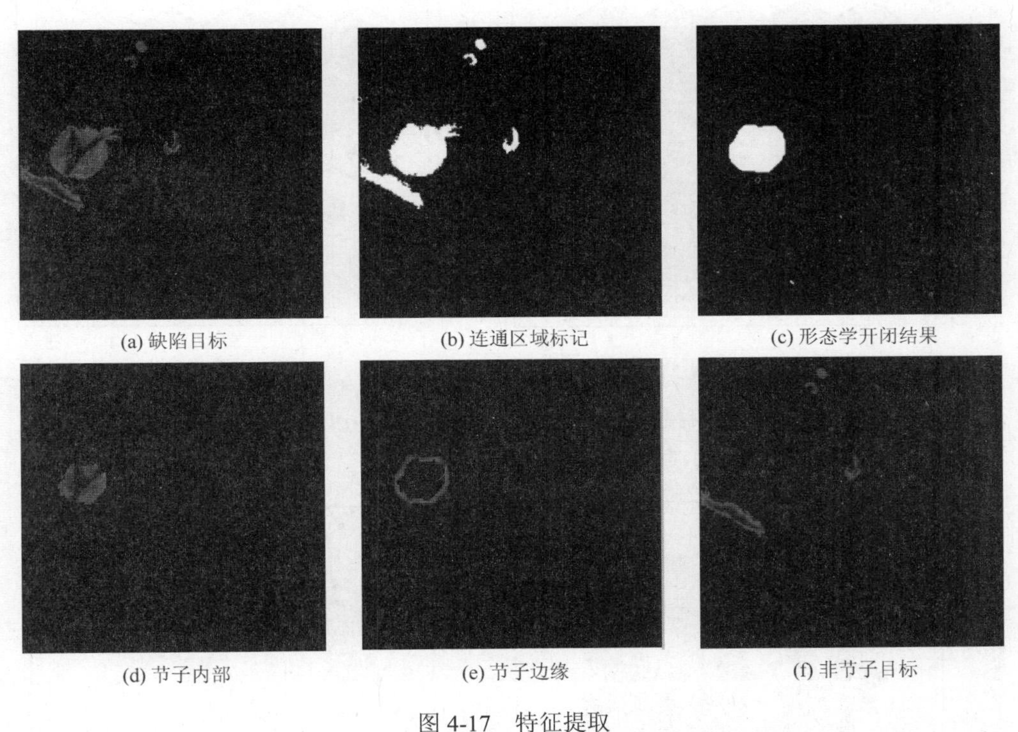

(a) 缺陷目标　(b) 连通区域标记　(c) 形态学开闭结果

(d) 节子内部　(e) 节子边缘　(f) 非节子目标

图 4-17　特征提取

4.4.3　SOM 神经网络设计

SOM 在训练时所需的训练样本较少，实验中死节、活节、裂纹和虫眼试验样本各 50 个，其中每一类前 20 个作为训练样本，后 30 个作为测试样本。经过反复试验发现采用竞争层大小为 5×5，结构为六角形的网络试验效果最好，太大或太小都会影响分类的结果与分类的准确性。

采用的训练次数为 500 次，如果训练次数过少，那么将无法完成分类功能；

当训练次数大于 500 次时，其获胜的神经元的位置会不相同，但聚类的结果模式是相同的。

图 4-18 所示为 SOM 竞争层的拓扑结构，每一个六边形表示一个神经元。图 4-19 是训练时获胜神经元的位置。图 4-20 是训练完后神经元之间的权值距离，其中较小的正六边形表示神经元，神经元之间的线表示神经元连接，较大的六边形表示神经元之间的权值距离。神经元的权值位置如图 4-21 所示。

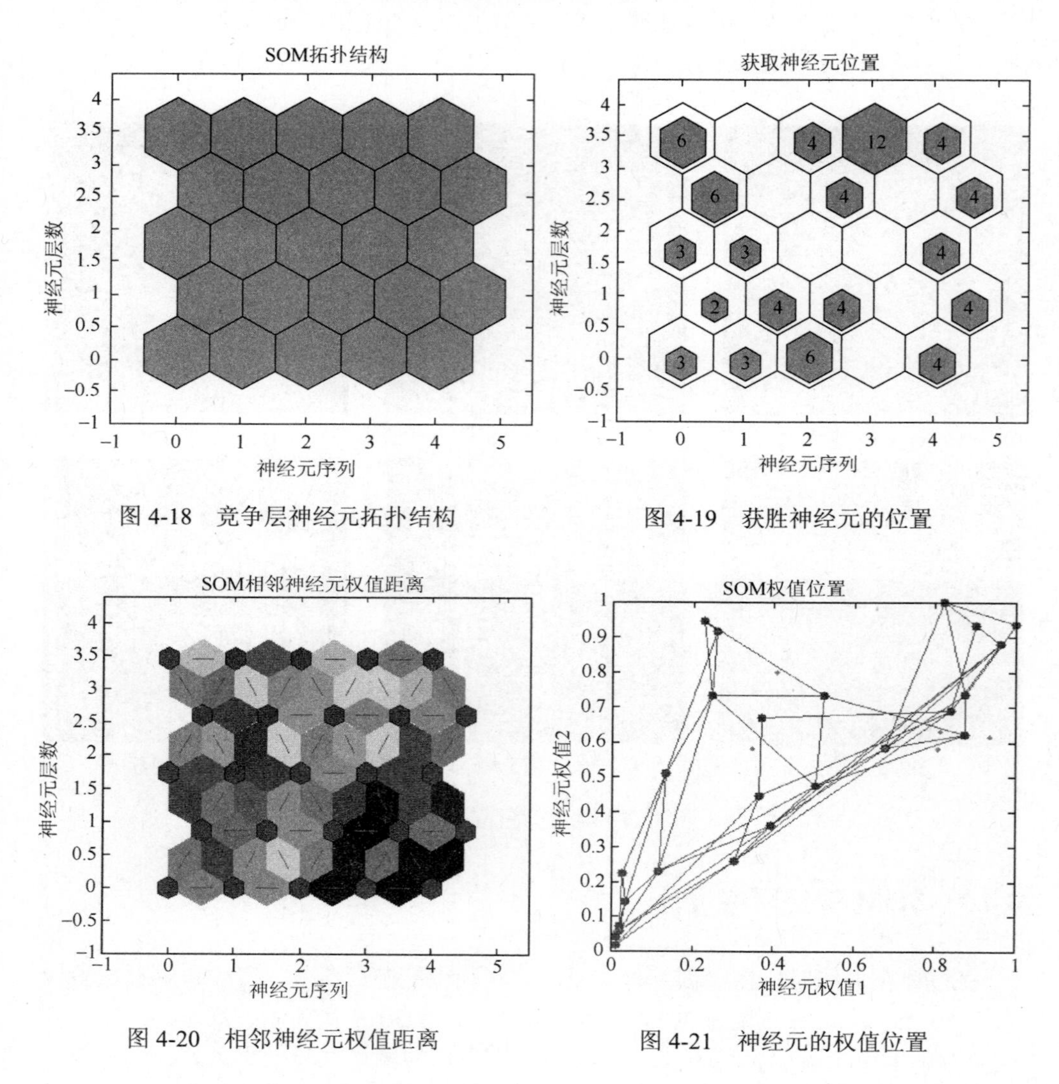

图 4-18　竞争层神经元拓扑结构

图 4-19　获胜神经元的位置

图 4-20　相邻神经元权值距离

图 4-21　神经元的权值位置

网络训练完成后，缺陷对应的神经元如表 4-2 所示。对部分待测样本测试时获胜神经元编号如表 4-3 所示。

表 4-2　不同缺陷对应神经元位置

	获胜神经元位置									
死节	16	12	11	16	21	21	6	16	12	11
	16	21	21	6	16	12	11	16	21	21
活节	8	7	3	3	2	1	8	7	3	3
	2	1	8	7	3	3	2	1	8	7
裂纹	24	23	18	24	24	24	23	24	24	24
	24	23	18	24	24	24	23	18	24	18
虫眼	5	5	25	25	20	20	10	15	10	20
	5	10	15	15	20	10	25	15	25	5

表 4-3　待测样本识别结果

	识别结果									
死节样本	**3**	16	12	**1**	16	21	21	6	16	12
活节样本	3	13	2	1	8	7	3	3	2	**16**
裂纹样本	24	23	18	24	24	24	23	18	24	24
虫眼样本	5	10	15	19	20	5	10	15	25	20

从表 4-2 中可以看出，死节对应的神经元编号为 6、11、12、16、21；活节对应的神经元为 1、2、3、7、8；裂纹对应的神经元为 18、23、24；虫眼对应的神经元为 5、10、15、20、25。在待测样本中部分样本的识别结果如表 4-3 所示，表中有两个死节被错误地识别为活节，在表中已加粗并加注下划线；在活节样本里，有一个被错误地识别为死节，在表中已加粗并加注下划线；表中的裂纹样本全部识别正确；有一个虫眼样本和一个活节样本出现在训练时未获胜的神经元，如表中标黑框的样本；所有试验样本的识别准确率为 87.5%。试验对 80 个样本的识别时间为 13.76ms，平均每个样本识别时间为 0.172ms。

4.4.4　BP-SOM 混合神经网络分类的测试结果

混合网络训练好之后，需要用待测样本对网络进行测试。需要说明的是，网络训练好之后，竞争层的 1 号神经元对应活节模式、2 号神经元对应虫眼模式、3 号神经元对应裂纹模式、4 号神经元对应死节模式。测试结果如表 4-4 所示。从表中可以看出有一个死节样本和一个虫眼样本识别错误，网络的识别准确率为 95%。

表 4-4 混合网络识别结果

	识别结果									
死节样本	4	4	4	1	4	4	4	4	4	4
活节样本	1	1	1	1	1	1	1	1	1	1
裂纹样本	3	3	3	3	3	3	3	3	3	3
虫眼样本	2	2	2	2	2	2	4	2	2	2

如表 4-5 所示，对 BP 神经网络、SOM 神经网络和 BP-SOM 混合神经网络的实验结果进行对比。可以看出混合网络的识别准确率要比 BP 神经网络和 SOM 神经网络的准确率高，虽然 BP-SOM 混合神经网络识别时间也要高于另两种网络，但是其识别时间是可以满足在线要求的。

表 4-5 三种网络识别结果对比

	BP 神经网络	SOM 神经网络	BP-SOM 混合神经网络
识别时间/ms	2.365	0.172	2.497
识别准确率/%	90	87.50	95

4.5 本章小结

本章介绍了基于形态学重构的区域生长图像分割方法。该方法能够很好地实现实木地板表面缺陷的图像分割。即使在表面情况较为复杂的条件下，分类识别率也很高。该方法中的“种子点”优选过程有效克服了表面缺陷分割过程中缺陷误识的问题，也不影响正常的缺陷图像分割。此外，还设计了 SOM 分类器，比较实验结果表明，SOM 神经网络具有较短的识别时间，BP-SOM 混合神经网络具有非常精确的分类效果，分类准确率可以达到 95%。

第 5 章　基于图像融合的缺陷分割方法

形态学重构的分割方法是改进的区域生长法，过程简单、对具有清晰边缘的图像有较好的分割结果；但是形态学算法的特殊性使其消耗大量时间且搜索精度易受噪声影响。为解决上述问题，本章提出一种基于图像融合的缺陷快速定位与禁忌快速搜索方法。首先，此方法对缺陷图像进行缩小，完成图像的去噪与缺陷的快速定位；然后，运用插值法对缩小图像进行原始图像规模的放大，通过对放大图像的缺陷边缘检测获得标记参考图像；最后，在标记图像的作用下，对原图像边界进行禁忌搜索。本章方法精度高、时间短，准确率能达到97.56%。

5.1　区域生长与禁忌搜索

5.1.1　区域生长算法

区域生长算法的主要思想是把相邻区域或邻域内，在某种性质方面一样或相似的像素合并成一个区域。对于一幅区域生长完成的图像，其内部所有的区域两两不相交，而且每一个区域内的所有像素都存在某种共性。在具体操作时，首先在待分割区域选择一个种子点作为生长起始点；然后根据预先设定的生长准则把种子点周围与其有一样或相近特性的像素合并到种子点所在的区域；最后把这些刚合并进来的像素点作为新的种子点，按照上述规则继续生长合并其他像素点，直到找不到满足条件的像素。

区域生长分割步骤如下。

（1）分割基本条件。如果用 R 表示整个图像区域，那么可以把分割看成把 R 分成若干个子区域 $R_1, R_2, \cdots, R_n$ 的处理，这种处理应该满足以下条件：①$\bigcup_{i=1}^{n} R_i = R$；②$R_i$ 是一个连接区域，$i = 1, 2, \cdots, n$；③ $R_i \cap R_j = \varnothing$ 对于所有的 i 和 j，都有 $i \neq j$；④ $p(R_i) = \text{True}, i = 1, 2, \cdots, n$；⑤对于任意的连接区域 R_i 和 R_j，$i \neq j$，$P(R_i \cap R_j) = \text{False}$。

其中，$p(R_i)$ 是在集合 R_i 中像素上的逻辑词，$\varnothing$ 表示空集。

条件①指出分割必须是完全的，图像中的每一个点都必须在分割后的图像中。

条件②要求区域中的点必须是按事先定义好的规则进行连通的。条件③说明不同的区域之间是不可以相交的。条件④说明同一区域中的不同像素必须有相同或相似的特征。条件⑤说明邻近区域在谓词 P 上的意义是不同的。

（2）确定区域的数目，选择一个或一组能正确代表所需区域的生长起点，也就是种子点。一般来说，每幅待分割图像区域至少有一个种子。例如，灰度值最大的像素点、灰度值最小的像素点，或者其他特征上比较典型、具有代表性的像素点。

（3）选择有特殊含义的特征，也就是把生长过程中将像素合并的依据进行预先的选择。

（4）确定生长规则，根据先验知识，首先确定将像素点合并的生长准则，并将种子点周围邻域中凡是能够满足该生长准则的像素点合并到区域内；然后将这些新像素当成新的种子像素继续进行上面的过程；最后把这些刚合并进来的像素点作为新的种子点，按照上述规则继续生长合并其他像素点，直到找不到满足条件的像素，此时便完成了该区域的生长。

5.1.2 禁忌搜索

1. 禁忌搜索算法的基本原理

图像融合分割算法的核心是禁忌搜索，该算法通过建立禁忌表来实现局部邻域搜索。对于原始输入灰度图像 I_im，定义 $\mathrm{Neighbor}(I\_\mathrm{im}(x,y))$ 为点 $I\_\mathrm{im}(x,y)$ 的八邻域。对于图像中某一区域 R，$N(R)$ 表示不属于 R，但是又与 R 中某一像素相邻的集合：

$$\text{使 } N(R)=\left\{ I\_\mathrm{im}(u,v) \left| \begin{array}{l} I\_\mathrm{im}(u,v)\notin R, \exists I\_\mathrm{im}(x,y)\in R \\ I\_\mathrm{im}(u,v)\in \mathrm{Neighbor}(I\_\mathrm{im}(x,y)) \end{array} \right. \right\} \quad (5\text{-}1)$$

定义标记图像 Sign，其大小与原图像一致，满足式（5-2）和式（5-3）：

$$\mathrm{size}(\mathrm{Sign})=\mathrm{size}(I\_\mathrm{im}) \quad (5\text{-}2)$$

$$\mathrm{Sign}(x,y)=\begin{cases} 1, & I\_\mathrm{im}(x,y)\in R \\ 0, & I\_\mathrm{im}(x,y)\notin R \end{cases} \quad (5\text{-}3)$$

式中，size 为返回图像的大小。

对于点 $I\_\mathrm{im}(m,n)\in N(R)$，且 $I\_\mathrm{im}(m,n)\in \mathrm{Neighbor}(I\_\mathrm{im}(i,j))$ 要将 $I\_\mathrm{im}(m,n)$ 合并到区域 R 中，必须满足条件：

$$\begin{cases} \text{Sign}(m,n)=0 \\ \left|I\_\text{im}(m,n)-I\_\text{im}(i,j)\right| \leqslant T_1 \\ I\_\text{im}(m,n) \leqslant T_2 \end{cases} \tag{5-4}$$

式中，T_1、T_2 为搜索缺陷边缘的双阈值限定条件。

在禁忌搜索算法中，邻域（neighborhood）、禁忌表（tabu list）、禁忌长度（tabu length）、特赦规则（aspiration criterion）、终止规则（termination criterion）等基本概念成为算法设计的关键。下面介绍各概念在组合优化领域的基本定义。以 5 个城市的旅行商问题（traveling salesman problem，TSP）为例，其距离数据如图 5-1 表示，对应的距离矩阵为

$$\boldsymbol{D}=(\boldsymbol{d}_y)=\begin{bmatrix} 0 & 10 & 15 & 6 & 2 \\ 10 & 0 & 8 & 13 & 9 \\ 15 & 8 & 0 & 20 & 15 \\ 6 & 13 & 20 & 0 & 5 \\ 2 & 9 & 15 & 5 & 0 \end{bmatrix}$$

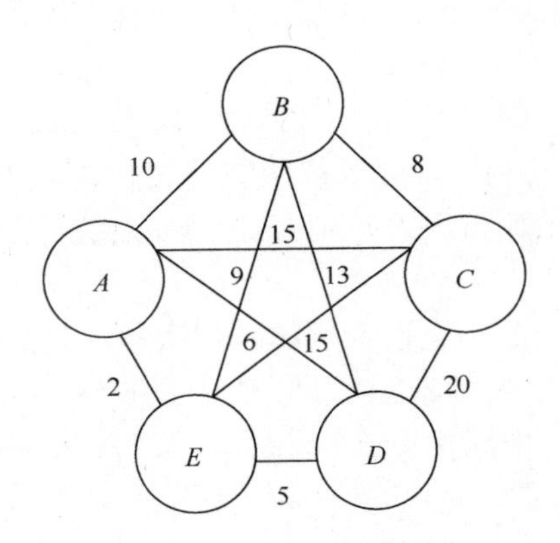

图 5-1　TSP 距离数据图

假设其初始路径为 x_0=(*ABCDE*)。

光滑函数极值的数值求解中，邻域是个非常重要的概念，函数的下降或上升都是在一点的邻域中寻求变化方向。在距离空间中，通常的邻域定义是以一点为中心的一个圆。在组合优化中，距离的概念不再适用，但是在一点附近即邻域搜索另一个下降的点仍是组合优化数值求解的基本思想。

针对不同的组合优化问题，邻域的定义有各种不同的方法，常用的方法是 2-opt，并由其推出 *k*-opt。在上面所举的 TSP 例子中，对于初始点 x_0，用 2-opt 方法

产生的邻域从 $N(x_0)$由如下解构成：$N(x_0)$={(*ACBDE*), (*ADCBE*), (*ABDCE*),(*ABEDC*), (*ABCED*)}；其目标函数值对应为{43, 45, 60, 60, 59, 44}。

为了避免重复工作，避免可能的局部内循环，以期跳出局部极小，禁忌搜索（tabu search，TS）将建立禁忌表以禁忌一定时期内进行过的工作。禁忌表有两个重要的指标：禁忌对象和禁忌长度。

1）禁忌对象

顾名思义，禁忌对象是指禁忌表中被禁的那些元素。根据解状态的不同变化类型，禁忌对象可有三类：简单解、向量分量变化、目标函数值。

（1）简单解。当解从一个解移动到另一个解，例如，从 x_0 移动到 x_1，x_1 可能是局部最优解，为了避开局部最优解，禁忌 x_1 这个解再度出现。禁忌的规则为：当 x_1 的邻域中有比它更优的解时，则选择最优的解；当 x_1 为 $N(x_1)$的局部最优时，不再选择 x_1，而选择除 x_1 之外的最优解。

（2）向量分量变化。解向量分量的变化以解向量的每一个分量为变化的最基本因素。以上面的 TSP 为例，解向量的变化是两分量相互交换引起的。考虑解从 x_0=(*ABCDE*)变化到 x_1=(*ACBDE*)，它的变化实际是由 *B* 和 *C* 的对换引起的，但 *B* 和 *C* 的对换可以引起更多解的变化，如(*ABCED*) → (*ACBED*) → (*ABDCE*) → (*ACDBE*)、(*AECDB*) → (*AEBDC*)等，如果 *B* 和 *C* 交换被禁忌，那么这些情况的变化都将被禁忌。

（3）目标函数值。在最优问题求解过程中，非常关心目标函数值是否变小（或变大），是否接近最优目标值。如同等位线的道理一样，把处在同一等位线的解视为相同。若某一目标函数值被禁忌，则有此目标函数值的解都将被禁忌。

2）禁忌长度

禁忌长度是被禁忌对象不允许选取的迭代次数，具体实现可以给被禁对象 x 一个数（禁忌长度）t，要求对象 x 在 t 步迭代内被禁，在禁忌表中采用 $\text{tabu}(x)=t$ 记忆，每迭代一步，该项指标作运算 $\text{tabu}(x)=t-1$，直到 $\text{tabu}(x)=0$ 时解禁；也可以建立一个长度为 t 的禁忌表，每步迭代时，把新的被禁对象放到表头，表中原有元素按顺序后移，若禁忌表已满，则最后一个元素将被踢出禁忌表，即被解禁。有关禁忌长度 t 的选取，可以归纳为下面几种情况。

（1）t 为常数，如 $t=10$。这种规则容易在算法中实现。

（2）$t\in[t_{\min},t_{\max}]$。此时 t 是可以变化的数，它的变化依据被禁对象的目标函数值和邻域的结构。此时 $t_{\min}$、$t_{\max}$ 是确定的。确定 $t_{\min}$、$t_{\max}$ 的常用方法是根据问题的规模 T，限定变化区间 $\left|\alpha\sqrt{T},\beta\sqrt{T}\right|(0<a<b)$，也可以用邻域中解的个数 n 确定变化区间 $\left|\alpha\sqrt{T},\beta\sqrt{T}\right|$。当给定了变化区间时，确定 t 的大小主要依据实际问题、实验和设计者的经验。从直观可见，当函数值下降较大时，可能谷较深，欲跳出

局部最优，希望被禁的长度较大。

（3）t_{min}、t_{max} 动态选取。有的情况下，用 t_{min}、t_{max} 的变化能得到更好的解。

禁忌长度的选取与实际问题、实验和设计者的经验有着密切的联系，同时它决定了计算的复杂性。过短会造成循环的出现，过长又造成计算时间较长。

2. 终止规则

TS 是一个启发式算法，不可能让禁忌长度充分大，只希望在可接受的时间里给出一个满意的解。于是很多直观、易于操作的原则包含在终止规则中。下面给出常用的终止规则。

（1）确定步数终止。给定一个充分大的数 N，总的迭代次数不超过 N 步。即使算法中包含其他的终止原则，算法的总迭代次数也有保证。这种原则的优点是易于操作和控制计算时间，但无法保证解的效果。

（2）频率控制原则。当某一个解、目标函数值或元素序列的频率超过一个给定的标准时，如果算法不进行改进，那么会造成频率的增加，此时的循环对解的改进已无作用，因此终止计算。这一规则认为：如果不改进算法，那么解不会再改进。

（3）目标函数值变化控制原则。在禁忌搜索算法中，提倡记忆当前最优解，如果在一个给定的步数内，目标函数值没有改变，那么与（2）的观点相同；如果算法没有其他改进，那么解不会改进。此时停止运算。

（4）目标函数值偏离程度原则。对一些问题可以简单地计算出它们的下界（目标值为极小），记一个问题的下界为 Zlb，目标函数值为 $f(x)$。对给定的充分小的正数 ε，当 $f(x)-\text{Zlb}<\varepsilon$ 时，终止计算。这表示目前计算得到的解与最优解很接近。

3. 算法流程

禁忌算法流程图如图 5-2 所示。

总结以上各算法要素，可归纳出禁忌搜索算法的一般步骤。

（1）随机生成一个初始点 x_0，计算出它的目标函数值，初始化当前点 $x=x_0$，最优点 $x_{best}=x_0$，$f(x_{best})=f(x_0)$。

（2）生成当前点 x 的邻域，计算出邻域内各点的目标函数值。

（3）选邻域内目标函数值最小的点 x。

（4）判断特赦规则。如果特赦规则满足，则新的当前点移到 x^*，即 $x=x^*$，同时更新最优点 $x_{best}=x^*$，$f(x_{best})=f(x^*)$，转到步骤（6）；否则转到步骤（5）。

（5）判断点 x^* 是否被禁忌。如果点 x^* 没被禁忌，新的当前点移到 x^*，则转到步骤（6）；否则 x^* 从邻域中删除，转到步骤（3）。

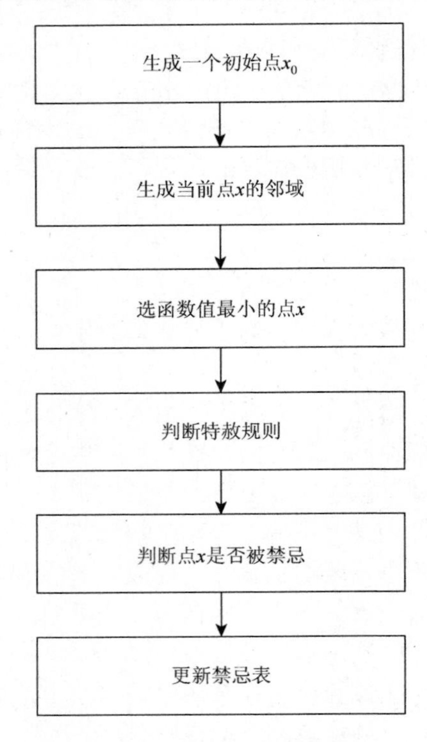

图 5-2　禁忌算法流程图

（6）更新禁忌表，并判断终止规则。若终止规则满足，则终止计算，否则转到步骤（2）。

5.2　基于图像融合的缺陷分割方法与步骤

5.2.1　实木表面缺陷分割方法

参与缺陷分割的图像有两幅：第一幅图像是直接采集的实木地板表面缺陷图像；第二幅图像是由第一幅图像经过图像预处理、图像缩小、缺陷定位、图像放大、缺陷边缘检测所得到的标记图像。原始图像在标记图像的作用下进行缺陷的边界搜索，完成缺陷的快速、完整分割。实木地板缺陷分割流程如图 5-3 所示。

1）图像预处理

选用面向硬件设备的 RGB 模型，由于 R 分量图像不仅对纹理有很好的去噪效果，而且 R 分量转换为灰度图像的时间较 RGB 模型要短，所以在图像预处理部分，首先从 RGB 模型中提取 R 分量，然后进行灰度图像变换。

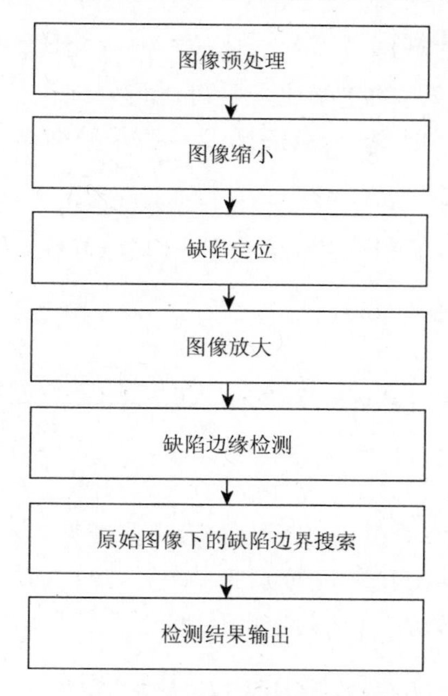

图 5-3　实木地板缺陷分割流程

2）图像缩小与缺陷定位

由于噪声分布随机且面积小，图像缩小既可以实现缺陷粗定位又能够过滤噪声。选用等间隔采样完成图像缩小，若原图像中的点 $f_0(x_0, y_0)$在缩小后的图像中对应点$f(x, y)$，则

$$\begin{bmatrix} x \\ y \\ 1 \end{bmatrix} = \begin{bmatrix} k_x & 0 & 0 \\ 0 & k_y & 0 \\ 0 & 0 & 1 \end{bmatrix} \begin{bmatrix} x_0 \\ y_0 \\ 1 \end{bmatrix} \tag{5-5}$$

式中，k_x、k_y分别为 x、y 轴方向的缩放倍数。

等间隔采样是通过提取子块中的一个像素点来代替整个子块，进而组合成一幅图像。设原始图像为$f(x, y)$，缩小后的图像为 $g(x, y)$，则

$$g(x,y) = f\left(\frac{x}{k_x}, \frac{y}{k_y}\right) \tag{5-6}$$

如果在低维空间搜索缺陷点，计算量将为原来的$1/k_x k_y$，既提高运算速度，又减小图像分割时间。在低维空间搜索缺陷点，并将缺陷置 1，完成缺陷的初步定位。

3）图像放大

图像放大是生成与原始图像大小一致的图像，为缺陷图像的融合分割提供标

记图像。图像放大需要在处理效率与结果的平滑度和清晰度上进行一个权衡。

梯度插值方法拥有较高的信噪比，且可以很好地保护图像边缘。采用差分算法在原始图像 $S(m, n)$上计算每一点的梯度。在差分网格上，令网格点 (i,j) 处的梯度为

$$|\nabla(i,j)| = \left((f(i,j+1) - f(i,j-1))^2 + (f(i+1,j) - f(i-1,j))^2\right)^{1/2} \tag{5-7}$$

对于插值点 (i,j)，令

$$|\nabla(i,j)| = \left((f(i,j+1) - f(i,j-1))^2 + \left(\frac{(f(i+1,j-1) + f(i+1,j+1) - f(i-1,j-1) - f(i-1,j+1)}{16}\right)^2\right)^{1/2} \tag{5-8}$$

在待插值点 (i,j)，令插值方向为左右方向，即按行插值。

令点 $(i,j-1)$、$(i,j+1)$ 的梯度分别为 $\nabla(i,j-1)$、$\nabla(i,j+1)$，且 $r = \nabla(i,j-1)/\nabla(i,j+1)$，则图像网格点 (i,j) 所对应的值为

$$f(i,j) = (1 - v(r))f(i,j-1) + v(r)f(i,j+1) \tag{5-9}$$

式中，$0 \leqslant v(r) = \dfrac{\text{th}(r-1)+1}{2} \leqslant 1$ 为双曲正切函数，且定义 $\text{th}(x) = (\text{e}^x - \text{e}^{-x})/(\text{e}^x + \text{e}^{-x})$，函数 $v(r)$的中心点为（1, 0.5）。

4）创建标记图像

标记图像是针对原始图像的缺陷区域所创建的参考图像。对于原始输入大小为 256×256 的 R 分量图像 I_im，定义 $\text{Neighbor}(I\_\text{im}(x,y))$ 为点 $I\_\text{im}(x,y)$ 的八邻域。对于图像中某一区域 R，$N(R)$ 表示不属于 R，但是又与 R 中某一像素相邻的集合：

$$\begin{aligned} N(R) = \{ & I\_\text{im}(u,v) | I\_\text{im}(u,v) \notin R, \exists I\_\text{im}(x,y) \in R; \\ & \text{使} I\_\text{im}(u,v) \in \text{Neighbor}(I\_\text{im}(x,y)) \} \end{aligned} \tag{5-10}$$

定义标记图像Sign，其大小与原图像一致，满足式（5-11）和式（5-12），如

$$\text{size}(\text{Sign}) = \text{size}(I\_\text{im}) \tag{5-11}$$

$$\text{Sign}(x,y) = \begin{cases} 1, & I\_\text{im}(x,y) \in R \\ 0, & I\_\text{im}(x,y) \notin R \end{cases} \tag{5-12}$$

式中，size 为返回图像的大小。

对于某个像素，满足点 $I\_\text{im}(m,n) \in N(R)$ 且 $I\_\text{im}(m,n) \in \text{Neighbor}(I\_\text{im}(i,j))$ 要将 $I\_\text{im}(m,n)$ 合并到区域 R 中，必须满足条件：

$$\begin{cases} \text{Sign}(m,n)=0 \\ \left|I\_\text{im}(m,n)-I\_\text{im}(i,j)\right| \leqslant T_1 \\ I\_\text{im}(m,n) \leqslant T_2 \end{cases} \tag{5-13}$$

式中，T_1、T_2 为搜索邻域的阈值限定条件。

5）缺陷边缘检测

边缘检测是在标记图像上找到缺陷边缘，确定边缘种子点图像 seed(x, y)，原图像将以种子点向外搜索，进一步提高分割速度和精度。

小波变换不仅能够检测边缘，还可以将图像细节以不同程度的尺度呈现，从而实现多类型边缘的检测。

选取小波函数为

$$\psi^{(1)}(x,y)=\frac{\partial\theta(x,y)}{\partial x},\psi^{(2)}(x,y)=\frac{\partial\theta(x,y)}{\partial y} \tag{5-14}$$

式中，$\theta(x,y) \geqslant 0$ 是光滑函数，且满足：

$$\iint_{R^2}\theta(x,y)\mathrm{d}x\mathrm{d}y=1 \tag{5-15}$$

二维图像 $f(x,y)$ 所对应的小波变换为

$$W_{2^j}^{(1)}f(x,y)=f\times\psi_{2^j}^{(1)}f(x,y)=2^j\frac{\partial(f\times\theta_{2^j}(x,y))}{\partial x} \tag{5-16}$$

$$W_{2^j}^{(2)}f(x,y)=f\times\psi_{2^j}^{(2)}f(x,y)=2^j\frac{\partial(f\times\theta_{2^j}(x,y))}{\partial y} \tag{5-17}$$

在尺度 2^j 下，梯度的相角和模分别为

$$\phi_{2^j}f(x,y)=\arctan\left[\frac{W_{2^j}^{(2)}f(x,y)}{W_{2^j}^{(1)}f(x,y)}\right] \tag{5-18}$$

$$M_{2^j}f(x,y)=\sqrt{\left|W_{2^j}^{(1)}f(x,y)\right|^2+\left|W_{2^j}^{(2)}f(x,y)\right|^2} \tag{5-19}$$

模 $M_{2^j}f(x,y)$ 在 $\phi_{2^j}f(x,y)$ 方向的极值点对应图像的边缘点。

边缘检测的具体步骤如下。

（1）构造小波函数。

（2）对图像 $f(x,y)$ 进行小波变换，计算模 $M_{2^j}f(x,y)$ 与相角 $\phi_{2^j}f(x,y)$ 。

（3）沿相角搜索模的极值点，生成图像的边缘 $P_{2^j}f(x,y)$ 。

（4）将 $P_{2^j}f(x,y)$ 中模、相角相似点连接，得到单像素的图像边缘 $D_{2^j}f(x,y)$。

（5）对 $D_{2^j}f(x,y)$ 中的边缘，计算 $P_{2^{j-1}}f(x,y)$ 中的匹配区域，得到下一尺度 $j-1$ 的边缘图像 $D_{2^{j-1}}f(x,y)$。

6）边缘的禁忌搜索

禁忌搜索是参照标记图像 Sign(x, y)，从种子点 seed(x, y)出发，利用阈值限定生长条件，避开标记点向外搜索缺陷边界，直到缺陷分割完成。

5.2.2 实木表面缺陷分割步骤

基于图像融合与禁忌搜索的缺陷分割主要包括缺陷定位、创建标记图像、确定种子点以及边缘细搜索四个过程。

（1）缺陷定位：具体过程如图 5-4 所示，首先通过对 R 分量图像 A 均匀采样得到图 B。在低维空间搜索缺陷点，并将缺陷置“1”，得到图像 C。然后利用插值算法将 C 图像映射到高维空间得到 D 图像。最后对 D 图像进行腐蚀得到缺陷快定位图像。

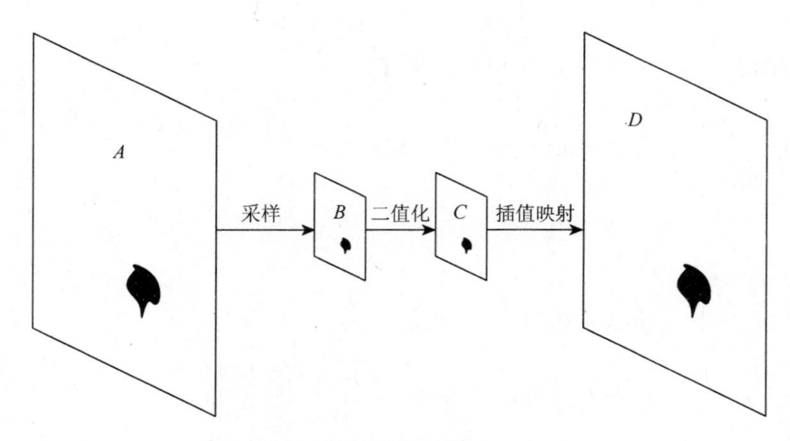

图 5-4　缺陷定位过程

（2）创建标记图像：对快定位缺陷进行标记，得到标记图像 Sign(x, y)，如图 5-5(a)所示。

（3）确定种子点：对原始标记图像 Sign (x, y) 进行边缘检测，得到种子点图像 seed (x, y)。

（4）边缘细搜索：具体过程如图 5-5 所示，图 5-5(a)是标记图像，黑色部分为标记位置。图 5-5(b)为原始图像。图 5-5(c)表明标记缺陷小于实际缺陷。将

图 5-5(c)的虚线框放大，如图 5-5(d)所示。图 5-5(d)中的黑点是提取的种子点，*a* 环表示标记图像边缘，*b* 环表示缺陷边界。禁忌搜索是参照标记图像 Sign(x, y)，从种子点出发，利用双阈值限定生长条件，避开标记点向外搜索缺陷边界，直到缺陷分割完成。

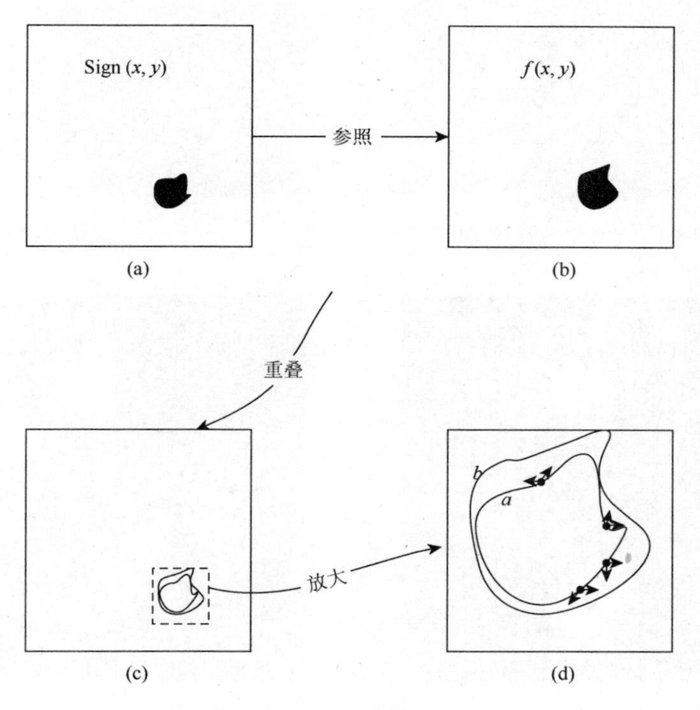

图 5-5　生长过程

图 5-6～图 5-11 所示为采用禁忌搜索分割算法对图像进行缺陷分割。如图 5-6 是原始 *R* 分量图像，其大小是 256×256 像素，首先对其进行均匀采样得到降维后的图像，如图 5-7 所示。低维度的图像大小是 32×32 像素，从图 5-7 中可以看出，图像明显带有马赛克效应。然后在低维度空间搜索缺陷点，并将缺陷点置 1，其他非缺陷点置 0，如图 5-8 所示。图 5-8 也是 32×32 像素的图像，其中白色区域是搜索到并被置 1 的缺陷点。为了粗略定位缺陷的位置，需要将低维度的缺陷点映射回原来的高维度空间，如图 5-9 所示。图 5-9 的大小是 256×256 像素，如果采用该图像对 *R* 分量图像进行掩模，分割出来缺陷往往是不完整的，缺陷的很多边缘信息会被遗漏。图 5-10 是种子点图像，为了准确地分割缺陷，以高维映射图像的边缘点为种子点，按照本节中介绍的方法对缺陷的边缘进行增长并完成掩模，得到分割结果，如图 5-11 所示。

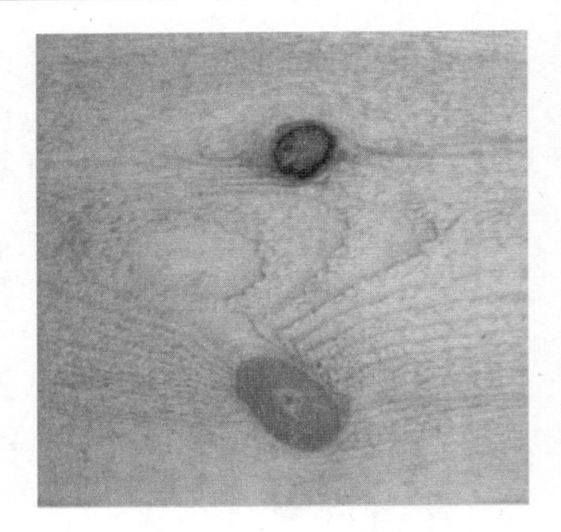

图 5-6　原始灰度图像

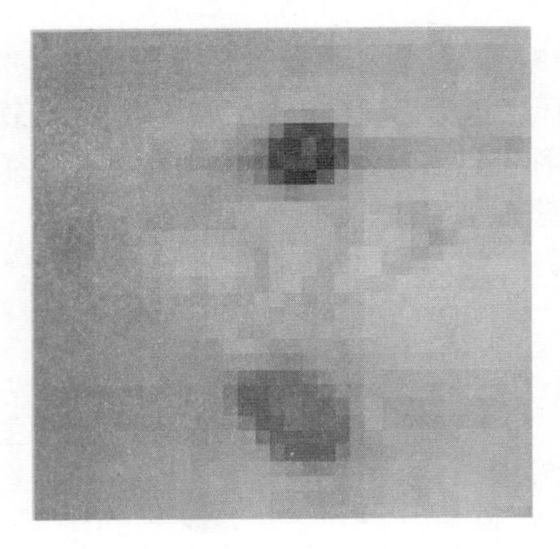

图 5-7　降维图像

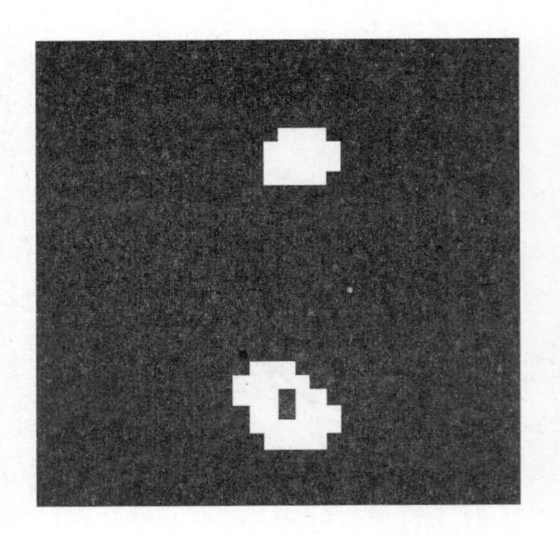

图 5-8　低维缺陷点

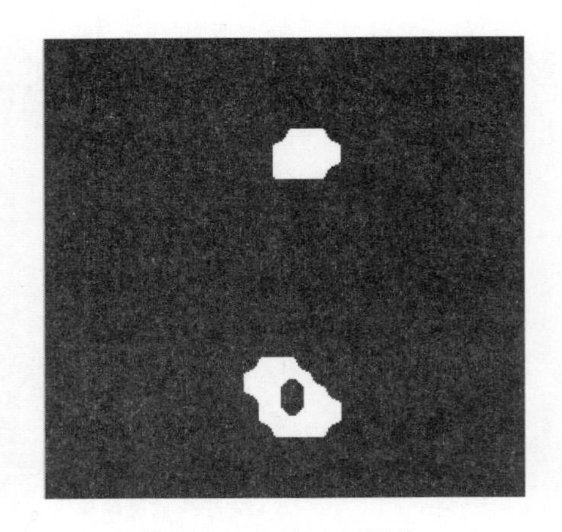

图 5-9　高维映射图像

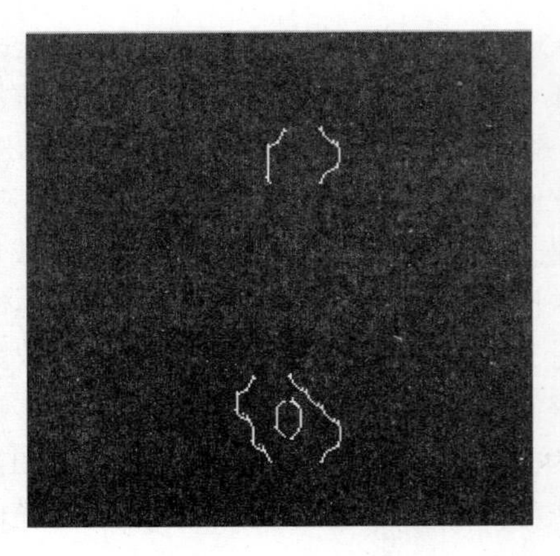

图 5-10　种子点

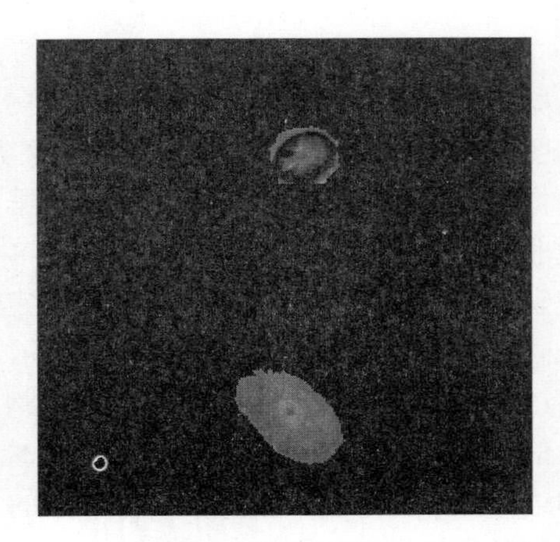

图 5-11　分割结果

实验中，在禁忌搜索环节，采用灰度差阈值 T_1 和全局阈值 T_2 双阈值限定缺陷边界生长条件。T_1 指种子点与其八邻域的灰度差阈值，经大量实验对比，设置为 10 分割效果会比较好。T_2 是像素灰度阈值，在本批次图像中设置为 80。以图 5-12 为原始灰度图像，说明双阈值分割的必要性。图 5-13～图 5-15 是不设定全局阈值约束的分割结果。图 5-13 是 T_1=1 时的分割结果，从图中可以看出，节子上方明显出现漏分割，右侧有过分割情况。图 5-14 是 T_1=5 时的分割结果，节子仍旧没有分割完整，过分割面积变大。图 5-15 是 T_1=6 时的分割结果，此时虽然节子分割完整，但存在严重的过分割现象。图 5-16 是采用双阈值限定生长条件的分割结果，可以看出节子分割完整，在该图像中没有过分割现象。

图 5-12　原始灰度图像

图 5-13　阈值 T_1=1 时的分隔结果

图 5-14　阈值 T_1=5 时的分隔结果

图 5-15　阈值 T_1=6 时的分隔结果

图 5-16　双阈值分割结果

5.3 缺陷特征选择与分类器设计

5.3.1 缺陷特征选择

依据前期研究，结合特征提取的四项基本原则，选择面积、周长、长宽比、复杂度、线性度、矩形度、偏心率、内部灰度均值、边界灰度均值、标准偏差、平滑度、三阶矩、一致性、熵以及 7 个不变矩共计 21 个特征作为缺陷的表征，对分割后死节、活节、裂纹和虫眼四类缺陷进行特征提取。

特征选择时常用方差作为特征取舍的依据，对于不同缺陷类别的某特征值的方差越大，说明该类特征值的离散程度大，用该特征作为分选依据时就能将不同类别的缺陷分开；对于同一种缺陷类别，如果某一特征的特征值方差越小，则说明该缺陷类别在这一特征上的共性就越强。根据类间方差最大和类内方差最小的原则对 21 个特征进行选择。

首先，将 120 个缺陷样本（其中，30 组死节特征、30 组活节特征、30 组虫眼特征、30 组裂纹特征）以特征为分组标准，即面积特征一组、周长特征一组，以此类推，首先分别计算每一组的方差，计算的结果便是类间方差。方差越大，说明该特征对不同缺陷的区别性就越大。然后计算类内特征方差，将 120 个缺陷样本按照缺陷类别分成 4 组，分别计算每一组内每一个特征类的方差，方差越小说明该特征值离散程度越小，对于这样的特征优先选择。最后按照公式计算类内与类间方差的差值。

$$m_6 = m_5 - (m_1 + m_2 + m_3 + m_4) / 4 \tag{5-20}$$

式中，m_1、m_2、m_3、m_4分别表示活节、死节、裂纹和虫眼的某一特征的类内方差；m_5表示该类特征的类间方差。式（5-20）充分依照了类间方差最大、类内方差最小的原则，各个特征的计算结果如表 5-1～表 5-3 所示。

表 5-1 几何形状特征

面积	周长	长宽比	复杂度	线性度	矩形度	偏心率
0.515 476	0.095 951	0.024 071	0.035 169	0.004 355	0.002 981	0.003 209

表 5-2 纹理特征

内部灰度均值	边缘灰度均值	标准偏差	平滑度	三阶矩	一致性	熵
0.298 761	0.111 807	0.049 447	0.003 657	0.003 813	0.003 66	0.007 131

表 5-3　不变矩特征

不变矩 1	不变矩 2	**不变矩 3**	**不变矩 4**	**不变矩 5**	**不变矩 6**	**不变矩 7**
0.003 572	0.003 945	0.013 794	0.012 913	0.541 249	0.027 841	0.015 726

根据上述实验结果，书中选择面积、周长、长宽比、复杂度、线性度、内部灰度均值、边缘灰度均值、标准偏差、不变矩 3、不变矩 4、不变矩 5、不变矩 6、不变矩 7 共计 13 个特征（表格中已经加粗注明）作为后续神经网络的输入。

5.3.2　分类器设计

1）BP 神经网络设计

理论已经证明，三层的 BP 神经网络，即只有一层隐含层的 BP 神经网络可以逼近任何非线性函数。太多的隐含层会增加计算量，消耗大量的训练时间。因而书中设计的 BP 神经网络的隐含层为一层。

输入层神经元个数的确定：用于模式识别的 BP 神经网络，其输入层神经元个数应该等于特征矩阵中特征的维数。

输出层神经元个数的确定：输出层神经元个数与输出模式有关，书中将木材缺陷分成 4 类，即 4 种缺陷模式：死节、活节、裂纹和虫眼。神经网络的期望输出采用独热码的编码方式：0001 代表死节、0010 代表活节、0100 代表裂纹、1000 代表虫眼，因此输出神经元应设计为 4 个。

训练误差的确定：网络的误差精度选择时得根据不同的问题具体分析，一般来说，神经网络隐含层个数会影响训练误差精度，本书中先将误差设置为 0.001，如果输出很快收敛，那么可以将误差设置为 0.0001 或更小；反之，如果网络输出不容易收敛，那么可以将误差设置为 0.01 或更大一些。

学习算法的确定：暂时将隐含层的神经元个数定为 16，网络误差设置为 0.001，神经网络的所有初始权值设置为 0，学习速率为 0.05，在这种情况下分别采用梯度下降算法、LM 算法、动量 BP 算法、弹性 BP 算法、Quasi-Newton 算法（这里简称 QN 算法）和自适应算法对神经网络进行训练，其训练结果如图 5-17～图 5-22 所示。

表 5-4 是对各学习算法训练结果的对比，从表中可以看出：动量 BP 算法和梯度下降算法经过 10000 步的训练之后仍然没有达到预期的误差，而 LM 算法、弹性 BP 算法、QN 算法和自适应算法可以较快地实现收敛。从表中还可以看出，LM 算法不仅精度高，而且训练步数少，因此在之后的训练和仿真中，采用 LM 算法对神经网络进行训练。

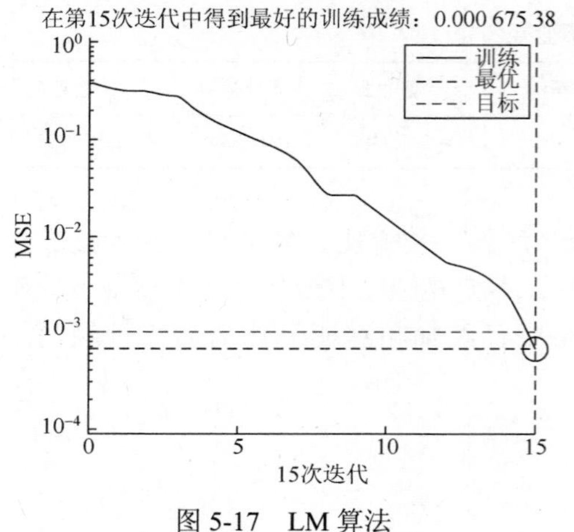

图 5-17 LM 算法

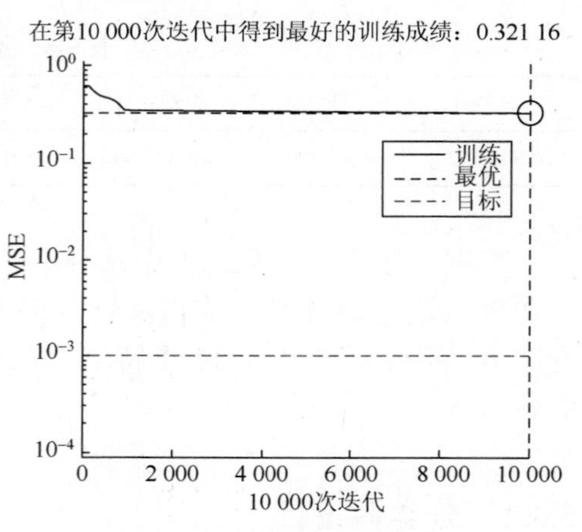

图 5-18 梯度下降算法

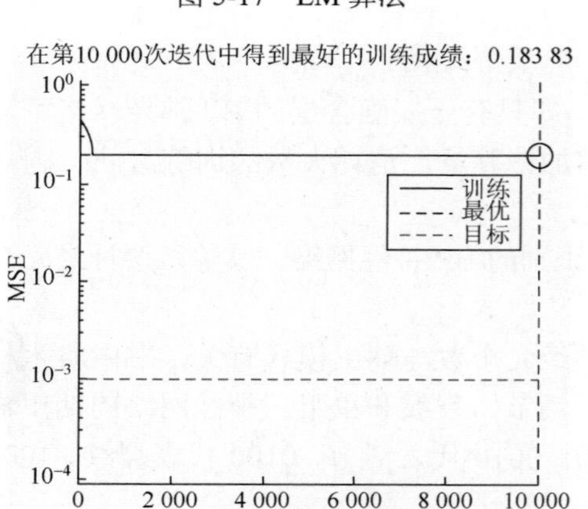

图 5-19 动量 BP 算法

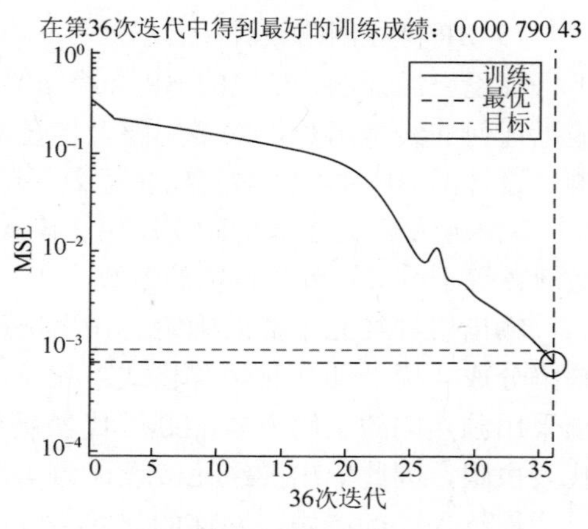

图 5-20 弹性 BP 算法

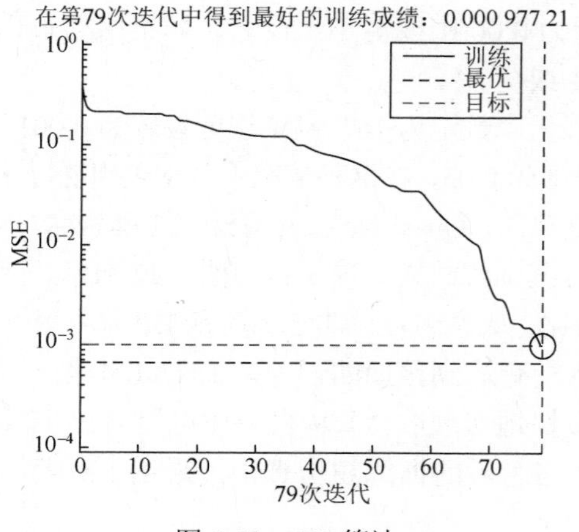

图 5-21 QN 算法

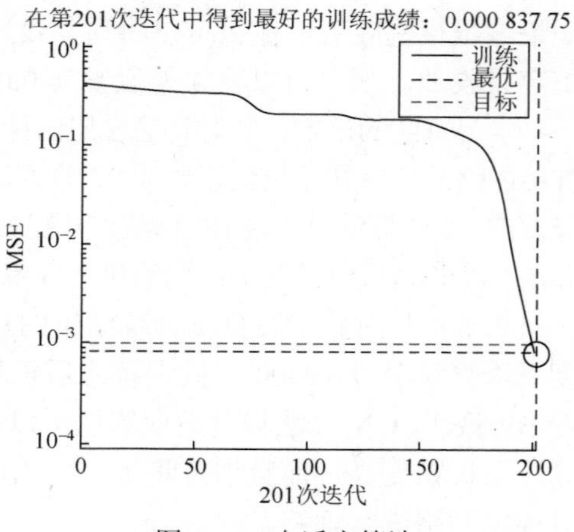

图 5-22 自适应算法

表 5-4　各学习算法训练步数

算法	LM 算法	梯度下降算法	动量 BP 算法	弹性 BP 算法	QN 算法	自适应算法
训练误差（$\times10^{-4}$）	6.753 8	未收敛	未收敛	7.904 3	9.772 1	8.377 5
训练步数	15	10 000	10 000	36	79	201

隐含层神经元个数的确定：隐含层神经元个数会对整个网络的训练步数、网络误差等参数造成影响。如果神经元设计比较多，那么网络需要花费大量时间调整神经元的权值和阈值，如果神经元设计太少，那么网络的分类精度会降低。研究中将网络误差设置为 0.001，神经网络的所有初始权值设置为 0，学习速率为 0.05，学习算法采用 LM 算法，在中间层分别为 7～16 时对 BP 神经网络进行训练，训练结果如表 5-5 所示。从表中可以看出，当隐含层神经元设计为 9 个时误差最低，训练步数最少。

表 5-5　不同隐含层节点个数训练结果

神经元个数	7	8	9	10	11	12	13	16
误差（$\times10^{-4}$）	1.49	6.91	1.21	1.39	7.31	4.26	4.22	6.75
训练步数	13	14	11	13	15	18	15	16

激励函数的确定：S 形函数可以较好地控制数据增益，避免网络进入饱和状态。本研究中网络的激励函数选择 S 形函数。

2）网络训练与测试

按照上面的描述设计 BP 神经网络结构，MATLAB 中的网络结构简图如图 5-23 所示。采用死节、活节、裂纹、虫眼四类缺陷样本各 30 个对网络进行训练和仿真，其中，每类缺陷前 20 个样本对网络进行训练，初始权值为随机值。采用 LM 算法对网络进行训练，训练 11 步时网络误差满足精度要求，即误差小于 10^{-3}，训练误差曲线如图 5-24 所示。每类缺陷后 10 个样本用于仿真测试。在输出模式中，输出值小于 0.2 认为是 0，大于 0.8 认为是 1，介于 0.2～0.8 的值认为是不定态。实验结果表明，设计的 BP 神经网络可以实现对缺陷的有效识别，识别准确率可达 90%。部分样本的识别结果如表 5-6 所示。40 个待测样本的识别时间共计 94.591ms，平均每个缺陷的识别时间为 2.365ms。识别时间可以满足在线要求。

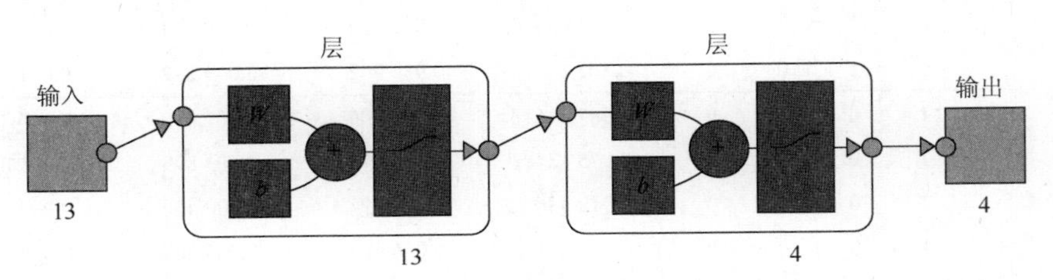

图 5-23　BP 神经网络结构简图

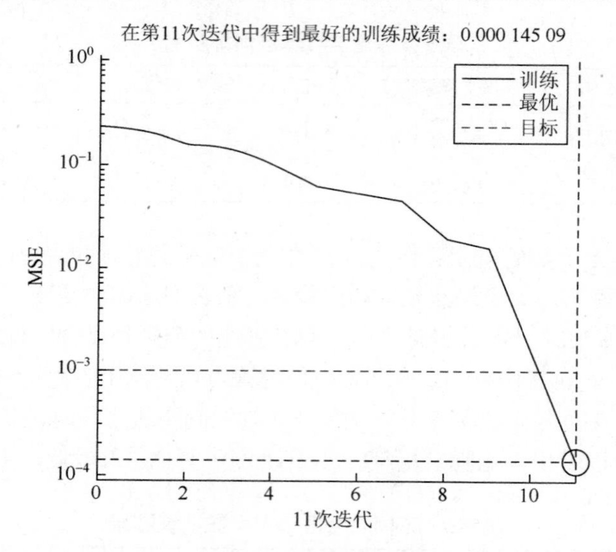

图 5-24　训练误差曲线

表 5-6　部分测试结果分类表

缺陷类型	网络期望输出值				网络实际输出值			
死节	0	0	0	1	0.044 327	0.001 612	0.009 776	0.991 377
	0	0	0	1	0.098 956	0.001 642	0.008 314	0.899 061
	0	0	0	1	0.054 524	0.041 304	0.006 905	0.923 406
	0	0	0	1	0.250 272	0.001 423	0.006 805	0.743 415
	0	0	0	1	0.162 831	0.001 978	0.008 344	0.830 280
活节	0	0	1	0	0.041 800	0.009 540	0.953 979	0.005 899
	0	0	1	0	0.105 118	0.006 144	0.892 498	0.092 174
	0	0	1	0	0.046 101	0.005 051	0.910 715	0.080 622
	0	0	1	0	0.044 157	0.005 568	0.885 865	0.010 772
	0	0	1	0	0.038 000	0.012 095	0.983 415	0.005 106
裂纹	0	1	0	0	0.045 032	0.983 305	0.005 575	0.024 356
	0	1	0	0	0.012 754	0.947 864	0.007 359	0.012 429
	0	1	0	0	0.008 756	0.654 378	0.319 267	0.023 451
	0	1	0	0	0.041 828	0.981 466	0.006 014	0.025 162
	0	1	0	0	0.165 163	0.936 342	0.009 282	0.021 059
虫眼	1	0	0	0	0.987 711	0.000 805	0.007 649	0.000 240
	1	0	0	0	0.975 121	0.000 773	0.003 899	0.001 811
	1	0	0	0	0.912 436	0.000 596	0.000 466	0.009 110
	1	0	0	0	0.949 371	0.006 683	0.002 563	0.000 440
	1	0	0	0	0.871 887	0.002 590	0.002 514	0.052 791

5.4　实验结果与分析

5.4.1　实验步骤

图像处理平台为 MATLAB 2012a，采用 32 位 PC，其主频为 2GHz，内存为 2G。实验分割步骤如图 5-25 所示，图 5-25 是大小为 256×256 像素的原始 R 分量图像，对其均匀采样得到低分辨率图像，如图 5-25(b)所示，其大小为 32×32 像素；在低维空间搜索缺陷点，得到图 5-25(c)；然后将其映射到 256×256 像素的高维空间，利用形态学方法腐蚀完成缺陷定位，如图 5-25(d)所示；提取缺陷边缘点为种子点，如图 5-25(e)所示，由种子点出发向边缘进行禁忌搜索完成缺陷的分割，分割结果如图 5-25(f)所示。表 5-7 是各个步骤 CPU 耗用时间，总消耗时间为 12.006ms。

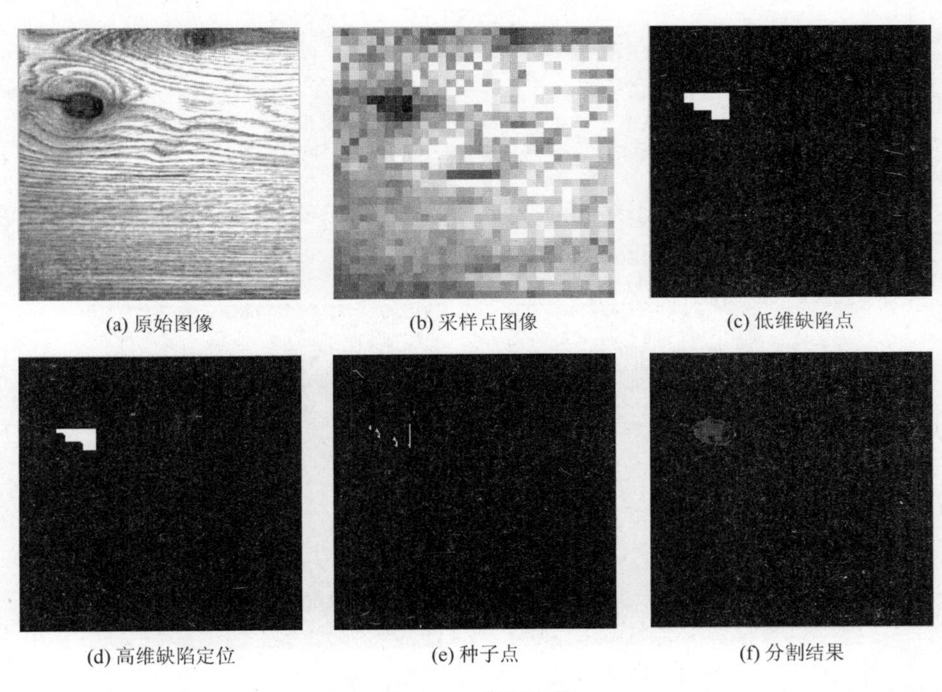
(a) 原始图像　(b) 采样点图像　(c) 低维缺陷点
(d) 高维缺陷定位　(e) 种子点　(f) 分割结果

图 5-25　分割步骤

表 5-7　各分割步骤耗用时间

分割步骤	CPU 耗用时间/ms
图像采样	1.303
低维搜索	0.093

续表

分割步骤	CPU 耗用时间/ms
插值映射	3.566
提取种子点	4.563
禁忌搜索	2.481

5.4.2 噪声实验分析

运用区域生长算法对图 5-26(a)进行分割，分割结果如图 5-26(b)所示。区域生长算法虽然可以完整分割出节子，但受纹理噪声的干扰，图中圆圈内部为误分割的噪声区域。区域生长算法与本书算法的分割参数如表 5-8 所示，计算面积时可以将分割结果的缺陷部分标记为“1”，面积计算可通过式（5-21）来计算。

$$S=\sum_{x,y\in R}1 \tag{5-21}$$

式中，R 是像素为 1 的点的坐标。准确率按式（5-22）来计算。

$$准确率=1-\frac{|分割面积-标准面积|}{标准面积}\times 100\% \tag{5-22}$$

式中，标准面积由人为勾勒缺陷区域得到。图 5-26(a)的标准缺陷面积为 698 个像素点。分割结果表明，本书算法的分割准确率明显优于区域生长算法。

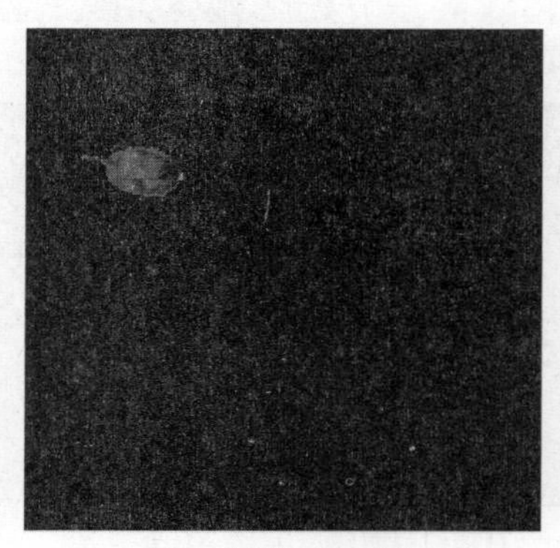

(a) 本书算法分割结果

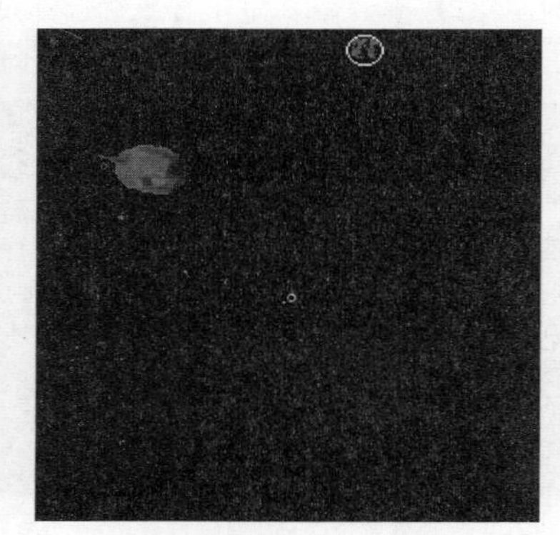

(b) 传统算法分割结果

图 5-26　两种算法分割结果

表 5-8　传统算法与本书算法分割结果对比

	连通区域个数	误分割面积	准确率
本书算法	1	17	97.56%
传统算法	3	100	85.67%

图 5-27 是应用本书所提算法，分别对实木地板中常见的活节、死节和裂纹进行的分割检测试验。对 20 幅样本图像进行分割实验，该方法对缺陷区域的平均分割准确率达到 96.8%，而传统方法仅为 84.4%。

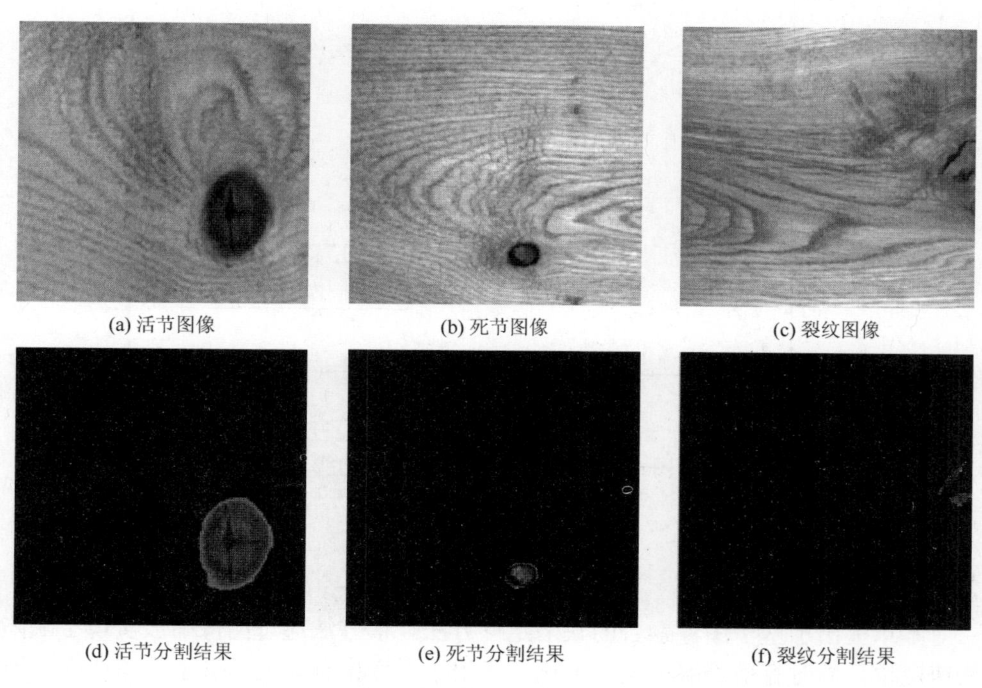

(a) 活节图像　(b) 死节图像　(c) 裂纹图像

(d) 活节分割结果　(e) 死节分割结果　(f) 裂纹分割结果

图 5-27　部分样本分割结果

5.4.3　分割时间分析

针对图 5-26(a)的分割时间进行了记录与比较，时间对比如表 5-9 所示。图 5-28 是两种方法搜索的区域面积随时间变化的曲线。虚线是基于图像融合分割的时间曲线。其中 2～5ms 内，是低维空间向高维空间插值映射过程；5～10ms 内完成种子点提取；10～12ms 内进行缺陷边缘细搜索。实线是区域生长的分割时间曲线，10ms 左右的波谷是过滤噪声、优选种子点引起的。对 20 幅样本图像进行分割实验，该方法平均分割时间为 13.21ms。

表 5-9　两种算法时间对比

方法	耗用时间/ms	分割面积	标准面积
本书算法	12.006	715	698
区域生长算法	35.081	798	698

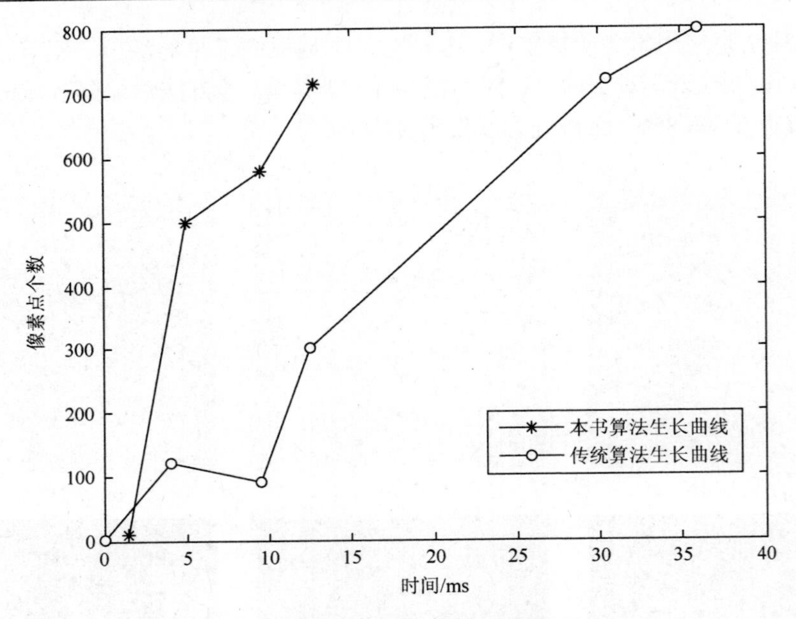

图 5-28　区域面积随时间变化曲线

5.5　本 章 小 结

本章提出了基于图像融合的缺陷定位方法。该方法通过图像缩放实现了缺陷快速定位，同时有效克服了噪声干扰；运用小波变换有效地提取了缺陷边缘，通过对边缘制定的禁忌搜索策略，完成了缺陷精确分割。缺陷分割的时间、精度和抗扰能力很高，克服了区域生长算法的分割速度慢、分割不准确的问题。

第6章 基于LDA特征融合的压缩感知缺陷识别方法

针对现有实木板材表面缺陷分类方法的分类器输入维数高、分类算法复杂的问题，本章采用LDA算法进行特征融合，LDA算法在模式识别领域中是一种经典的识别算法。根据Fisher线性判别准则，通过投影变换，使样本在新的投影空间中有最大的类间距离和最小的类内距离，从而实现特征变换降维的目的。

压缩感知是Donoho（2006）提出的信号处理理论。信号通过某种变换可以稀疏表示或可压缩，则可设计一个与变换基不相关的测量矩阵测量信号，将得到的测量值通过求解优化问题，实现信号的精确或近似重构。压缩感知可以很大程度地减少测量时间、采样速率及测量设备的数量。压缩感知理论求解板材分类问题，首先将优化后的特征向量作为样本列，由训练样本矩阵构成数据字典，用训练样本线性地表示测量样本，计算测试样本在数据字典上的稀疏表示向量，通过求解l_1范数下的最优化问题，实现缺陷样本的分类。

6.1 基于LDA的缺陷特征降维

6.1.1 LDA理论

LDA有时也称为Fisher线性判别。基本思想是将高维的模式样本投影到最佳鉴别矢量空间，以达到抽取分类信息和压缩特征空间维数的效果，投影后保证模式样本在新的子空间有最大的类间距离和最小的类内距离，即模式在该空间中有最佳的可分离性。

在处理板材表面缺陷信息时，特征数据位数较高就会面临以下三个问题：首先，当特征数据维数不断增加时，相应的计算量也会不断增加，但又不能用可视的分布图或其他图形进行描述；其次，当特征数据维数较高时，即便有很多的特征数据样本，这些特征数据样本在高维空间中的散布情况还是非常稀疏的，不能很好地聚类；最后，在低维特征空间中，许多多元分析方法都具有良好的稳健性，但是在高维特征空间中，这些统计方法在应用时稳健性会变差。以上三个问题说明传统的多元分析方法在处理高维非正态与非线性特征数据问题的时候，效果并不理想。因此将高维数据转化为低维数据而在低维空间中进行处理就显得必要。

LDA 理论可以大幅降低原来模式空间的维数，使投影后样本向量类间散布最大和类内散布最小，具体算法如下。

对于一个 $\mathbf{R}^n$ 空间有 m 个样本分别为 $x_1,x_2,\cdots,x_m$，即每个样本 $\boldsymbol{x}$ 是一个 n 行的矩阵，其中 n_i 表示属于 i 类的样本个数，假设共有 c 类，则 $n_1+n_2\cdots+n_i\cdots+n_c=m$。$\boldsymbol{S}_b$ 是类间离散度矩阵，$\boldsymbol{S}_w$ 是类内离散度矩阵，n_i 是属于 i 类的样本个数，x_i 是第 i 个缺陷样本，u 是所有样本的均值，u_i 是类 i 的样本均值。那么类 i 的样本均值为

$$u_i=\frac{1}{n_i}\sum_{x\in \text{classi}}\boldsymbol{x} \tag{6-1}$$

同理可以得到总体样本均值为

$$u=\frac{1}{m}\sum_{i=1}^{m}x_i \tag{6-2}$$

根据类间离散度矩阵和类内离散度矩阵定义，可得

$$\boldsymbol{S}_b=\sum_{i=1}^{c}n_i(u_i-u)(u_i-u)^{\mathrm{T}} \tag{6-3}$$

$$\boldsymbol{S}_w=\sum_{i=1}^{c}\sum_{x_k\in \text{classi}}(u_i-x_k)(u_i-x_k)^{\mathrm{T}} \tag{6-4}$$

6.1.2　Fisher 线性判别分析

关于线性判别分析的研究应追溯到 Fisher 在 1936 年发表的经典论文。基本思想是选择使得 Fisher 准则函数达到极值的向量作为最佳投影方向，从而使得样本在该方向上投影后，达到最大的类间离散度和最小的类内离散度。

可以考虑把 d 维空间的样本投影到一条直线上，形成一维空间，即把维数压缩到一维。这在数学上总是容易办到的。然而，即使样本在 d 维空间里形成若干紧凑的相互分开的集群，若把它们投影到一条任意的直线上，也可能使几类样本混在一起而变得无法识别。但在一般情况下，总可以找到某个方向，使在这个方向的直线上，样本的投影能分开得最好，问题是如何根据实际情况找到这条最好、最易于分类的投影线。这就是 Fisher 线性判别法所要解决的基本问题，如图 6-1 所示。

首先，讨论从 d 维空间到一维空间的一般数学变换方法。假设有一集合 X 包含 N 个 d 维样本 $\boldsymbol{x}_1,\boldsymbol{x}_2,\cdots,\boldsymbol{x}_N$，其中 N_1 个属于 W_1 类的样本记为子集 x_1，N_2 个属于 W_2 类的样本记为 x_2。若对 $\boldsymbol{x}_N$ 的分量作线性组合可得标量：

$$y_n=\boldsymbol{w}^{\mathrm{T}}x_n,n=1,2,\cdots,N \tag{6-5}$$

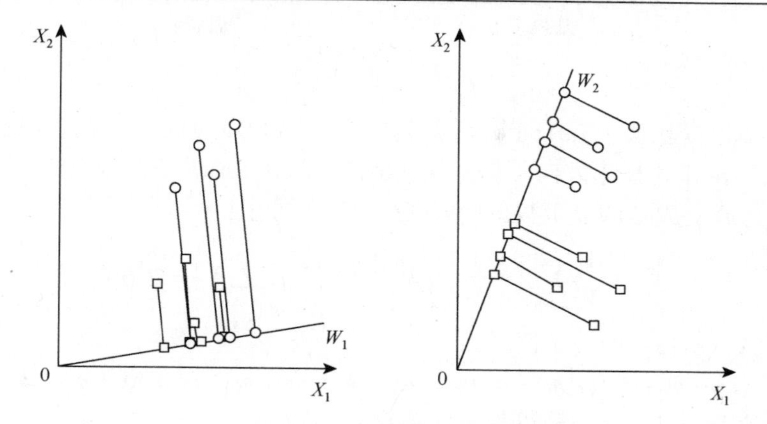

图 6-1　Fisher 线性判别的基本原理

1）在 d 维 X 空间中

（1）各类样本均值向量 $\boldsymbol{m}_i$ 为

$$\boldsymbol{m}_i = \frac{1}{N_i}\sum_{x\in\omega_i} X, i=1,2 \tag{6-6}$$

（2）样本类内离散度矩阵 $\boldsymbol{S}_i$ 和总类内离散度矩阵 $\boldsymbol{S}_\omega$ 为

$$\boldsymbol{S}_i = \sum_{x\in X_I}(\boldsymbol{x}-\boldsymbol{m}_i)(\boldsymbol{x}-\boldsymbol{m}_i)^{\mathrm{T}}, i=1,2 \tag{6-7}$$

$$\boldsymbol{S}_\omega = \boldsymbol{S}_1 + \boldsymbol{S}_2 \tag{6-8}$$

（3）样本类间离散度矩阵 $\boldsymbol{S}_{\mathrm{b}}$ 为

$$\boldsymbol{S}_{\mathrm{b}} = (\boldsymbol{m}_1-\boldsymbol{m}_2)(\boldsymbol{m}_1-\boldsymbol{m}_2)^{\mathrm{T}} \tag{6-9}$$

式中，$\boldsymbol{S}_\omega$ 是对称半正定矩阵，而且当 $N>d$ 时通常是非奇异的；$\boldsymbol{S}_{\mathrm{b}}$ 也是对称半正定矩阵，在两类条件下，它的秩最大等于 1。

2）在一维 Y 空间中

（1）各类样本均值 $\tilde{m}_i$ 为

$$\tilde{m}_i = \frac{1}{N_i}\sum_{y\in y_i} y, i=1,2 \tag{6-10}$$

（2）样本类内离散度 $\tilde{S}_i^{\,2}$ 和总类内离散度 $\tilde{S}_\omega$

$$\tilde{S}_i^{\,2} = \sum_{y\in y_i}(y-\tilde{m}_i)^2, i=1,2 \tag{6-11}$$

$$\tilde{S}_\omega = \tilde{S}_1^{\,2} + \tilde{S}_2^{\,2} \tag{6-12}$$

现在来定义 Fisher 准则函数。希望投影后，在一维 Y 空间里各类样本尽可能分得开些，即希望两类均值 $\tilde{m}_1 - \tilde{m}_2$ 越大越好；同时希望各类样本内部尽量密集，即希望类内离散度越小越好。因此，可以定义 Fisher 判别准则为

$$J_F(\boldsymbol{\omega})=\frac{(\tilde{m}_1-\tilde{m}_2)^2}{\tilde{S}_1^{\,2}+\tilde{S}_2^{\,2}} \tag{6-13}$$

显然应该寻找使 $J_F(\boldsymbol{\omega})$ 的分子尽可能大，而分母尽可能小，也就是使 $J_F(\boldsymbol{\omega})$ 值尽可能大的 $\boldsymbol{\omega}$ 作为投影方向。但是式（6-13）的 $J_F(\boldsymbol{\omega})$ 并不是显含 $\boldsymbol{\omega}$，因此必须设法将 $J_F(\boldsymbol{\omega})$ 变成 $\boldsymbol{\omega}$ 的显函数。由式（6-13）可推出：

$$\tilde{m}_i=\frac{1}{N_i}\sum_{y\in y_i}y=\frac{1}{N_i}\sum_{x\in x_i}\boldsymbol{\omega}^{\mathrm{T}}\boldsymbol{x}=\boldsymbol{\omega}^{\mathrm{T}}\left(\frac{1}{N_i}\sum_{x\in x_i}\boldsymbol{x}\right)=\boldsymbol{\omega}^{\mathrm{T}}\boldsymbol{m}_i \tag{6-14}$$

这样式（6-13）的分子便成为

$$(\tilde{m}_1-\tilde{m}_2)^2=(\boldsymbol{\omega}^{\mathrm{T}}\boldsymbol{m}_1-\boldsymbol{\omega}^{\mathrm{T}}\boldsymbol{m}_2)=\boldsymbol{\omega}^{\mathrm{T}}(\boldsymbol{m}_1-\boldsymbol{m}_2)(\boldsymbol{m}_1-\boldsymbol{m}_2)^{\mathrm{T}}\boldsymbol{\omega}=\boldsymbol{\omega}^{\mathrm{T}}\boldsymbol{S}_{\mathrm{b}}\boldsymbol{\omega} \tag{6-15}$$

现在来考察 $J_F(\boldsymbol{\omega})$ 的分母与 $\boldsymbol{\omega}$ 的关系：

$$\begin{aligned}\tilde{S}_i^{\,2}&=\sum_{y\in y_i}(y-\tilde{m}_i)^2=\sum_{x\in x_i}(\boldsymbol{\omega}^{\mathrm{T}}\boldsymbol{x}-\boldsymbol{\omega}^{\mathrm{T}}\boldsymbol{m}_i)^2\\&=\boldsymbol{\omega}^{\mathrm{T}}\left[\sum_{x\in x_i}(\boldsymbol{x}-\boldsymbol{m}_i)(\boldsymbol{x}-\boldsymbol{m}_i)^{\mathrm{T}}\right]\boldsymbol{\omega}=\boldsymbol{\omega}^{\mathrm{T}}\boldsymbol{S}_i\boldsymbol{\omega}\end{aligned} \tag{6-16}$$

因此 $\tilde{S}_1+\tilde{S}_2=\boldsymbol{\omega}^{\mathrm{T}}(\boldsymbol{S}_1+\boldsymbol{S}_2)\boldsymbol{\omega}=\boldsymbol{\omega}^{\mathrm{T}}\boldsymbol{S}_{\omega}\boldsymbol{\omega}$，可得 $J_F(\boldsymbol{\omega})=\dfrac{\boldsymbol{\omega}^{\mathrm{T}}\boldsymbol{S}_{\mathrm{b}}\boldsymbol{\omega}}{\boldsymbol{\omega}^{\mathrm{T}}\boldsymbol{S}_{\omega}\boldsymbol{\omega}}$。

下面求使 $J_F(\boldsymbol{\omega})$ 取最大值时的 $\boldsymbol{\omega}^*$。$J_F(\boldsymbol{\omega})$ 是广义 Rayleigh 熵，可以用拉格朗日乘子法求得

$$\boldsymbol{S}_{\mathrm{b}}\boldsymbol{\omega}^*=\lambda\boldsymbol{S}_{\omega}\boldsymbol{\omega}^* \tag{6-17}$$

式中，$\boldsymbol{\omega}^*$ 就是 $J_F(\boldsymbol{\omega})$ 的极值解。因此 $\boldsymbol{S}_{\omega}$ 非奇异，式（6-13）两边左乘 $\boldsymbol{S}_{\omega}^{-1}$ 可得

$$\boldsymbol{S}_{\omega}^{-1}\boldsymbol{S}_{\mathrm{b}}\boldsymbol{\omega}^*=\lambda\boldsymbol{\omega}^* \tag{6-18}$$

解式（6-18）为求一般矩阵 $\boldsymbol{S}_{\omega}^{-1}\boldsymbol{S}_{\mathrm{b}}$ 的特征值问题，通过计算可得

$$\boldsymbol{\omega}^*=\frac{R}{\lambda}\boldsymbol{S}_{\omega}^{-1}(\boldsymbol{m}_1-\boldsymbol{m}_2) \tag{6-19}$$

忽略比例因子 R/λ 得

$$\boldsymbol{\omega}^*=\boldsymbol{S}_{\omega}^{-1}(\boldsymbol{m}_1-\boldsymbol{m}_2) \tag{6-20}$$

$\boldsymbol{\omega}^*$ 就是使 Fisher 判别准则函数 $J_F(\boldsymbol{\omega})$ 极大值时的解，也就是 d 维空间到一维 Y 空间的最好投影方向，有了 $\boldsymbol{\omega}^*$，就可以把 d 维样本投影到一维，这实际上是多维空间到一维空间的一种映射。这样，就将 d 维分类问题转化为一维分类问题了。只要再确定一个阈值，便可做出识别决策，当然也很容易把这种方法推广到多维情况。这就是 Fisher 线性判别的原理。

6.1.3　实木板材缺陷特征的 LDA 融合

LDA 就是从高维实木地板纹理特征空间里提取出最具有判别能力的低维特

征，充分利用了训练样本的类别信息。提取的低维特征能将同一个类别的所有样本聚集在一起，不同类别的样本尽量分开，使样本的类间离散度最大和类内离散度最小，即类内离散度矩阵中的数值要小，而类间离散度矩阵中的数值要大，这可由 Fisher 判别准则判别。实木板材缺陷的 LDA 特征融合的流程如图 6-2 所示。

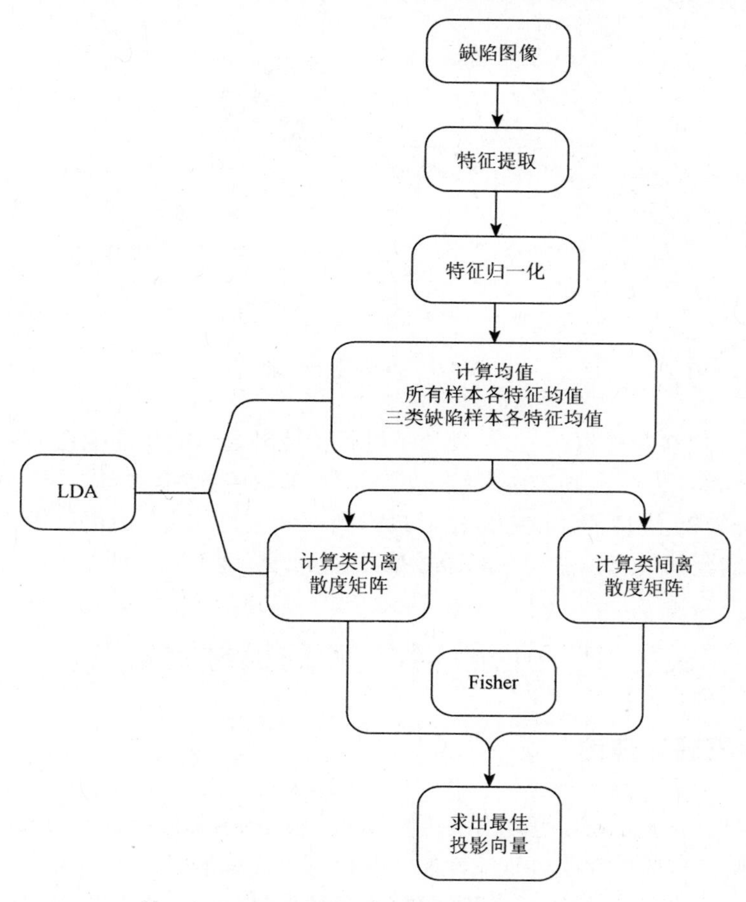

图 6-2　特征融合流程图

提取板材缺陷的 3 类共 25 个具体特征，按式（6-21）的最大最小法进行归一化处理。

$$x_k = (x_k - x_{\min})/(x_{\max} - x_{\min}) \tag{6-21}$$

式中，$x_{\min}$ 表示序列中的最小值；$x_{\max}$ 表示序列中的最大值。

按 6.1.1 节中 LDA 理论计算所有样本各特征的均值和三类缺陷各个特征的均值，三类缺陷的类内离散度矩阵和类间离散度矩阵。根据 Fisher 判别准则，通过类内离散度矩阵和类间离散度矩阵求出最佳的投影向量 $\boldsymbol{w}^*$。将 25 维特征在投影

向量 $\boldsymbol{w}^*$ 上进行投影得到融合后的特征。融合后的结果如图 6-3 所示。

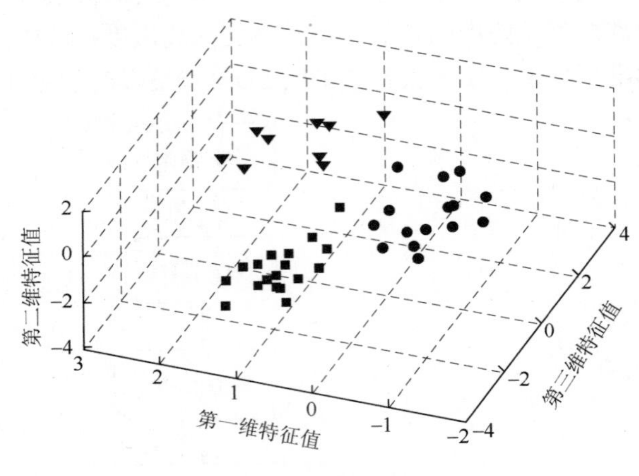

图 6-3　特征融合结果

图 6-3 为 50 个样本在 LDA 理论下进行特征融合后的特征融合结果图。图中三角形、圆形和方形分别表示裂纹、活节和死节缺陷样本。可以看出，在 Fisher 判别准则下，25 维特征经过融合之后投影到三维空间，这三维信息包含了融合前 25 维特征的全部信息，能够在降低数据冗余度的基础上，保证后期的分类精度。

6.2　基于压缩感知理论的板材缺陷识别

6.2.1　压缩感知理论

2004 年，由 Donoho 等提出的压缩感知（compressed sensing，CS）理论是一个充分利用信号稀疏性或可压缩性的全新信号采集编解码理论。该理论表明当信号具有稀疏性或可压缩性时，通过采集少量的信号投影值就可实现信号的准确或近似重构。压缩感知理论的提出是建立在已有的盲源分离和稀疏分解理论基础上的。盲源分离为压缩感知理论提供了在未知源信号的情况下，通过测量编码值实现信号重构的思路；稀疏分解中的具体算法已直接被压缩感知解码重构所用。

压缩感知理论是编解码思想的一个重要突破。传统的信号采集、编解码过程如图 6-4 所示：编码端先对信号进行采样，再对所有采样值进行变换，并将其中重要系数的幅度和位置进行编码，最后将编码值进行存储或传输；信号的解码过程只是编码的逆过程，接收的信号经解压缩、反变换后得到恢复信号。这种传统的编解码方法存在两个缺陷：①信号的采样速率不得低于信号带宽的 2 倍，这使得硬件系统面临着很大的采样速率的压力；②在压缩编码过程中，大量变换计算得到的小系数被丢弃，造成了数据计算和内存资源的浪费。

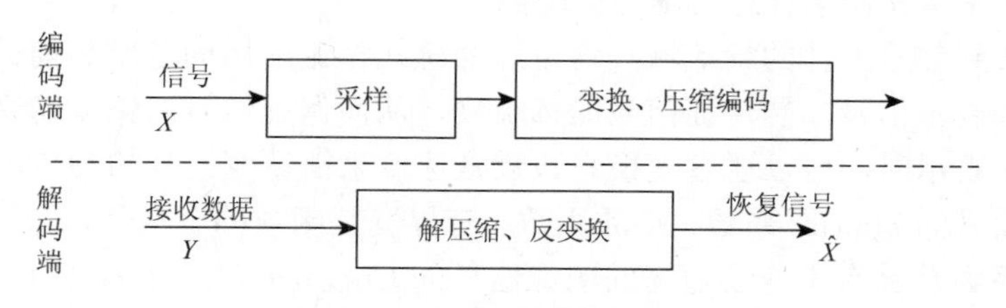

图 6-4　传统编解码理论框图

压缩感知理论的信号编解码框架和传统的框架大不一样，如图 6-5 所示，压缩感知理论对信号的采样、压缩编码发生在同一个步骤，利用信号的稀疏性，以远低于 Nyquist 采样率的速率对信号进行非自适应的测量编码。测量值并非信号本身，而是从高维到低维的投影值，从数学角度看，每个测量值是传统信号的组合函数，即一个测量值已经包含了所有信号的少量信息。解码过程不是编码的简单逆过程，而是在盲源分离中的求逆思想下，利用信号系数分解中已有的重构方法在概率意义上实现信号的精准重构或者一定误差下的近似重构，解码所需测量值的数目远小于传统理论下的样本数。

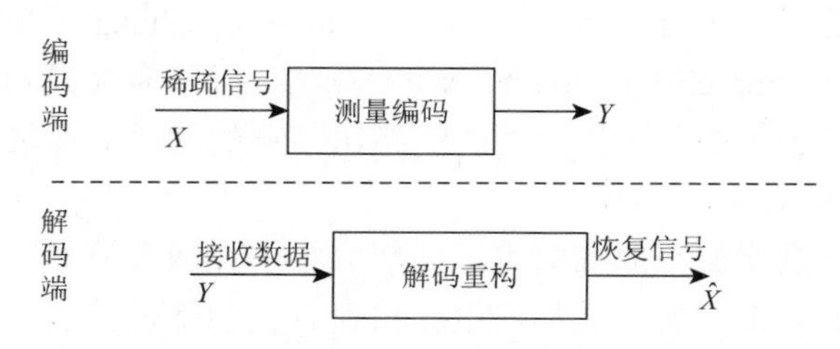

图 6-5　基于压缩感知理论的编解码框图

6.2.2　信号的稀疏表示

从 Fourier 变换到小波变换再到后来兴起的多尺度几何分析，科学家的研究目的均是研究如何在不同的函数空间为信号提供一种更加简洁、直接的分析方式，所有这些变换都旨在发掘信号的特性并稀疏表示它，或者说旨在提高信号的非线性函数逼近能力，进一步研究用某空间的一组基表示信号的稀疏程度或分解系数的能量击中程度。

稀疏的数学定义：信号 $\boldsymbol{X}$ 在正交基 $\boldsymbol{\psi}$ 下的变换系数向量为 $\boldsymbol{\theta}=\boldsymbol{\psi}^{\mathrm{T}}\boldsymbol{X}$，假设对于 $0<p<2$ 和 $R>0$，这些系数满足：

$$\|\boldsymbol{\theta}\|_p = \left(\sum_i |\theta_i|^p\right)^{1/p} \leqslant R \tag{6-22}$$

则说明系数向量$\boldsymbol{\theta}$在某种意义下是稀疏的。

如何找到信号最佳的稀疏域，这是压缩感知理论应用的基础和前提，只有选择合适的基表示信号才能保证信号的稀疏度，从而保证信号的恢复精度。在研究信号的稀疏表示时，可以通过变换系数衰减速度来衡量变换基的稀疏表示能力。

光滑信号的 Fourier 系数、小波系数、有界变差函数的全变差范数、振荡信号的 Gabor 系数及具有不连续边缘的图像信号的 Curvelet 系数等都具有足够的稀疏性，可以通过压缩感知理论恢复信号。如何找到或构造适合一类信号的正交基，以求得信号的最稀疏表示，这是一个有待进一步研究的问题。Peyré把变换基是正交基的条件扩展到由多个正交基构成的正交基字典。在某个正交基字典里，自适应地寻找可以逼近某一种信号特征的最优正交基，根据不同的信号寻找最适合信号特性的一个正交基，对信号进行变换以得到最稀疏的信号表示。

最近几年，对稀疏表示研究的另一个热点是信号在冗余字典下的稀疏分解。这是一种全新的信号表示理论：用超完备的冗余函数库取代基函数，称为冗余字典，字典中的元素被称为原子。字典的选择应尽可能好地符合被逼近信号的结构，其构成可以没有任何限制。从冗余字典中找到具有最佳线性组合的 K 项原子来表示一个信号，称为信号的稀疏逼近或高度非线性逼近。

超完备库下的信号稀疏表示方法最早由 Mallat 和 Zhang 于 1993 年首次提出，并引入了匹配追踪（marching pursuit，MP）算法。以浅显易懂的表达说明了超完备冗余字典对信号表示的必要性，同时还指出字典的构成应尽量符合信号本身所固有的特性。

目前信号在冗余字典下的稀疏表示的研究集中在两个方面：①如何构造一个适合某一类信号的冗余字典；②如何设计快速有效的稀疏分解算法。这两个问题也一直是该领域研究的热点，学者对此已进行了一些探索，其中，以非相干字典为基础的一系列理论证明得到了进一步改进。

从非线性逼近角度来讲，信号的稀疏逼近包含两个层面：①根据目标函数从一个给定的基库中挑选好的或最好的基；②从这个好的基中挑选最佳的 K 项组合。

从冗余字典的构成角度来讲，使用局部 Cosine 基来刻画声音信号的局部频域特性；利用 Bandlet 基来刻画图像中的几何边缘，还可以把其他的具有不同形状的基函数归入字典，如何刻画纹理的 Gabor 基、适合刻画轮廓的 Curvelet 基等。

6.2.3　观测矩阵的设计

压缩感知理论中，通过变换得到信号的稀疏向量$\boldsymbol{\theta} = \boldsymbol{\psi}^{\mathrm{T}} \boldsymbol{X}$后，需要设计压缩

感知系统的观测部分，它围绕观测矩阵$\boldsymbol{\phi}$展开。观测器的设计目的是如何采样得到M个观测值，并能重构出长度为N的信号$\boldsymbol{X}$或者基$\boldsymbol{\psi}$下等价的稀疏向量$\boldsymbol{\theta}$。显然，如果观测过程实际就是利用$M \times N$观测矩阵$\boldsymbol{\phi}$的M个行向量$\left\{\phi_j\right\}_{j-1}^{M}$之间的内积，得到$M$个观测值$y_j \leqslant \boldsymbol{\theta}$，$\phi_j > (j=1,2,\cdots,M)$，记观测向量$\boldsymbol{Y}=(y_1,y_2,\cdots,y_m)$，即

$$\boldsymbol{Y}=\boldsymbol{\phi\theta}=\boldsymbol{\theta\psi}^{\mathrm{T}}\boldsymbol{X}=\boldsymbol{A}^{\mathrm{CS}}\boldsymbol{X} \tag{6-23}$$

这里，采样的过程是非自适的，也就是说，$\boldsymbol{\phi}$无须根据信号$\boldsymbol{X}$而变化，观测的不再是信号的采样点而是信号的更一般的K线性泛函。

对于给定的$\boldsymbol{Y}$，从式(6-23)中求出$\boldsymbol{\theta}$是一个线性规划问题，但是由于$M \ll N$，即方程的个数少于未知数的个数，这是一个欠定问题，一般来说无确定解。然而，如果$\boldsymbol{\theta}$具有K项稀疏性（$K \ll M$），则该问题有望求出确定解。此时，只要设定确定出$\boldsymbol{\theta}$中的K个非零系数θ_i对应$\boldsymbol{\phi}$的K个列向量的线性组合，从而可以形成一个$M \times K$的线性方程组来求解这些非零项的具体值。对此，有限等距性质给出了存在确定解的充要条件。这个充要条件和Candes等（2000）提出的稀疏信号在观测矩阵作用下必须保持的几何性质相一致。要想使信号完全重构，必须保证观测矩阵不会把两个不同的K项稀疏信号映射到同一个采样集合中，这就要求从观测矩阵中抽取的每M个列向量构成的矩阵是非奇异的。可以看出，问题的关键是如何确定非零系数的位置来构造出一个可解的$M \times K$线性方程组。

然而，判断给定的$\boldsymbol{A}^{\mathrm{CS}}$是否具有有限等距性质（restricted isometry property，RIP）是一个组合复杂度问题。为了降低问题的复杂度，能否找到一种易于实现RIP条件的替代方法成为构造观测器的关键。

如果保证观测矩阵$\boldsymbol{\Phi}$和稀疏基$\boldsymbol{\Psi}$不相干，则$\boldsymbol{A}^{\mathrm{CS}}$在很大概率上满足RIP。不相干是指向量$\{\varphi_j\}$不能用$\{\psi_j\}$稀疏表示。不相干性越强，互相表示时所需系数越多；反之，相关性则越强。通过选择高斯随机矩阵作为观测矩阵$\boldsymbol{\Phi}$，保证不相干性和RIP。例如，可以生成多个零均值、方差为$1/N$的随机高斯函数，将它们作为观测矩阵$\boldsymbol{\Phi}$的元素φ_j，使得$\boldsymbol{A}^{\mathrm{CS}}$以很高的概率具有RIP。随机高斯矩阵具有一个有用的性质：对于一个$M \times N$的随机高斯矩阵$\boldsymbol{\Phi}$，可以证明当$M \geqslant cK\log_2(N/K)$时，$\boldsymbol{\Phi\Psi}^{\mathrm{T}}=\boldsymbol{A}^{\mathrm{CS}}$在很大概率下具有RIP（其中$c$是一个很小的常数）。因此可以从$M$个观测值$\boldsymbol{Y}=(y_1,y_2,\cdots,y_m)$中以很高的概率去恢复长度为$N$的$K$项稀疏信号。总之，随机高斯矩阵与大多数固定正交基构成的矩阵不相关，这一特性决定了选它作为观测矩阵，其他正交基作为稀疏变换基时，$\boldsymbol{A}^{\mathrm{CS}}$满足RIP。为进一步简化观测矩阵$\boldsymbol{\Phi}$，在某些条件下，以随机$\pm 1$为元素构成的Rademacher矩阵也可以证明具有RIP和普适性。

对观测矩阵的研究是压缩感知理论的一个重要方面。Donoho给出了观测矩阵

所必须具备的三个条件，并指出大部分一致分布的随机矩阵都具备这三个条件，均可作为观测矩阵，如部分 Fourier 集、部分 Hadamard 集、一致分布的随机投影（uniform random projection）集等，这与对 RIP 进行研究得出的结论相一致。但是，使用上述各种观测矩阵进行观测后，都仅能保证以很高的概率去恢复信号，而不能保证百分之百地精确重构信号。对于任何稳定的重构算法是否存在一个真实的确定性的观测矩阵仍是一个有待研究的问题。

6.2.4 信号重构

如何设计快速重构算法，从线性观测 $\boldsymbol{Y}=\boldsymbol{A}^{\text{CS}}\boldsymbol{X}$ 中恢复信号，是将要解决的问题，即信号的重构问题。

在压缩感知理论中，由于观测数量 M 远小于信号长度 N，所以不得不面对求解欠定方程组 $\boldsymbol{Y}=\boldsymbol{A}^{\text{CS}}\boldsymbol{X}$ 的问题。从表面上来看，求解欠定方程组似乎是无望的，但是信号 $\boldsymbol{X}$ 是稀疏的或可压缩的，这个前提从根本上改变了问题，使得问题可解，而观测矩阵具有 RIP 也为从 M 个观测值中精确恢复信号提供了理论保证。为更清晰地描述压缩感知理论的信号重构问题，首先定义向量 $\boldsymbol{X}=\{x_1,x_2,\cdots,x_n\}$ 的 p-范数为

$$\|\boldsymbol{X}\|_P=\left(\sum_{i=1}^{N}|x_i|^p\right)^{1/P} \tag{6-24}$$

当 $p=0$ 时得到 0-范数，它实际上表示 $\boldsymbol{X}$ 中非零项的个数。

于是，在信号 $\boldsymbol{X}$ 稀疏或可压缩的前提下，求解欠定方程组 $\boldsymbol{Y}=\boldsymbol{A}^{\text{CS}}\boldsymbol{X}$ 的问题转化为最小 0-范数问题：

$$\begin{aligned}&\min\|\boldsymbol{\Psi}^{\text{T}}\boldsymbol{X}\|_0\\&\text{s.t.}\ \ \boldsymbol{A}^{\text{CS}}\boldsymbol{X}=\boldsymbol{\Phi}\boldsymbol{\Psi}^{\text{T}}\boldsymbol{X}=\boldsymbol{Y}\end{aligned} \tag{6-25}$$

但是，它需要列出 M 中所有非零项位置的 C_N^K 各种可能的线性组合，才能得到最优解。因此，求解式（6-20）的数值计算极不稳定而且是 NP 难问题。从数学意义上讲，这与稀疏分解问题是同样的问题。于是稀疏分解的已有算法可以应用到压缩感知重构中。

Chen 等指出求解一个更加简单的 l_1 优化问题会产生同等的解（要求 $\boldsymbol{\Phi}$ 和 $\boldsymbol{\Psi}$ 不相关）：

$$\begin{aligned}&\min\|\boldsymbol{\Psi}^{\text{T}}\boldsymbol{X}\|_1\\&\text{s.t.}\ \ \boldsymbol{A}^{\text{CS}}\boldsymbol{X}=\boldsymbol{\Phi}\boldsymbol{\Psi}^{\text{T}}\boldsymbol{X}=\boldsymbol{Y}\end{aligned} \tag{6-26}$$

稍微的差别使得问题变成了一个凸优化问题，于是可以方便地化简为线性规划问题，典型算法的代表为 BP 算法，尽管 BP 算法可行，但在实际应用中存在两

个问题：①即使是常见的图像尺寸，算法的计算复杂度也难以忍受，在采样点个数满足 $M \geqslant cK$ ，$c \approx \log_2(N/K+1)$ 时，重构计算复杂度的量级在 $O(N^3)$ ；②由于 1-范数无法区分稀疏系数尺度的位置，所以尽管整体上重构信号在欧氏距离上逼近原信号，但存在低尺度能量搬移到高尺度的现象，从而容易出现一些人工效应，如一维信号会在高频出现振荡。

基于上述问题，Candes 等（2005）提出了不同的信号恢复方法。该方法要求对原信号具有少量的先验知识，同时也可以对所求结果施加适当的期望特性，以约束重构信号的特性。通过在凸集上交替投影的方法，可以快速求解线性规划问题。

Tropp 等提出利用 MP 和正交匹配追踪（orthogonal matching pursuit，OMP）算法来求解优化问题重构信号，大大提高了计算的速度，且易于实现。树形匹配追踪（tree-based matching pursuit，TMP）算法是 La 等（2005）提出的。该方法针对 BP、MP 和 OMP 算法没有考虑信号的多尺度分解时稀疏信号在各子带位置的关系，将稀疏系数的树型结构加以利用，进一步提升了重构信号的精度和求解的速度。MP 类算法都是基于贪婪迭代算法，以多于 BP 算法需要的采样数目换取计算复杂度的降低。例如，OMP 算法需要 $M \geqslant cK$ ，$c \approx 2\ln(N)$ 个采样点数才能以较高的概率恢复信号，信号重构的计算复杂度为 $O(NK^2)$ 。2006 年 Donoho 等提出了分段正交匹配追踪（stagewise OMP，STOMP）算法。它将 OMP 进行一定程度的简化，以逼近精度为代价进一步提高了计算速度［计算复杂度为 $O(N)$］，更加适合于求解大规模问题。

在上述各种方法中，观测矩阵中的所有值都非零，这样信号采样过程的计算量是 $O(MN)$，在大规模的数据面前，这个量级还是非常大的。因此一类利用稀疏矩阵作为观测矩阵进行采样的方法出现了。Cormode 等提出利用分组测试和随机子集选取来估计稀疏信号的非零系数的位置和取值，该方法需要的采样数为 $M = O(K\log_2 N)$ ，信号重构的计算复杂度为 $O(K\log_2 N)$ ，得到重构信号的速度更快。

Gilbert 等在 2006 年 4 月提出了链式追踪（chaining pursuit，CP）算法来恢复可压缩信号，利用 $O(K\log_2 N)$ 个采样观测重构信号，需要计算量为 $O(K\log_2 N\log_2 K)$ ，该方法对特别稀疏信号的恢复计算性能较高，但当信号的稀疏度减少时，需要的采样点数会迅速增加，甚至超过信号本身的长度，这就失去了压缩采样的意义。

6.2.5　基于压缩感知的分类算法

对属于未知样本的测试样本进行分类，将测试样本特征 $\boldsymbol{y}$ 代入式 $\boldsymbol{y} = \boldsymbol{A\alpha}$ ，其中 $\boldsymbol{y} \in \mathbf{R}^{40\times1}$ ，$\boldsymbol{A} \in \mathbf{R}^{40\times N}$ ，通过求解得到稀疏向量 $\boldsymbol{\alpha}$。此时 $\boldsymbol{y} = \boldsymbol{A\alpha}$ 是一个欠定方程组，向量 $\boldsymbol{\alpha}$ 是一个稀疏向量，根据压缩感知理论，可以通过求解 $\boldsymbol{\alpha}_1 = \arg\min\|\boldsymbol{\alpha}\|_1$

使$\|A\boldsymbol{\alpha}-\boldsymbol{y}\|\leqslant\varepsilon$的$l_1$范数下的最优化问题得到$\boldsymbol{\alpha}$的精确或近似逼近解$\boldsymbol{\alpha}_1$。式中，$\varepsilon$为误差阈值。

在实际应用中，根据$\boldsymbol{\alpha}_1$中非0值所在项来判定测试样本所属的类别，但是由于噪声和模型误差，$\boldsymbol{\alpha}_1$除了在所属的第i类上有非0值，在其余类别上也会分布少许的非0值。定义函数$\delta_i(\boldsymbol{x})$表示只取在向量$\boldsymbol{x}$中与第i类木材样本对应的数值，令其他数值等于0，$\delta_i(\boldsymbol{x})$的维数与$\boldsymbol{x}$相同。令$\boldsymbol{y}_i=\boldsymbol{A}\delta_i(\boldsymbol{x})$，计算$\boldsymbol{y}_i$与$\boldsymbol{y}$的距离，二者距离越小，说明$\boldsymbol{y}_i$越接近$\boldsymbol{y}$，即$\boldsymbol{y}_i$属于第$i$类木材特征的可能性越大。通过式（6-27）计算残差$r_i(\boldsymbol{y})$来判断测试样本$\boldsymbol{y}$的类别。

$$\min_i r_i(\boldsymbol{y})=\min_i\left(\left\|\boldsymbol{y}-\boldsymbol{A}\delta_i(\boldsymbol{\alpha}_1)\right\|_2\right) \tag{6-27}$$

综上所述，基于压缩感知原理分类算法的主要步骤如下。

（1）将训练样本进行特征提取得到特征向量，建立数据字典矩阵。

（2）对于未知类别的测试样本$\boldsymbol{y}$，解l_1最小化范数，得到系数向量$\boldsymbol{\alpha}_1$。其中ε取值范围为10～15。

（3）按照公式计算残差$r_i(\boldsymbol{y})$，具有残差最小的类为测试样本$\boldsymbol{y}$的类别。

6.3　基于压缩感知的缺陷识别步骤

假设要对p类缺陷进行分类，第i类缺陷的训练样本数为n_i（i=1, 2, …, p）。$\boldsymbol{b}_{i,j}$为属于第i类缺陷的第j个训练样本，$\boldsymbol{b}_{i,j}\in\mathbf{R}^{v\times 1}$，$i$=1, 2, …, p，j=1, 2, …, n_i，所有训练样本由从缺陷图片提取的特征参数构成；$\boldsymbol{A}_i$为第i类缺陷的训练样本矩阵，$\boldsymbol{A}_i\in\mathbf{R}^{v\times n_i}$，其中，$v$为训练样本维数构成式（6-28）所示训练样本的数据字典：

$$\boldsymbol{A}_i=[\boldsymbol{b}_{i,1},\boldsymbol{b}_{i,2},\cdots,\boldsymbol{b}_{i,n_i}] \tag{6-28}$$

若$\boldsymbol{A}\in\mathbf{R}^{v\times\sum_{i=1}^{p}n_i}$为完备数据字典，则由$p$类缺陷的训练样本矩阵构成的数据字典为

$$\boldsymbol{A}=\left[\boldsymbol{A}_1,\boldsymbol{A}_2,\cdots,\boldsymbol{A}_p\right] \tag{6-29}$$

当第i类缺陷的训练样本足够充分时，令$\boldsymbol{b}_i\in\mathbf{R}^{v\times 1}$属于第$i$类缺陷的测试样本，测试样本的构成方式与训练样本相同；$\alpha_{i,j}\in\mathbf{R}$为权重系数；属于第$i$类缺陷的测试样本可表示为

$$\boldsymbol{b}_i=a_{i,1}b_{i,1}+a_{i,2}b_{i,1}+\cdots+a_{i,n_i}b_{i,n_i}=\boldsymbol{A}_i\boldsymbol{\alpha}_i^{\mathrm{T}} \tag{6-30}$$

若$\boldsymbol{\alpha}_i\in\mathbf{R}^{1\times n_i}$为权重系数向量，则

$$\boldsymbol{\alpha}_i=[\alpha_{i,1},\alpha_{i,2},\cdots,\alpha_{i,n_i}] \tag{6-31}$$

将式（6-31）代入式（6-30）并增广矩阵，可得

$$\boldsymbol{b}_i = \boldsymbol{A}\boldsymbol{\alpha}_{A_i}^{\mathrm{T}} \tag{6-32}$$

$$\boldsymbol{\alpha}_{A_i} = \left[\alpha_{1,1},\cdots,\alpha_{1,n_1},\cdots,\alpha_{i,1},\cdots,\alpha_{i,n_i},\cdots,\alpha_{p,1},\cdots,\alpha_{p,n_p}\right] \tag{6-33}$$

式中，$\boldsymbol{\alpha}_{A_i} \in \mathbf{R}^{1\times\sum_{i=1}^{p} n_i}$ 为增广权重系数向量；$\alpha_{1,1},\cdots,\alpha_{1,n_1},\cdots,\alpha_{i,1},\cdots,\alpha_{i,n_i},\cdots,\alpha_{p,1},\cdots,\alpha_{p,n_p}$ 为增广权重系数。

根据上述分析，对于任意满足式（6-31）的测试样本（i=1, 2, ⋯, p），通过求解式（6-33），都可得到一个与式（6-32）类似 $\boldsymbol{\alpha}_{A_i}$ 的向量。

假定测试样本 $\boldsymbol{b}_i$ 的分类未知，由于 $\boldsymbol{b}_i \in \mathbf{R}^{v\times 1}$，$\boldsymbol{\alpha}_{A_i}^{\mathrm{T}} \in \mathbf{R}^{\sum_{i=1}^{p} n_i \times 1}$，$v$ 远小于 $\sum_{i=1}^{p} n_i$，式（6-32）是一个欠定方程，难以得到唯一解。

因为 $\boldsymbol{\alpha}_{A_i}$ 是稀疏向量，且式（6-32）与式（6-34）完全一致，利用压缩感知理论，求解与式（6-34）类似的优化问题（6-32），可得到 $\boldsymbol{\alpha}_{A_i}^{\mathrm{T}}$ 的精确近似逼近 $\hat{\boldsymbol{\alpha}}_{A_i}^{\mathrm{T}}$。

$$\begin{aligned} \hat{\boldsymbol{\alpha}}_{A_i}^{\mathrm{T}} &= \min\left\|\boldsymbol{\alpha}_{A_i}^{\mathrm{T}}\right\|_1 \\ \text{s.t. } \boldsymbol{b}_i &= \boldsymbol{A}\boldsymbol{\alpha}_{A_i}^{\mathrm{T}} \end{aligned} \tag{6-34}$$

式中，$\hat{\boldsymbol{\alpha}}_{A_i}^{\mathrm{T}}$ 为 $\boldsymbol{\alpha}_{A_i}^{\mathrm{T}}$ 的精确或近似逼近。式（6-30）是一个欠定方程，不易求得其准确值，但是用最小二乘法可以得到近似的最优解。

若测试样本是属于训练样本库中的一种类别，则其特征值与训练样本中该类样本所提出的特征值相近，通过最小二乘法算得的最优解，即对应的系数是最大的。所以通过比较各类训练样本的系数均值，即可得到该测试样本的所属类别。

6.4　实验结果及分析

6.4.1　缺陷识别实验过程

基于 LDA 特征融合与压缩感知分类的在线分选方法的具体实验流程如图 6-6 所示。在双排 LED 平行光下，使用 Oscar F810C IRF 摄像头获取实验图像，在 64 位 PC 中 MATLAB R2012a 平台下进行实验，其中 PC 处理器为酷睿 3 双核，主频为 2.25GHz。选取 20 幅活节、20 幅死节、10 幅裂纹三类缺陷共 50 幅样本图像进行学习。首先对采集的实木板材的缺陷图像的缺陷部分运用形态学方法分割出来，然后提取缺陷部分的 3 类共 25 个特征，再运用 LDA 进行特征融合，最后通过压

缩感知分类器进行分类识别，得到最终的判定结果。

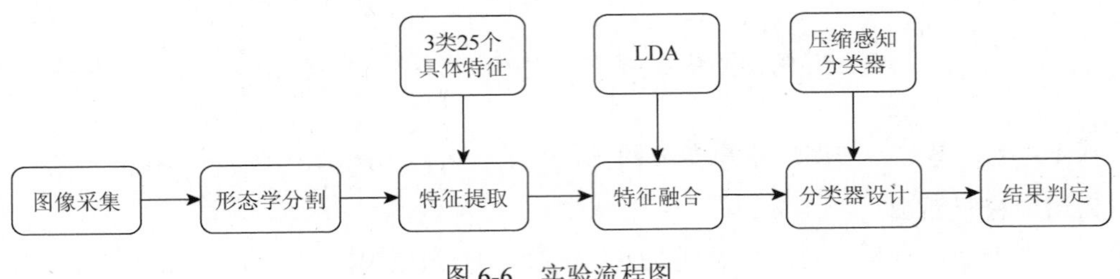

图 6-6　实验流程图

1）图像采集

用 MATLAB 软件读取带有缺陷图片，图 6-7～图 6-9 分别为活节图像、死节图像和裂纹图像。由于图像所携带的信息主要表现在它的灰度形式上，所以将彩色图片转化成灰度图像。为了降低数据运算量，提高程序的运行速度，对转化后的灰度图像进行缩放，变换成 128×128 像素的标准图片。

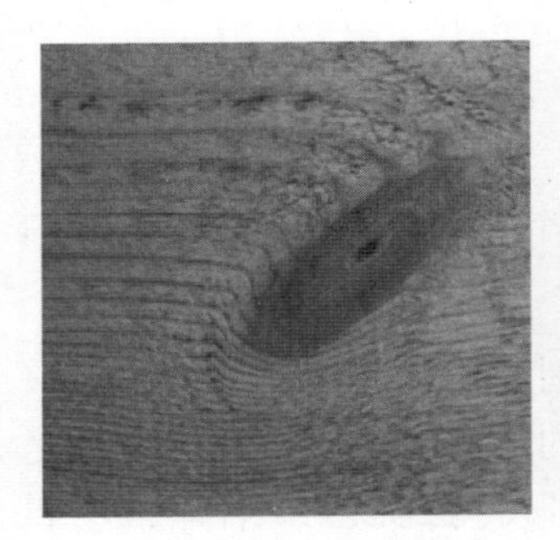

图 6-7　活节图像

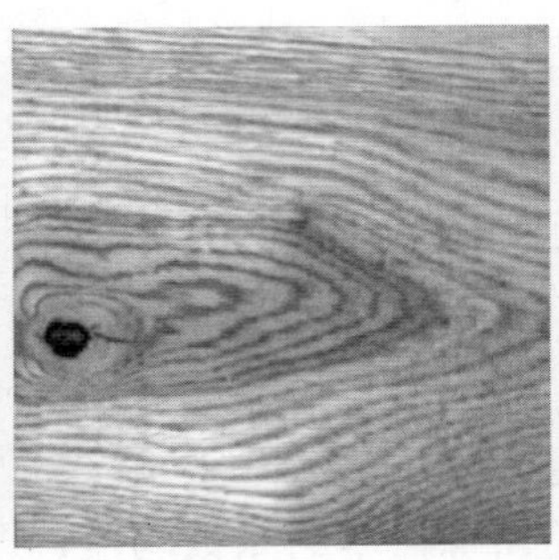

图 6-8　死节图像

图 6-9　裂纹图像

2）形态学分割

数学形态学是基于几何学的一种图像处理方法，具有提取的边缘信息平滑，图像骨架连续、断点少，图像分割快速准确的特点。核心步骤是选用小阈值获得预备种子点，利用骨架提取等形态学运算优化的种子点，通过结构元素对掩模图像进行形态学重构，得到完整、准确的缺陷图像。利用数学形态学的方法对所有标准图片进行边缘检测等图像分割处理，最终将缺陷目标与背景分割出来。分割结果如图 6-10～图 6-12 所示。

3）特征提取

针对活节、死节、裂纹这三类缺陷图像，提取几何与区域特征、灰度纹理特征和不变矩特征 3 类共 25 个具体特征。

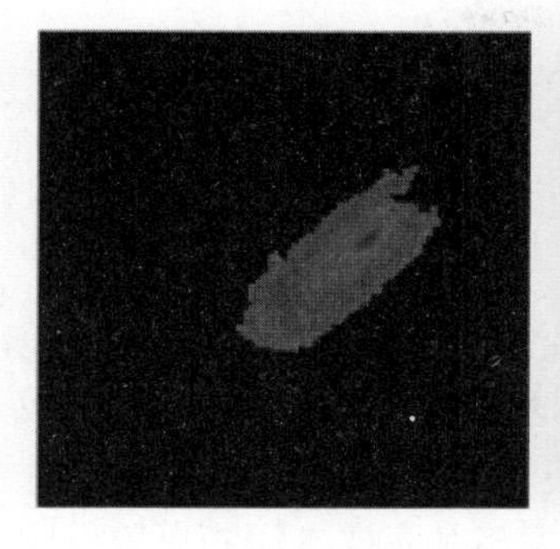
图6-10　活节缺陷分割结果

图6-11　死节缺陷分割结果

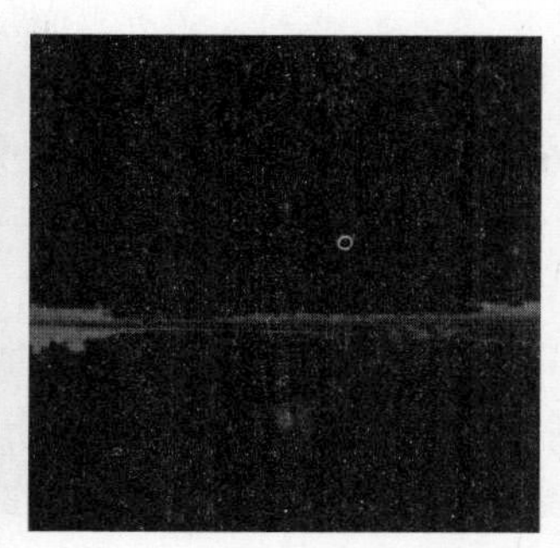
图6-12　裂纹缺陷分割结果

4）特征融合

归一化处理后，根据上述的式（6-24）～式（6-27）计算出各类样本均值、总体样本均值、类内离散度矩阵和类间离散度矩阵。然后根据6.1.2节中的Fisher判别准则求出最佳投影向量组成的投影变换矩阵，将特征融合变换降至三维，作为分类器新的输入特征。

5）分类器设计

构建基于压缩感知理论的分类器，根据6.1.1节的LDA理论计算出各类样本的均值、类间离散度矩阵和类内离散度矩阵，根据6.1.2节的Fisher判别准则求解出最佳的投影向量，经过投影变换后，训练样本矩阵$\boldsymbol{A}$如下：

$$\boldsymbol{A}=\begin{bmatrix}-1.1629 & 0.3071 & -0.9353\\ -1.8120 & -0.7272 & -0.1400\\ 0.14118 & -0.1980 & 0.2416\end{bmatrix}$$

图6-10～图6-12分别是活节、死节和裂纹分割后的图像，分别提取其几何与区域特征、灰度纹理特征和不变矩特征的3类25个特征，经过投影变换后的结果如下：

$$\boldsymbol{b}_i^{\mathrm{T}}=\begin{bmatrix}\boldsymbol{h}^{\mathrm{T}}\\ \boldsymbol{s}^{\mathrm{T}}\\ \boldsymbol{l}^{\mathrm{T}}\end{bmatrix}=\begin{bmatrix}-0.9220 & 0.4189 & -0.9450\\ -1.4081 & 1.2360 & 0.5063\\ 0.10839 & -0.9170 & 0.9214\end{bmatrix}$$

根据式（6-29）进行分类，通过最小二乘法解得$\boldsymbol{\alpha}_{A_i}^{\mathrm{T}}$为

$$\boldsymbol{\alpha}_{A_i}^{\mathrm{T}}=\begin{bmatrix}\boldsymbol{\alpha}_h{}^{\mathrm{T}}\\ \boldsymbol{\alpha}_s{}^{\mathrm{T}}\\ \boldsymbol{\alpha}_l{}^{\mathrm{T}}\end{bmatrix}=\begin{pmatrix}0.8980 & 0 & 0\\ 0 & 0.6955 & 0\\ 0 & 0 & 0.9135\end{pmatrix}$$

由系数可知图6-7的分类结果属于活节，图6-8的分类结果属于死节，图6-9的分类结果属于裂纹。

6.4.2　对比实验及结果分析

1）特征融合效果测试

验证特征选择的必要性，基于 LDA 融合的特征算法与不进行特征选择、方差特征选择方法进行比较，分别运用压缩感知分类器对这三种特征状态进行分类效果的比较。针对实木板材的活节、死节、裂纹三类主要缺陷共 50 幅测试样本图片进行特征选择后分类。在方差选择法中，特征方差越大，对应样本间的离散程度越大，样本的相似度越低，样本间的可分性越好，方差计算公式为

$$D = E[(x-\mu)^2] \tag{6-35}$$

图 6-13 为基于方差特征选择法的缺陷分类识别结果。实验结果表明，当特征向量维数为 7 时，识别率最高，随着特征向量的增加，分类结果先保持不变；但是随着特征向量的增加，分类精度下降；当特征向量再增加时，分类精度又有所提高。分类结果表明，各种特征中有些向量对分类贡献都不大，属于冗余特征，影响分类结果。

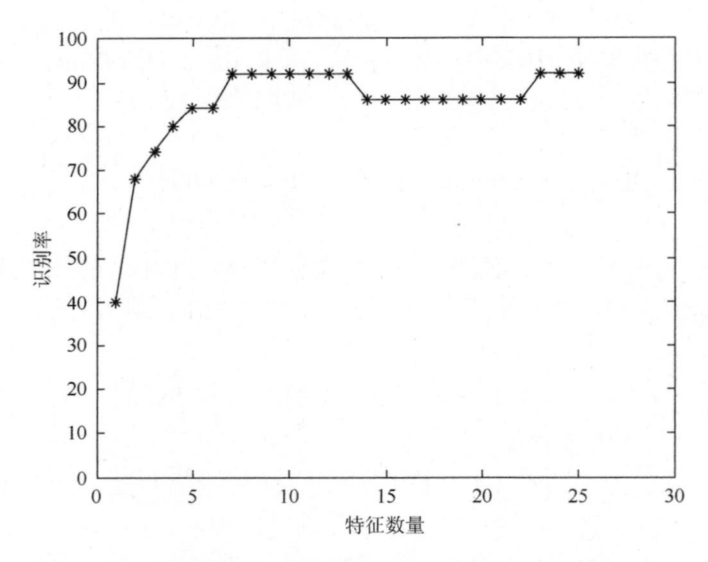

图 6-13　基于方差特征选择的压缩感知分类效果

当特征向量维数为 7 时，识别率最高；当特征全部选入时，识别率最低。由图 6-13 特征数量与识别率的曲线可知，开始时随着特征数逐渐增加，识别率也随之增长。但随着特征的逐渐增加，识别率开始下降。这是因为在所有提取出来的各种特征中，有些特征对分类的贡献不大，属于冗余特征，影响分类结果，识别率下降。

将方差选择法和 LDA 与不进行特征选择的情况进行对比，比较结果如表 6-1 所示。

表 6-1　特征选择比较结果

特征选择方法	正识别	误识别	识别率/%	分类识别平均时间/ms
不选择	34	16	68	0.712 5
方差	41	9	82	0.086 1
LDA	47	3	94	0.044 6

由表 6-1 可知，不进行特征选择时的识别率最低（为 68%），识别时间最长（为 0.712 5ms）；LDA 的识别率最高（为 94%），识别时间最短（为 0.044 6ms）。进行特征选择时不仅可以降低识别时间，还可以提高识别率。这表明特征选择可以提高分类效果，是十分必要的。表 6-1 的实验结果表明，书中所选用的 LDA 可以降低冗余特征对分类精度的影响，提高识别结果，是一种很好的特征选择方法。

2）压缩感知分类性能测试

为了测试本书提出的分类方法的性能，选择使用较广泛的神经网络分类器进行性能对比实验，前期研究已经证明 SOM 神经网络需要的训练样本较少，分类精度较高，这里设计 SOM 神经网络分类器与压缩感知分类器比较，竞争层大小采用10×10，结构为六角形，训练 500 次。实验采用的 SOM 神经网络拓扑结构如图 6-14 所示。

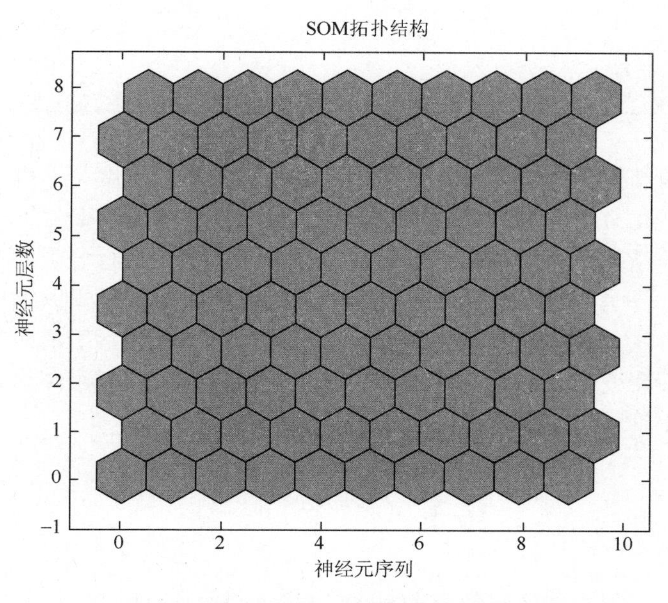

图 6-14　SOM 神经网络拓扑结构

实木地板加工中的活节、死节、裂纹三类主要缺陷共 50 幅测试样本图片进行分类，分类准确率和分类时间如表 6-2 所示。

表 6-2　与神经网络法的比较结果

分类方法		神经网络	压缩感知
识别时间/ms	图像分割	27.476	28.507
	特征提取	18.745	16.002
	分类识别	4.618	0.446
合计/ms		50.839	44.955
识别率/%		87	94

如表 6-3 所示，活节、死节、裂纹三种缺陷的分类准确率分别为 90%、95% 和 100%，识别平均时间为 44.199ms、49.059ms 和 44.268ms，满足实木板材在线分选的快速性和准确性要求。

表 6-3　压缩感知分类法的实验效果

缺陷类型	活节（20）	死节（20）	裂纹（10）
正识别	18	19	10
误识别	2	1	0
识别率/%	90	95	100
识别平均时间/ms	44.199	49.059	44.268

根据实验结果可知，进行特征选择可以提高分类的精度与速度，合理的选择方法可以降低冗余特征对分类效果的影响，提高分类的识别率、缩短分类时间。

根据实验结果，对于基于神经网络分类法，由于在进行分类时需要通过逐步迭代计算进行分类，每一步都都会对运算结果产生影响。基于压缩感知的实木板材缺陷识别方法在线分选时无须进行复杂的计算，因此识别所需时间大大减少。在分类时将投影变换后的融合特征作为分类器的输入，保留了图像几乎全部的信息，提高了识别精度。

6.5　本 章 小 结

针对实木板材表面缺陷信息的复杂性，本书运用 LDA 算法对 3 类 25 个特征进行投影变换降维，然后设计压缩感知分类器，对典型样本进行数据字典构建，利用最小二乘法得到最优解。仿真实验比较表明：LDA 融合算法较传统的方差选择算法更能完整地表达板材表面缺陷信息，融合后分类精度更高，同时减少了数据冗余；压缩感知分类器与 SOM 神经网络算法相比参数设置简单，样本更新更具灵活性，而且在运算时间和分类精度上都有较大优势；因此，LDA 与压缩感知相结合的缺陷分类算法能够提高实木板材在线分选系统的运算速度和识别准确率。

第 7 章　基于灰度共生矩阵及模糊理论的纹理分类

木材生长条件与加工方法将产生不同形状的纹理，不同的纹理会直接影响木制品的视觉和触觉美感。因此，对板材纹理进行合理的分类对提升产品质量具有积极的现实意义。数字图像分析中的空间灰度共生矩阵法在实际应用中已经日趋成熟，本章首先对灰度共生矩阵提取的板材特征量进行散点分布分析，提取出用于纹理分类的能量和相关性基本特征；设计能量、相关性与纹理的模糊论域及隶属度函数，完成了特征量与纹理类别的模糊化；通过提取样本的模糊规则和 Mamdani 重心法，完成模糊推理并得到纹理分类查询表。应用设计的纹理模糊分类器实验了直纹和曲纹的有效分类。

7.1　纹 理 特 征

7.1.1　纹理特征的定义

图像纹理没有一个一致、公认的定义，它在图像中是一个重要但是又不太容易描述出来的特征。纹理是人们将人类的视觉与触觉联系起来，进而形成一个视觉信息，它起源于人类对事物的触感。

普遍认为，纹理反映的是物体内容上下文的联系，是图像的内在特征。图像的结构信息和空间信息可以在纹理上表征。图像像素间颜色以及像素间灰度的重复规律或者变化的规律都可以通过纹理反映出来。纹理基元是组成图像纹理的基本元素，它有三个特点：周期性、随机性、准周期性。图像中有一些引起视觉感应的基本单元，这些基本单元有包含多个像素旋转不变的特点，主要表现在图像的色彩和图像像素灰度变化的规律上，能在不同方向或者是不同区域内周期出现。

纹理基元在空间上的分布有时有某种规律，有时可能会很随机，它和它的排列规则共同构成了纹理的两个最基本的部分。通常这两个要用下面的公式来表达：

$$f = M(w) \tag{7-1}$$

式中，w 代表的是纹理的基元；M 代表的是其排列规律的一种函数，这样图像中的各种纹理结构都可以用上述表达式来定义。

纹理基元周围区域的像素点的灰度变化规律与其周围区域的纹理特征有着特定的联系，存在相互影响的关系，可以找出某一个像素点以及它与周围像素点的灰度关系对纹理进行描述。通常情况下，不管规律纹理还是随机纹理都在像素灰度的分布上有共同规律，可以通过统计学方法找出其中规律。这些共同特征和规律总结成为以下三点。

（1）图像纹理可以在一个很大的区域中有周期性规律，也可以在某一小的局部区域有某种序列性。

（2）一个孤立的点不能用于描述图像纹理，需要找出它与周围像素点灰度的共同变化规律。

（3）人们的视觉受图像纹理的粗细、图像纹理的走向影响。纹理基元是由不同的纹理序列随机组合而成的，它主要有三个特点：周期性、方向性、粗糙性。

总之，由于纹理特征是人们感觉强烈的视觉特征，对它的研究十分有价值。图像纹理的区域块大小的选择对人们研究图像纹理有很大影响，因此事先应该划分一个具体合理的纹理块区域。总体上讲，纹理主要是通过疏密性、周期性、方向性、强度等特性来表达。

7.1.2　纹理特征的表达方法

图像纹理的描述既可以借助于空域性质，又可以通过频域性质进行分析，主要是通过研究图像像素灰度的统计特性和空间结构特性来描述图像纹理的。常用的纹理表达方法有三种：频谱法、统计法、结构法。但是由于图像纹理特征不是想象中的那么简单，在研究过程中可以综合这三种方法，分析比较出更适合的方法，此外，图像模型法在一些相对成熟的图像模型中也有应用。

由于人们对纹理的视觉认识存在主观性，很难用文字或语言来进行描述，所以需要从图像中提取可以表征纹理的信息。通过某种图像处理手段提取纹理特征，主要有两方面的目的：一是检测出图像中含有的纹理基元；二是获得这些纹理基元排列分布的特点信息。对图像纹理的描述通常借助纹理的结构特性或者统计特性，对纹理基于空域的性质也可以通过转换到频域进行分析，因此常用的纹理描述方法有三种：统计法、结构分析法、频谱分析法。另外，利用一些成熟的图像模型也可以描述纹理特征，称为模型法。由于纹理特征的复杂性，这些方法也经常结合使用。

1. 统计法

统计法主要根据图像邻域像素灰度值的相互关系以及分布规律，找出部分统计量对图像纹理进行表示，它是利用纹理的统计特性和规律，主要用来描述像大地、气象云图、山川那样细致但是有没有规则的自然图像纹理。该方法是纹理特征描述的最早提出的方法之一，同样可以用来描述人工纹理。在计算的时候，根据特征点的个数，把统计法分为三种方法：一阶统计量、二阶统计量、高阶统计量。下面对它们逐一介绍。

1）一阶统计量

给定一幅图像，设这幅图像的灰度级数为 n，统计出每一个灰度级数 i 出现的概率 $P(i)$，这样就构成了像素灰度的一阶概率分布，一阶概率分布又称为一阶灰度直方图。一般从一阶概率分布中提取几个有代表性的特征作为整幅图像的纹理特征，因为在实际应用中整个直方图作为纹理特征没有必要，这些主要纹理特征由下面几个特征组成：关于原点的 r 阶矩、扭曲度、关于均值的 r 阶中心矩、峰度、熵值。

通常情况下，从图像中提取一阶统计量并不能满足纹理分析的需求。不同纹理的一阶统计量可能相差很大也可能相同，同一种纹理的一阶统计量也有可能这样，所以这种分析的算法存在在纹理空间域特征表现上不足的缺陷。由于这种算法计算速度快，占用的内存存储空间少，纹理特征提取速度快，在要求正确率不是很高的情况下，还是有一定的实际应用价值。

2）二阶统计量

二阶统计量目前已经有很多的研究算法，最早的灰度共生矩阵方法是其他二阶统计量算法的基础，被认为是一个有效的算法，是 Haralick 在 20 世纪 70 年代提出的。基于二阶统计量的方法主要有灰度共生矩阵法、灰度-梯度共生矩阵法。

（1）灰度共生矩阵法。灰度共生矩阵（grey level co-occurrence matrix，GLCM）法不仅反映了图像的亮度分布特性，还反映了具有相似亮度和同样亮度的两个像素点在位置上的分布情况。它主要是用图像在不同位置上的联合概率密度来定义的，用二阶统计特征来区分不同的亮度变化，在定义图像纹理特征中有基础的作用。

（2）灰度-梯度共生矩阵法。一阶概率分布是描述像素灰度分布信息的最基础的方法，而灰度-梯度共生矩阵找出像素灰度中有较大变化的部分，如图片中的边缘、峰纹以及其他凸出的部分，然后把图像的信息通过一种称为微分因子的方式计算出特征值来。灰度-梯度共生矩阵把图像的灰度以及灰度在空间的梯度变化综合起来，提取出较多的纹理特征进行研究分析。

用梯度算法把一幅 $N_x \times N_y$ 的图像进行处理，得到这幅图片的梯度图像 $g(x, y)$，其中 $x=0, 1, \cdots, N_x-1, y=0, 1, \cdots, N_y-1$。然后用图像压缩的方法处理梯度图像，得到压缩梯度图像为

$$G(x,y)=[g(x,y\cdot L_s/g_{\max})] \tag{7-2}$$

式中，L_s 是这幅图像的最大梯度；$g_{\max}$ 表示这幅图像的最大梯度值。

这个灰度-梯度共生矩阵可以用下面的表达式来表示：$H(i, j)$，$i=0, 1, \cdots, L_g-1$，

j=0, 1, ⋯, L_s−1。$H(i, j)$表示在压缩图像中灰度为 i 行，而在压缩矩阵中的位置为第 i 行的像素与它对应的梯度图像的像素灰度为 j，在压缩矩阵中的位置是第 j 列的像素出现的次数。然后用归一化的处理算法对矩阵处理后能得到以下表达式：

$$H(i,j) = H(i,j)/L_g - L_s \tag{7-3}$$

式中，i=0, 1, ⋯, L_g−1；j=0, 1, ⋯, L_s−1。

3）高阶统计量

人们在 20 世纪提出了许多种计算高阶统计量的算法，在 20 世纪 70 年代提出的一种名字为 Galloway 的高阶统计量的算法最为著名，这种算法通过计算游程长度进行统计量的分析。在图像中有连续的共线的并且有相同灰度或同一灰度段的像素的个数被称为游程长度，纹理在某一方向、某一角度上会有不是很短的游程长度，它主要反映了纹理的方向性，也反映了纹理的疏密程度。在一幅图像中可以构建灰度游程矩阵 P_θ，其中角度 θ 代表了给定的方向。矩阵中的元素是图像在角度 θ 上连续的 i 个点中灰度级为 j 出现的次数。可以从游程矩阵中提取灰度不均匀性、游程长度不均匀性、游程中百分比等特征。在实际应用中高阶统计量主要适用在线性结构的纹理分析中，因为它对计算机的空间要求较高，而且要求较高的运算速度。

2. 结构分析法

结构分析法是把复杂的纹理拆分成许多简单的纹理基元，并且这些简单基元按照某一规律重复排列组合成复杂纹理。根据纹理基元的形状和排列特点分析图像纹理特征的方法统称为结构分析法，基本思想是认为复杂的纹理可由一些简单的纹理基元以一定的有规律的形式重复排列组合而成。结构分析法使用形式语言对纹理的排列规则进行描述，这需要计算出纹理基元的偏心度、面积、方向、矩、延伸度等特征，并需要应用模式识别和编译原理中的句法理论。结构分析法需要形态学、离散数学等方法描述纹理基元的立体特征以及排列的规律。结构分析法需要对纹理基元的形态进行描述，所以这种方法在人工纹理研究中应用的比较广泛。结构分析法得到的纹理特征比较清楚，易于检索。但是在自然纹理中，纹理基元的排列没有规律性或者规律性不强，很难对某一个具体的纹理基元进行描述，建立数学模型，因此在自然纹理中，结构分析法应用并不广泛，仅作为一个研究的辅助手段。

3. 频谱分析法

人们在看电视或者电影的时候，人脑对所观察的景象图片进行了频率分析，由此可以把频谱分析的算法应用到图像纹理中。频谱分析法主要是以 Fourier 变换为基础，利用信号处理技术，计算峰值处的面积、峰值与原点的距离平方、峰值处的相位、两个峰值间的相角差等来获得在空间域不易获得的纹理特征，如周期、功率谱信息等。通常，Fourier 频谱中突起的峰值对应纹理的主方向信息，峰值在频域平面的位置对应纹理的周期信息，粗纹理的频率分量集中在低频部分，细纹理对应的频率分量集中在高频部分。常用的频谱法主要包括 Fourier 功率谱法、Gabor 变换、塔式小波变换、树式小波变换等。

4. 模型法

如果图像的某一个像素的灰度与它的周围邻域像素存在相互依存的关系，那么可以用模型法来表示两者之间的关系。因为模型分析将模型参数作为特征来表达纹理，并且把估计的模型的参数赋给这个纹理图像。因此，参数估计是模型法的关键。在模型法中最为常用的有三种：联立自回归模型、马尔可夫随机场模型、分形模型。下面将对这三个模型一一讨论。

1）联立自回归模型

将某一个像素以及它周围的像素的关系用随机向量（它的强度值用中心的像素以及它周围的像素的线性关系来描述）来定义。例如，设定一幅图像的中心像素为 p，那么可以用 p 值与其周围邻域像素的组合来表示这个随机变量的强度 $s(p)$。

$$s(p)=u+\sum_{r\in F}\theta(r)s(p+r)+\varepsilon(p) \tag{7-4}$$

2）分形模型

Mandelbort 指出一个分形集一般具有以下三个要素：形状（form）、机遇（chance）、维数（dimension）。如果两种物体，它们有不同的形状，那么很容易把它们区分开来，但是如果两种物体的轮廓相似并且不属于同种类别，如羊毛和云，那么很容易看出云比羊毛更复杂，这两种物体的区别就在于复杂程度，需要一种量度量这种复杂度，因此引入了分形维的定义，即分形维数。图像形状的不规则程度以及它的复杂程度都可以用分形维来描述。

人类视觉系统对图像纹理的疏密程度以及凸凹性的感觉与分形维有着非常紧密的关系，所以图像的纹理特征可以依靠分形维来描述。分形维一般采用估计的方法，但现在有很多学者已经提出了几种算法，如 keller 盒维数法、Sarkar 提出的差分计盒法和 hausdorff 维数法，但是这几种方法不仅计算的时间复杂度大，而且精度不高，较优异的算法仍在探索和研究中。盒维数法一般用下面的方式进行描述：用很小的单元块堆砌某一给定的图像，假设共需要 N 个这样的小的单元块。划分的单元块的大小不同，对应的单元块的个数也不同，很容易看出两者成反比例关系。通过改变的大小可以获得多组 $\varepsilon - N$ 值，利用坐标标出两者的关系图，通常情况下为一条直线，斜率代表了图像的维数 D，一般是通过最小二乘法拟合来得到的，它的数学表达式为

$$D = \lim_{\varepsilon \to 0} \frac{\log_2(N(\varepsilon))}{\log_2(1/\varepsilon)} \tag{7-5}$$

3）马尔可夫随机场模型

马尔可夫随机场模型是一种概率的模型，它的基础是贝叶斯概率估计和马尔可夫随机场，它所解决的问题是求模型的最佳解。图像周围像素点灰度的关系可以用马尔可夫随机场来表示。纹理在不同角度的聚集特征可以用马尔可夫随机场生成的参数描述，这种描述方法更适应于人的感官，它主要有两种方式：高斯-马尔可夫随机场模型和吉布斯-马尔可夫随机场模型，这种模型要求激励噪声服从高斯分布，然后能得到两个像素灰度值的差分方程。

7.1.3　木材图像纹理特征及分类

木材表面纹理在自然生长中形成，它由生长轮、木射线、轴向薄壁组织等解剖分子相互交织而产生，其主要表现形式来自于由导管、管胞、木纤维、射线薄壁组织等的细胞排列所构成的生长轮。

在对木材加工时，由于切削角度不同，会在木材表面上产生 3 种切面，即横切面、径切面和弦切面。在不同的切面又呈现不同的纹理图案，通常木材表面的横切面上呈现同心圆状花纹，径切面上呈现平行的条形带状花纹，弦切面上呈现抛物线状花纹。一般来说，横切面所形成的纹理称为横切纹理，径切面所形成的纹理称为径切纹理，弦切面所形成的纹理称为弦切纹理。此外，木材表面纹理还具有尺度性，在不同分辨率下，木材表面纹理依然呈现出细微而复杂的结构，不同尺度之间的纹理经常表现出形态上的相似性。

木材表面纹理是木材重要的自然属性之一，具有精细复杂的结构，是鉴定和使用木材的重要依据，被作为木材物理学和木质环境学的重要内容进行研究。长久以来，人们主要通过以下几个角度研究木材表面纹理：木材科学、木材视觉环境学、心理物理学、计算机图像图形学等。从木材科学角度分析和研究木材表面纹理，能深刻地了解木材表面纹理产生的机理。纹理在视觉感观上的周期性表现是由生长轮的连续排列、早晚材的间隔出现等木材构造特征所引起的，而且木材解剖分子构造的特点也会影响纹理其他方面的表现。因此，在定义木材表面纹理视觉物理量时，需要联系木材科学的理论知识，定义出具有一定专业涵义的木材表面纹理物理量。

木材表面纹理的主要组成成分包括以下 6 个方面。

1）木材表面纹理主方向

当纹理整体形状具有某些特定的角度朝向时，将该角度定义为木材表面纹理的主方向。

2）木材表面纹理清晰程度

清晰程度也称为对比度是亮度的局部变化，定义为物体亮度的平均值与背景亮度的比值，其值越大，图像越清晰。弱纹理的基元间的空间相互作用较小，而强纹理的基元间的空间相互作用是某种规律的。

3）木材表面纹理周期

纹理基元在垂直于纹理方向上的尺寸被认为是纹理宽度，每两个相邻的纹理基元间的距离平均值被认为是纹理间距。这里定义纹理基元重现的次数为纹理的周期。

4）木材表面纹理粗细均匀性

纹理粗细均匀性与其基元结构的大小和空间重复周期有关。如果图像纹理基元中相邻像素有差异或连续变化，则产生精细纹理的效果；如果纹理基元比较大且包含了若干相同灰度级的像素，则产生粗糙纹理的效果。

5）木材表面纹理明暗程度

纹理明暗程度也就是纹理的灰度分布，灰度值高，纹理就明亮，反之亦然。它与纹理的亮度和色调相关，当色调的明亮度高时，纹理也就比较明亮。红松径切纹理图像是最明亮的，也就是说它的灰度平均值要大于其他图像的。

6）木材表面纹理复杂程度

纹理基元尺寸、形状、间距等方面的一致性程度被称为纹理的规则度。反之则为不规则性纹理，对它的描述相应为复杂度，是纹理的综合描述，从总体上反映了纹理的各方面的特点，通常通过图像的信息来表征图像的复杂程度。

在分类标准上，按照木材表面纹理的形状特征，将纹理分为直纹纹理（图 7-1）、抛物线纹理（图 7-2）和乱纹纹理（图 7-3）三类。

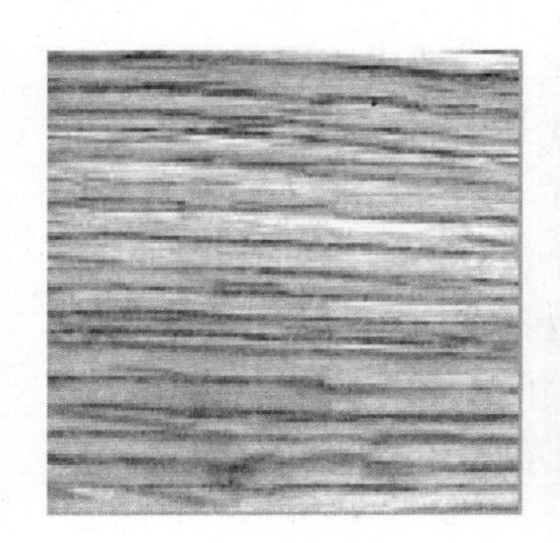

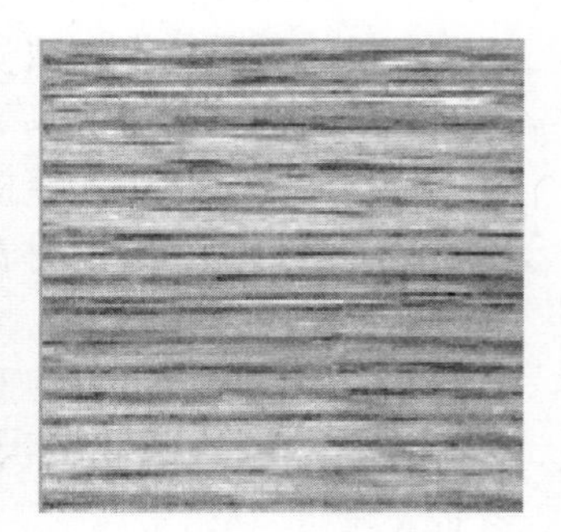

图 7-1　直纹纹理样本的灰度图像

  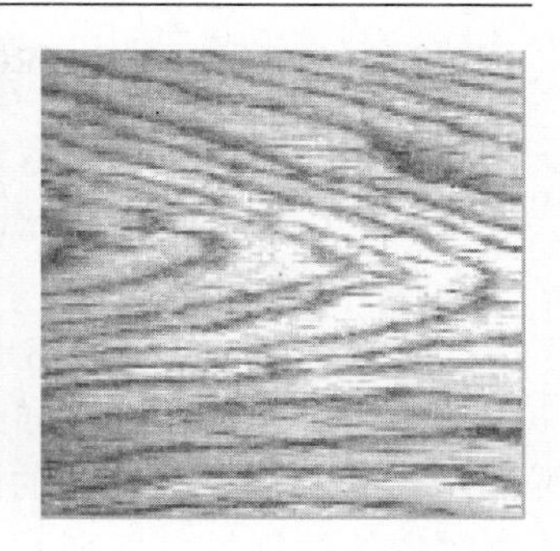

图 7-2　抛物线纹理样本的灰度图像

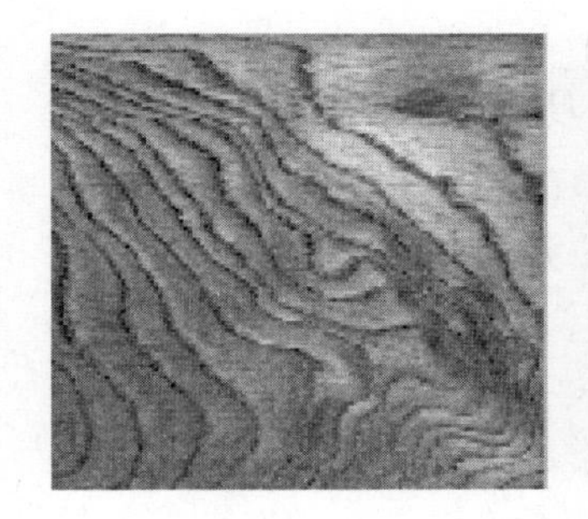 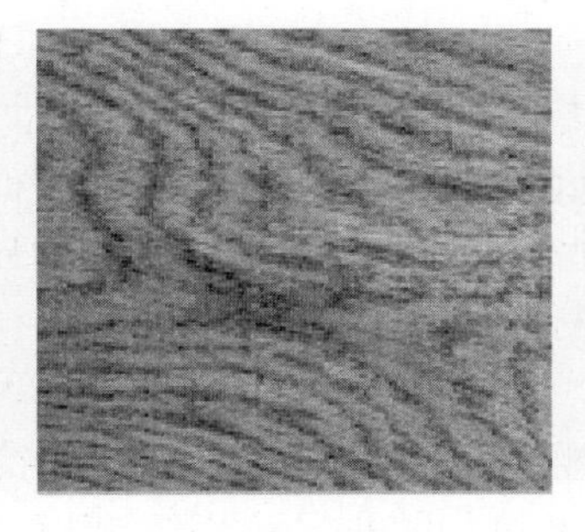 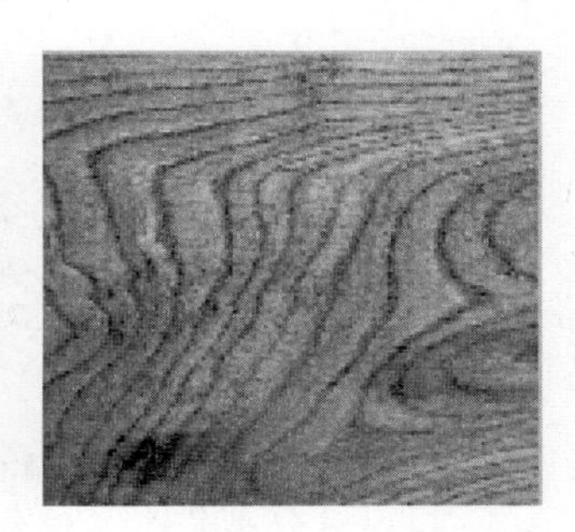

图 7-3　乱纹纹理样本的灰度图像

在对图像进行处理时，样本图像大小的选取很重要，图像选取过大，像素点则多，处理时复杂度会增加，计算量将加大，计算时间也将上升；图像选取过小，虽然计算时间会相应减少，但图像信息量也在减少，图像会丢失许多有用信息，图像清晰度随之减弱。将数字化木材实验的样本图片设定为 128×128 像素，发现图像的质量仍然很好，而且纹理依然丰富并清晰。在对木材纹理进行分析时，均采用样本的灰度图像对其进行分析，如图 7-1～图 7-3 所示。

7.2　灰度共生矩阵及其纹理特征选择

7.2.1　灰度共生矩阵

空间灰度共生矩阵就是通过计算统计灰度图像中一定距离和一定方向的两像素点灰度值之间的相关性，首先得到它的共生矩阵，然后通过计算这个共生矩阵进一步得到这个矩阵的二次统计量，以此作为特征量来分别表示图像的某些纹理特征。其中，共生矩阵用固定的位置和角度两个像素的联合概率密度来定义，这种方法不仅反映亮度的分布特性，还反映具有同样亮度或接近亮度的像素之间的位置分布特性，是定义一组纹理特征的基础。

从数字图像中任意取出一点，设定其坐标为(x, y)，以及另外偏离它的一点$(x+a, x+b)$，设定该偏离点的灰度值为(i, j)。令(x, y)在整幅图像中移动，则会得到各种不同的(i, j)的值，用k来表示灰度级数，则共有k^2种组合。在整幅图像中，统计出所有(i, j)值出现的次数排成一个矩阵，用概率P_{ij}表示(i, j)出现的总次数的归一化值，将这样的矩阵称为灰度联合概率矩阵。灰度联合概率矩阵的另外一个名称是二像点的联合直方图。如果矩阵主要倾向于对角分布，那么这幅图像纹理粗且有规则。因为距离差(a, b)可以进行不同的取值，有多种组合，a和b的取值主要是根据纹理的周期分布特性来选择的。可用下面的数学表达式来表示：

$$P(i,j,d,\varphi)=\{(x,y),(x+D_x,y+D_y)\big|f(x,y)=i,f(x+D_x,y+D_y)=j\} \tag{7-6}$$

式中，点（x，y）代表移动的方向；D_x，D_y分别代表偏移量，可以在4个方向上取值，一般都取值45°、90°、135°、0°，这样既方便计算又有代表性，各点的频度值$P(i, j)$可由式（7-7）表示。

$$P(i,j)=P(i,j,d,\varphi)/R \tag{7-7}$$

它是归一化后各个点的频度值，其中R代表归一化常数。式（7-7）生成的共生矩阵其实是对称矩阵，如果矩阵中的非零元素都在对角线分布，那么整幅图像的纹理就不细致。如果非零元素不在对角线分布，那么纹理方向可能与角度方向不一致。

同时，纹理在灰度空间分布上又存在一定的灰度相关性，即某种固定距离、固定方向的两个像素点的灰度值会在空间内不断重复，如图7-4所示。所以，通过分析空间中任意一点和它邻近区域内相隔某一距离的点的灰度变化情况，找出这样的像素点关于方向、相邻间隔、变化幅度等空间联合分布的规律，对于图像纹理分析将是很有意义的。

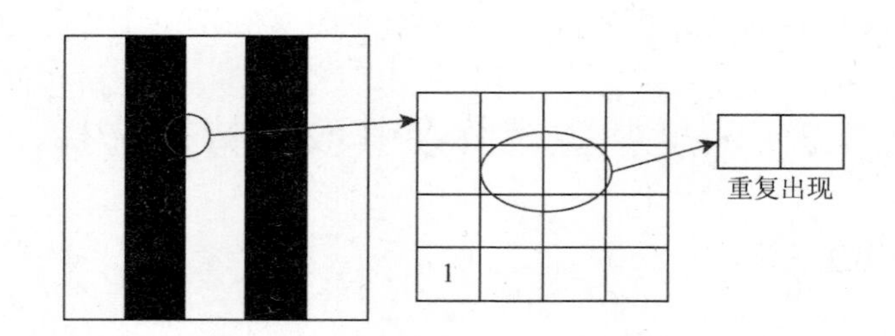

图7-4　纹理图像在灰度空间的相关性示意

注意到在两个像素点间，距离和方向的不同，会得出不同的灰度共生矩阵生成，从而影响特征参数的具体数值。例如，同一张灰度图片，灰度共生矩阵的“距离”参数取值较小，那么生成的共生矩阵中比较大的值集中于主对角线附近，因为此时的像素对趋于具有相同的灰度；相反，当“距离”参数取值较大时，其灰度共生矩阵中非“0”的值散布在各处。因此，在后面结合 MATLAB 函数对灰度共生矩阵的距离和方向两个参量进行了讨论并确定合适的数值。

7.2.2 灰度共生矩阵的主要特征值

灰度共生矩阵不能反映出纹理特征，它仅反映了图像在变化幅度、角度、一定邻域的综合信息，因此还需要计算出相关、熵值、对比度、差异等值，用这项特征值来反映整幅图像的纹理特征。由于各个特征值的物理意义不同，需要给它们相同的权重进行归一化。

根据其各自的意义和实验效果选用下面主要的 20 个特征值。

（1）对比度（惯性矩）可表示为

$$\mathrm{CON}=\sum_h\sum_h(h-k)^2 m_{\mathrm{hk}} \tag{7-8}$$

CON 主要反映了纹理的清晰程度。图像越清晰，图像的视觉效果越好，相邻像素对的灰度差别就越大，CON 也就越大。由于细纹理，它的数值不在主对角线附近，CON 比较大，对于粗纹理正好相反，CON 比较小。

（2）角二阶矩（能量）可表示为

$$\mathrm{ASM}=\sum_h\sum_h(m_{\mathrm{hk}})^2 \tag{7-9}$$

ASM 是共生矩阵各数值的平方和，又称为能量，反映了图像灰度分布均匀程度和纹理粗细程度，ASM 大则纹理粗糙，ASM 小则纹理细致。粗纹理由于数值主要分布在主对角线附近，说明图像的局部区域的灰度分布均匀，此时能量较大，相反能量较小。

（3）熵可表示为

$$\mathrm{BNT}=-\sum_h\sum_h m_{\mathrm{hk}}\lg(m_{\mathrm{hk}}) \tag{7-10}$$

无纹理的图像因为其灰度矩阵的数值都为零，所以熵值为 0，如果图像的纹理较细且纹理变化均匀，那么熵值最高。如果图像的纹理很少且变化不均匀，那么熵值较低。

（4）相关可表示为

$$\mathrm{COR}=\left[\sum_h\sum_h hkm_{\mathrm{hk}}-u_x u_y\right]\Big/\left[\sigma_x\sigma_y\right] \tag{7-11}$$

COR 是度量灰度共生矩阵元素在行或列方向上的相似程度。如果图像在某一方向上的值大于其他方向，那么在这个方向上的纹理性也比其他方向强，因此 COR 可以表示纹理的方向。

（5）差异可表示为

$$\mathrm{VAR}=\sum_i\sum_j(i-u)^2 p(i,j) \tag{7-12}$$

（6）逆差距可表示为

$$\mathrm{IDM}=\sum_i\sum_j p(i,j)\Big/\left[1+(i-j)^2\right] \tag{7-13}$$

（7）和平均可表示为

$$\mathrm{SA}=\sum_{i=2}^{2N_r} ip_{x+y}(i) \tag{7-14}$$

（8）和方差可表示为

$$\mathrm{SD}=\sum_{i=2}^{2N_r}\left\{(i-f_6)^2\right\}p_{x+y}(i) \tag{7-15}$$

（9）和熵可表示为

$$\mathrm{SENT}=\sum_{i=2}^{2N_r} p_{x+y}(i)\log_2\{p_{x+y}(i)\} \tag{7-16}$$

（10）变异差异可表示为

$$\mathrm{DV}=\text{Variance of } p_{x-y} \tag{7-17}$$

（11）差熵可表示为

$$\mathrm{DE}=-\sum_{i=0}^{N_{r-2}} p_{x-y}(i)\log_2\{p_{x-y}(i)\} \tag{7-18}$$

（12）相互信息度量可表示为

$$f_{12}=(\mathrm{HXY}-\mathrm{HXY1})/\max\{\mathrm{HX},\mathrm{HY}\} \tag{7-19}$$

$$f_{13}=(1-\exp)\left\{-0.2(\mathrm{HXY2}-\mathrm{HXY})\right\}^{1/2} \tag{7-20}$$

式中，HX，HY 是 P_x，P_y 的熵；HXY 是 $P(i,j)$ 的熵。

$$\mathrm{HXY1}=-\sum_i\sum_j p(i,j)\log_2\left\{p_x(i)p_y(j)\right\} \tag{7-21}$$

$$\mathrm{HXY2}=-\sum_i\sum_j p_x(i)p_y(j)\log_2\left\{p_x(i)p_y(j)\right\} \tag{7-22}$$

（13）最大相关系数可表示为

$$\mathrm{MCC}=(Q\text{的最大二阶特征值})^{1/2} \tag{7-23}$$

式中

$$Q(i,j)=\sum_k p(i,k)p(j,k)\Big/p_x(i)p_y(k)$$

（14）最大概率可表示为

$$\mathrm{MAX}=\max\{p(i,j)\} \tag{7-24}$$

（15）相异可表示为

$$\mathrm{DIS}=\sum_{n=0}^{N_{r-1}} n\left\{\sum_{j-1}^{N_r}\sum_{j=1}^{N_r} p(i,j)\right\},\text{其中}|i-j|=n \tag{7-25}$$

（16）反差可表示为

$$\mathrm{INV}=\sum_i\sum_j p(i,j)\left\{1+|i-j|/G\right\} \tag{7-26}$$

（17）中值可表示为

$$\sum_i\sum_j i\,p(i,j) \tag{7-27}$$

（18）均值可表示为

$$\sum_i \sum_j 1/(i+j-2u)^2 p(i,j) \tag{7-28}$$

（19）阴暗聚类可表示为

$$\sum_i \sum_j (i+j-2u)^3 p(i,j), \text{ 其中} u = \sum_i i\,p(i) \tag{7-29}$$

（20）突出聚类可表示为

$$\sum_i \sum_j (i+j-2u)^4 p(i,j), \text{ 其中} u = \sum_i i\,p(i) \tag{7-30}$$

在空间灰度共生矩阵建立之后，对灰度共生矩阵进行二次统计计算，得到常用的 11 种纹理特征量：角二阶矩、对比度、相关性、方差、逆差矩、均值和、方差和、和熵、熵、差的方差、差熵等。但是并非所有的特征量都适用于纹理检测，因灰度共生矩阵共有 14 个二次统计量，其中的 4 个特征被证明是线性不相关的，分别为能量或称为角二阶矩或能量、相关性、一致性、逆差矩或同质性。所以在特征选择时，直接对 4 个方向上的这 4 个特征进行操作，进而选定合适的特征量，进行后期的处理。

7.2.3　木材图像灰度共生矩阵及特征

1. 灰度共生矩阵

本书选用 MATLAB R2012a 作为仿真软件，进行系统设计。其中，MATLAB 自带工具箱中灰度共生矩阵相关的函数“graycomatrix”来计算木材图片样本的灰度共生矩阵。

调用格式为：`[glcms, SI]=graycomatrix (F1g, 'offset', dist, 'numlevels', 8)`

`"F1g"`为待处理灰度图片；

`"dist"`为距离和方向矩阵；本例中 `dist=15.*[0, 1; -1, 1; 1, 0; -1, -1];`

`"8"`为灰度等级数；

`'offset''numlevels'`均为关键字；

下面针对 graycomatrix 函数的参数进行相关的讨论。

1）距离

随着距离参数——dist 取值的不同，可以得到不同的灰度共生矩阵。dist 的定义包含了两个自变量，分别是长度和方向，这里采用“控制单一变量”的方法，暂时忽略方向的变化，仅对长度进行讨论。

长度的取值与纹理周期分布的特性密切相关。对于细密的纹理，应选择相对较小的值；相反，纹理较粗或者变化较慢，那么长度的取值相对较大。只有这样，生成的灰度共生矩阵的对角线上的元素数值会相对较小，两侧的元素会相应增大，从而使灰度共生矩阵包含的信息量增大。

但是，长度所取的值不能一概而论，大小只是相对地参照。因为图像像素的大小也会影响长度的取值，所以需要综合考虑图片的属性后仔细比对，得到合适的取值。

本书中 dist 长度取“15”，具体的木材纹理特征参数与 dist 的关系参见图 7-5。

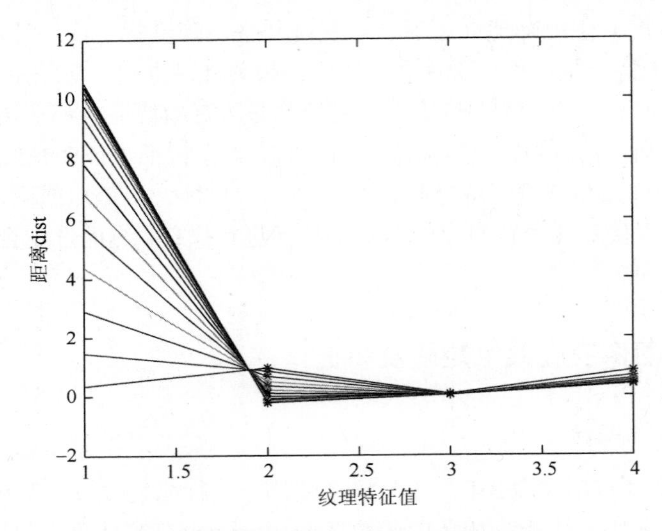

图 7-5 纹理特征参数值随 dist 的变化情况

2）灰度等级

在灰度共生矩阵中，灰度等级决定了灰度共生矩阵的大小。若灰度等级为 8，则生成 8×8 的矩阵。通常情况下，灰度等级只取 2^n，即 2, 4, 8, 16, …。如果数值取得过大，那么相应产生的计算量对系统的影响会很大，同时灰度共生矩阵也会包含较多的冗余信息；如果选择的灰度等级过小，则会使图片原有的灰度信息过于一致化，失去部分的细节，或者一部分灰度值被错误地分类，使图片失真，从而失去了识别解释的意义。权衡上述内容，本书取灰度等级为“8”。

2. 纹理特征

得出了木材表面纹理的主要组成成分后，灰度共生矩阵法恰恰有针对木材表面纹理每个成分对应的特征参数（表 7-1），还有一些参数能表征以上 6 个主要成分以外的纹理特征。本研究选择灰度共生矩阵法对木材表面纹理进行模式识别的研究。

表 7-1　木材表面纹理主要组成成分与灰度共生矩阵参数对应表

木材表面纹理主要组成成分	相应的灰度共生矩阵纹理特征参数
纹理主方向	相关
纹理清晰程度	对比度、差的方差
纹理周期	方差、方差和
纹理粗细均匀性	角二阶矩、逆差矩
纹理明暗程度	均值和
纹理复杂程度	熵、和熵、差熵
其他	聚类阴影、显著聚类、最大概率

当灰度共生矩阵已经确定时，对木材纹理特征的提取，可以从 4 个方向上的 4 个特征参数中选择提取，下面分别简单记为：Cor——相关性，E——角二阶矩，Con——对比度，Homo——逆差矩。

在灰度共生矩阵中，统计的两个像素点所形成的方向与水平方向所夹的角度为 0°、45°、90°、135°，分别对应了行向量$[0, d]$，$[-d, d]$，$[-d, 0]$，$[-d, -d]$。由于在每个方向上都会形成一个独立的灰度共生矩阵，所以为了减少识别系统的计算量，应尽量在同一个方向上选择特征量，能够合理地表达纹理信息的特征参量应该满足：相同纹理属性的图片得到的特征参量聚集性强，不同纹理属性的图片得到的特征参量分散性大。通过计算 10 幅柞木直纹图片，10 幅非直纹图片，在 4 个方向计算 4 个特征值，共计 16 个特征，得到的具体值如图 7-6 所示。

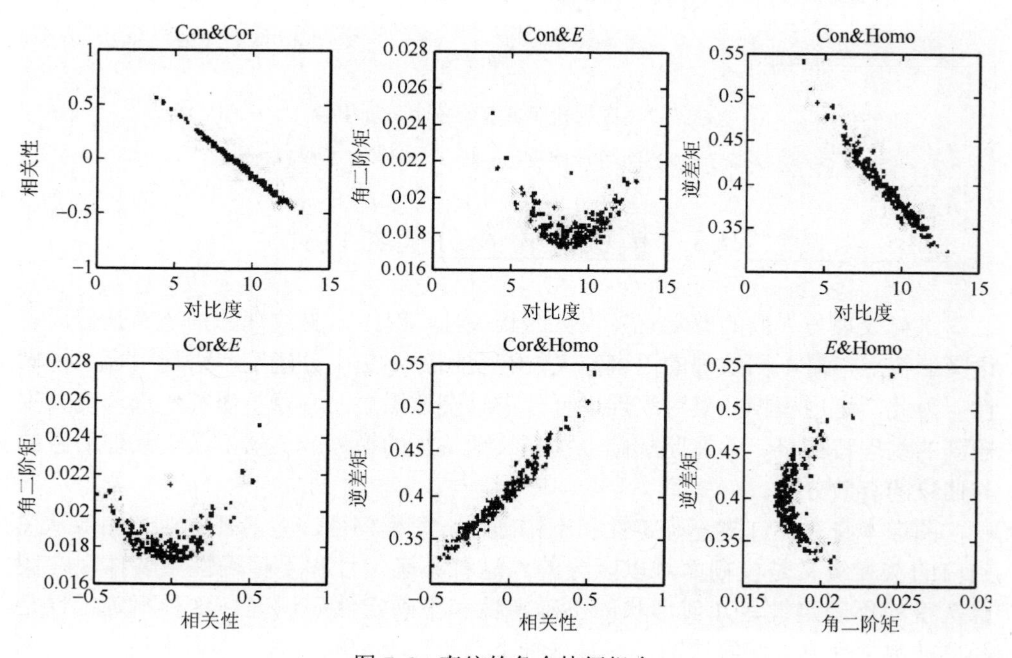

图 7-6　直纹的各个特征组合

通过图像中的信息可以判断，在 90°方向上的纹理特征量聚集性较好，符合特征量的选择准则。同时，通过图 7-6 和图 7-7 可知，木材直纹的方向是水平的，也验证了 90°方向能最直接地体现纹理的变化速度和趋势。

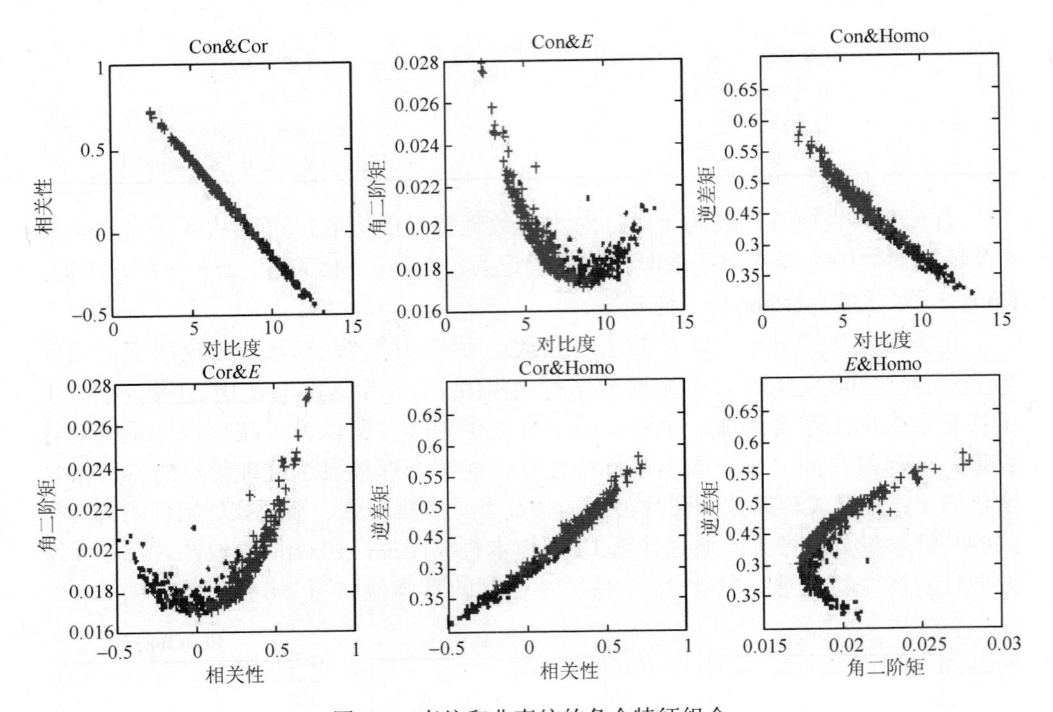

图 7-7　直纹和非直纹的各个特征组合

+表示“非直纹理”的特征；·表示“直线纹理”的特征

7.3　模糊理论及分类器设计

木材纹理与人们的感觉有着很大的相关性，对于木材纹理的描述夹杂着语言语义的特点，对不同纹理的语言定义、客观描述不是十分确定，语句中存在模糊性。因此，运用模糊分类对纹理进行分类具有适用性。本章将研究优选灰度共生矩阵的纹理特征量，并在此基础上构建纹理特征的模糊分类器，实现纹理的直纹与曲纹的有效分类。

图像本身存在许多不确定性和不精确性，即模糊性。人的视觉对于图像从黑到白的灰度级又是模糊而难以区分的。这种不确定性和不精确性主要体现在图像灰度的不确定性、几何形状的不确定性和不确定性知识等。这种不确定性是经典的数学理论无法解决的，并且这种不确定性不是随机的，因而不适于用概率论来解决。

模糊数学从诞生之日起便和计算机的发展息息相关，相辅相成。没有计算机就没有模糊数学，没有模糊数学，计算机的应用会受到极大的限制，因为利用模糊数学构造数学模型、编制计算机程序，可以更广泛、更深入地模拟人的思维。模糊数学既认识到事物“非此即彼”的明晰性状态，又认识到事物的“亦此亦彼”的模糊性状态，因此其适用范围比传统数学广泛得多。

模糊技术应用于图像处理，因引入了模糊逻辑的方法或思想，改变了人们对事物特征单纯、片面的描述，使其对客体信息的表达更合理，信息的利用更充分，并将模糊问题转化为确定性或更适宜于计算机处理的问题。

7.3.1　模糊集合的定义及特征

19 世纪末，Cator 创立的集合论，把具有某种属性、确定的、彼此间可以区别的事物的全体称为集合。在经典集合中，一个事物和集合的关系是属于和不属于的关系，没有模棱两可的情况，它适用描述“非此即彼”的清晰对象。然而，实际中存在大量的“亦此亦彼”的模糊概念，这使得无法用经典集合加以描述。因为，这样的集合所包含的元素与集合之间并非属于和不属于这样确定的关系，而是一种模棱两可的情况。因此，1965 年，美国加利福尼亚大学 Zadeh 教授为了描述模糊概念，把特征函数的取值由(0, 1)推广到[0, 1]闭区间，开创性地提出了模糊集合（fuzzy set）的概念。

现在，模糊数学从 1965 年诞生，至今已经近 50 年，它的理论还处于不断发展和完善之中，与此同时，它的应用也相当广泛。它在图像识别、自动控制、聚类分析、故障诊断、人工智能、系统评价等多方面得到应用并发挥着重要作用。

A 是定义在一个有限模糊数据集 $X=\{x_1, x_2, \cdots, x_n\}$ 的模糊集合，描述如下：

$$A=\left\{(x,\mu_A(x))\middle|x\in X\right\} \tag{7-31}$$

式中，$\mu_A(x): X\to[0,1]$ 表征数据 x 属于有限集 X 的程度的函数，称为隶属度函数，则可推知数据 x 不属于该模糊集合的隶属度为 $1-\mu_A(x)$。

据上述定义，给定两个模糊集合 A 和 B，则它们的模糊集合操作描述如下：

$$A=B\Leftrightarrow \mu_A(x)=\mu_B(x) \tag{7-32}$$

$$A\subset B\Leftrightarrow \mu_A(x)\leqslant \mu_B(x) \tag{7-33}$$

$$\overline{A},\mu_{\overline{A}}(x)=1-\mu_A(x) \tag{7-34}$$

$$A\bigcap B,\mu_{A\cap B}(x)=\min\{\mu_A(x),\mu_B(x)\} \tag{7-35}$$

$$A\bigcup B,\mu_{A\cup B}(x)=\max\{\mu_A(x),\mu_B(x)\} \tag{7-36}$$

上述公式中描述的分别为两个模糊的集合的等于、包含、补集、交集、并集操作，同时描述形式为

$$A \cap \overline{A} = \min\{\mu_A(x), 1-\mu_A(x)\} \neq \varnothing, A \cup \overline{A} = \max\{\mu_A(x), 1-\mu_A(x)\} \neq X \quad (7\text{-}37)$$

基于以上这些模糊集合的操作定义式，很容易从两个模糊集合的操作扩展到多个集合的操作。

在模糊集合论、模糊语言变量及模糊逻辑推理的基础上，形成了可加性模糊系统理论。可加性模糊理论是把模糊理论应用到工程实际中很好的理论基础。

一个模糊系统总是一个可加性模糊系统（additive fuzzy system，AFS）。当模糊系统规定了足够多的模糊规则时，模糊系统会近似于函数，它们将以最小的误差逼近任意的函数。

设一个可加性模糊系统模糊具有 m 条模糊规则：若 $X=\tilde{A}_j$，则 $Y=\tilde{B}_j$，可加性模糊系统输出 B 为被激活规则结论的模糊集合之和，即

$$B=\sum_{j=1}^{m}\omega_j B'_j=\sum_{j=1}^{m}\omega_j \alpha_j(x) B'_j \quad (7\text{-}38)$$

式中，$\alpha_j(x)$ 为输入值 x 对前项模糊集合的隶属度；ω_j 为对第 j 条规则的加权，反映对该条规则的可信度。可加性模糊系统的结构模型如图 7-8 所示。

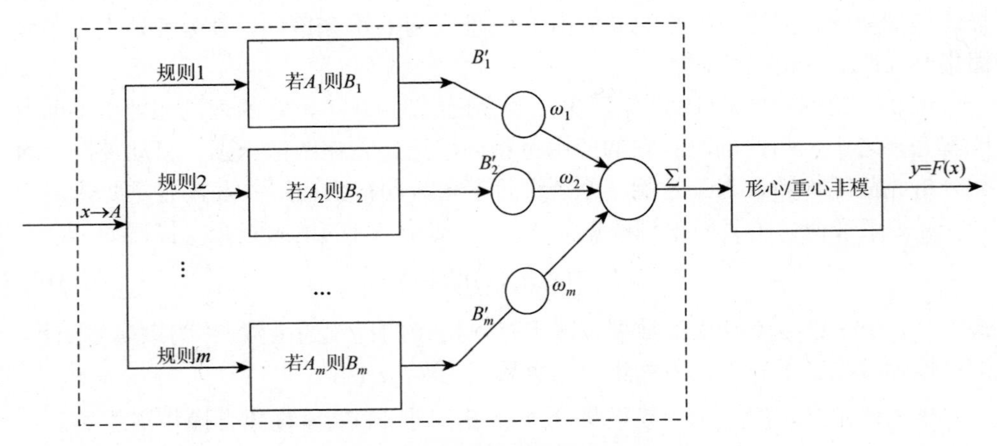

图 7-8 可加性模糊系统的结构模型

可加性模糊系统在实际应用中，取得的效果显著。将可加性模糊系统理论与现代控制理论相结合，搭建模糊控制系统，并有效地减少系统权系数的学习时间；利用可加性模糊系统，实现图像存储、处理以及传输等操作，避免了因为无法得到图像数据的函数表达式而进行的数据压缩，并且达到了预期的目的。

7.3.2 模糊距离度量

在模糊理论的实际应用过程中，经常需要比较两个模糊集合的相似程度。近些年来，距离是度量模糊集合相似性的常用手段和方式。常用的距离包括欧氏距离、马氏距离、切比雪夫距离等。

1）欧氏距离

欧氏距离（Euclidean distance）是最常见的距离度量方法，它衡量的是多维空间中各个点之间的绝对距离，其公式描述如下：

$$\mathrm{dist}(x,y)=\sqrt{\sum_{i=1}^{n}(x_i-y_i)^2} \tag{7-39}$$

（1）二维平面上两点 $a(x_1, y_1)$和 $b(x_2, y_2)$的欧氏距离表述如下：

$$d=\sqrt{(x_1-x_2)^2+(y_1-y_2)^2} \tag{7-40}$$

（2）两个 n 维的向量 $\boldsymbol{a}(x_{i1}, x_{i2}, \cdots, x_{in})$ 和 $\boldsymbol{b}(x_{j1}, x_{j2}, \cdots, x_{jn})$ 的欧氏距离表述如下：

$$d_{ij}=\sqrt{(x_{i1}-x_{j1})^2+(x_{i2}-x_{j2})^2+\cdots+(x_{in}-x_{jn})^2} \tag{7-41}$$

（3）经过简单的推导就可以得到两个 n 维向量 $\boldsymbol{a}(x_{i1}, x_{i2}, \cdots, x_{in})$和 $\boldsymbol{b}(x_{j1}, x_{j2}, \cdots, x_{jn})$的标准化欧氏距离的公式为

$$d_{ij}=\sqrt{\sum_{k=1}^{n}\left(\frac{x_{ik}-x_{jk}}{s_k}\right)^2} \tag{7-42}$$

若把方差的倒数看成一个权重，则式（7-41）的形式可以看成一种加权的欧氏距离（weighted Euclidean distance），如

$$d_{ij}=\sqrt{w_1(x_{i1}-x_{j1})^2+w_2(x_{i2}-x_{j2})^2+\cdots+w_n(x_{in}-x_{jn})^2} \tag{7-43}$$

2）汉明距离

两个等长字符串 s_1、s_2 之间的汉明距离为将其中一个变为另一个字符串所需要的最小替换次数。换句话说，两个字符串对应位置的不同字符的个数。例如，字符串“1000”与“1100”之间的汉明距离为 1。

汉明距离是以汉明的名字命名的，汉明在误差检测与校正码的基础性论文中首次将这个概念引入。若将两个不同长度的字符串进行比较，则要进行插入和删除操作。这样，就需要更为复杂的距离算法。

3）曼哈顿距离

曼哈顿距离又称为街区距离、棋盘距离，是以欧氏空间的固定直角坐标系上

两点，形成的线段对轴产生的投影的距离总和，它依赖坐标系统的转度，而不是系统在坐标轴上的平移或者映射。

二维平面上两点 $a(x_1, y_1)$与 $b(x_2, y_2)$的曼哈顿距离形式描述如下：

$$d = |x_1 - x_2| + |y_1 - y_2| \tag{7-44}$$

两个 n 维的向量表示为 $\boldsymbol{a}(x_{i1}, x_{i2}, \cdots, x_{in})$ 与 $\boldsymbol{b}(x_{j1}, x_{j2}, \cdots, x_{jn})$，它们的曼哈顿距离公式表述如下：

$$d_{ij} = \sum_{k=1}^{n} |x_{ik} - x_{jk}| \tag{7-45}$$

4）马哈拉诺比斯距离

马哈拉诺比斯距离（Mahalanobis distance）简称马氏距离，它是首先对底层指标进行数据的标准化，然后使用欧氏距离而产生的。

假定有 M 个样本 $x_1 \sim x_m$，协方差矩阵记为 S，均值记为向量 μ，则样本向量 x 到 u 的马氏距离的定义表述如下：

$$D(X)=\sqrt{(X-\mu)^{\mathrm{T}} S^{-1}(X-\mu)} \tag{7-46}$$

当协方差矩阵为对角矩阵时，上述公式成为标准化的欧氏距离。

5）切比雪夫距离

切比雪夫距离（Chebyshev distance）最早起源于国际象棋中国王的走法，在国际象棋中，国王只能向其周围的 8 格中走一步，如果要从棋盘中 a 格(x_1, y_1)走到 b 格(x_2, y_2)，则最少需要走几步？最少步数总数是 $\max(|x_1 - x_2|, |y_1 - y_2|)$ 步。

二维平面上两点 $a(x_1, y_1)$与 $b(x_2, y_2)$的切比雪夫距离形式描述如下：

$$d = \max(|x_1 - x_2|, |y_1 - y_2|) \tag{7-47}$$

两个 n 维的向量 $\boldsymbol{a}(x_{i1}, x_{i2}, \cdots, x_{in})$与 $\boldsymbol{b}(x_{j1}, x_{j2}, \cdots, x_{jn})$ 的切比雪夫距离表述如下：

$$d = \max_{m} |x_{im} - x_{jm}| \tag{7-48}$$

6）明可夫斯基距离

明可夫斯基距离（Minkowski distance）又称为明氏距离或者闵式距离，是欧氏距离的推广，它是对多个距离度量公式的概括性的表述，它不是一种距离，而是一组距离的定义。

n 维的向量 $\boldsymbol{a}(x_{i1}, x_{i2}, \cdots, x_{in})$与 $\boldsymbol{b}(x_{j1}, x_{j2}, \cdots, x_{jn})$ 的切比雪夫距离公式如下：

$$\mathrm{dist}(x_i, y_j) = \left(\sum_{k=1}^{n} |x_{ik} - x_{jk}|^{p} \right)^{1/p} \tag{7-49}$$

式中，p 是可变参数，通过改变它的取值，明可夫斯基距离可以表示一类距离：

当 p=1 时，表示曼哈顿距离；当 p=2 时，表示欧氏距离；当 $p \to \infty$ 时，表示切比雪夫距离。

明可夫斯基距离的缺点：当衡量样本间相似度时，可能会存在一些误差。因此用明可夫斯基距离来衡量会存在一定的问题，它主要存在两个问题：①将各个分量的量纲当成相同的价值意义看待了；②忽略了各个分量的如期望、方差等的分布影响。

7.3.3　基于模糊理论的图像处理理论

模糊图像处理是以模糊逻辑为基础，设计图形处理领域的理论算法。构建模糊图像处理的基础理论框架包括：模糊几何，模糊度量和图像信息，基于模糊规则的方法，模糊聚类算法，模糊形态学，模糊测量理论和模糊语法等方面，下面对以上几方面进行简要的介绍。

1）基于模糊规则的方法

如果将图像的特性理解成逻辑变量，那么完全可以利用 if-then 的模糊规则将图像分割成不同的区域。一个简单的模糊规则定义如下：如果某像素为黑色，即像素值为 0，并且它的邻域像素也为黑色，那么可以判断出它们具有相似的属性，得出的结论是它们属于同一类。

2）模糊聚类算法

在许多图像处理的应用中，通过检测的特征将目标分类，往往是最后的操作步骤，因此，将目标分类是较通用性技术，这也使得聚类技术不断发展。比较经典的聚类技术如模糊 C 均值算法（fuzzy c-means algorithm，FCM），概率 C 均值算法（possibilistic c-means algorithm，PCM）。

3）模糊度量和图像信息

模糊集合用于表示各种各样的图像信息。借助给定的模糊函数，定量地表示出一张图像的特征属性的模糊性，如灰度、纹理、颜色等，是我们亟待解决的关键问题。利用模糊来处理图像，就是尽量地缩小不确定性，为后续的工作做好充足的准备。

4）模糊几何

图像部分间的几何关系在图像处理中起着很重要的作用，越来越多的几何分类如面积、周长、直径扩展到模糊集合。如果把一张图像看成一个模糊集合，那么几何的模糊性能比较有效地处理图像分割方面的任务。它的最主要应用领域是特征提取，如图像增强、图像分割、图像表示等。

5）模糊形态学

模糊形态学是将经典的形态学的概念扩展到模糊集合领域，其中图像的腐蚀操作使边界点尽量向内部收敛的过程，可以用来消除小且无意义的物体；而膨胀操作与腐蚀操作正好相反，它尽量使边界向外部扩展，所以该形态学操作，可以用于填补分割后物体中的空洞。

假定一张大小为 $M \times N$ 像素的图像，由一个模糊函数 μ 表示，结构元素为 v，结构元素的形状，即对应的函数值 vmn，决定形态学操作影响的面积，数学描述形式如下。

模糊腐蚀为

$$E_v = \inf \quad \max\left[\mu(y), (1 - v(y - x))\right], x, y \in X \tag{7-50}$$

模糊膨胀为

$$E_v(x) = \sup \quad \min\left[\mu(y), v(y - x)\right], x, y \in X \tag{7-51}$$

7.4　板材纹理模糊分类器设计

设计的模糊纹理分类器是用 MATLAB R2012a 模糊逻辑工具箱（fuzzy logic toolbox）来完成的，借助 Simulink 平台下的模糊逻辑系统（fuzzy inference system，FIS）工具实现模糊分类器。

模糊分类器设计流程图见图 7-9。

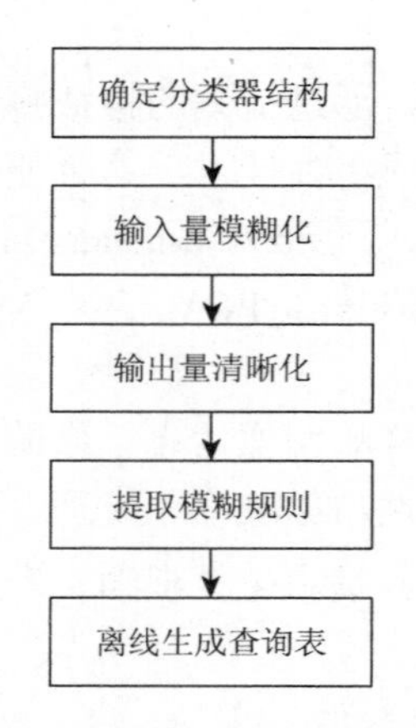

图 7-9　模糊分类器设计流程图

1. 模糊分类器结构的确定

模糊分类器结构的确定为两输入单输出的分类器，如图 7-10 所示。

其中，两个输入变量是角二阶矩（Energy）、相关（Correlation）。输出变量为隶属于直纹的程度（Classification），值域在[0，1]；取值越大表示越接近直纹。

2. 输入变量的模糊化

模糊分类器的分类规则是以模糊量为基本单元的规则，所以由木材样本图片计算得到的纹理特征量需要进行模糊化后，才能进行后续的处理。输入变量模糊化流程图如图 7-11 所示。

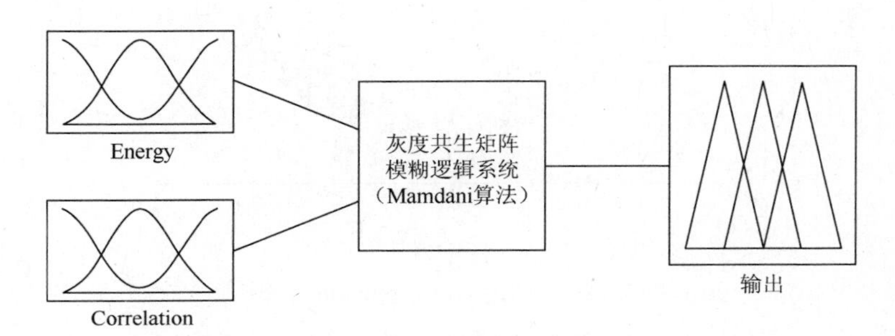

图 7-10　模糊分类器结构

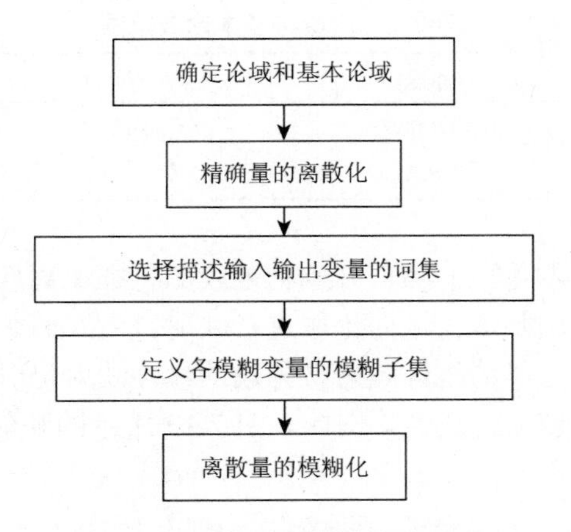

图 7-11　输入变量模糊化流程图

概括地说，输入变量模糊化流程可以分为两个主要部分：一是精确量的离散化；二是离散量的模糊化。下面对这两个部分进行介绍。

1）精确量的离散化

依照模糊化流程，首先确定基本论域和论域。基本论域是指输入变量（Energy 和 Correlation）变化的实际范围，基本论域内的量为精确量；论域是指模糊子集的变化范围，论域内的量为离散量。

参考图 7-12 中 Energy 与 Correlation 的变化范围，选定两者的基本论域分别为(0.016, 0.029)、(−0.6, 0.6)，同时确定论域为(−8, 8)、(−10, 10)，如表 7-2 所示。

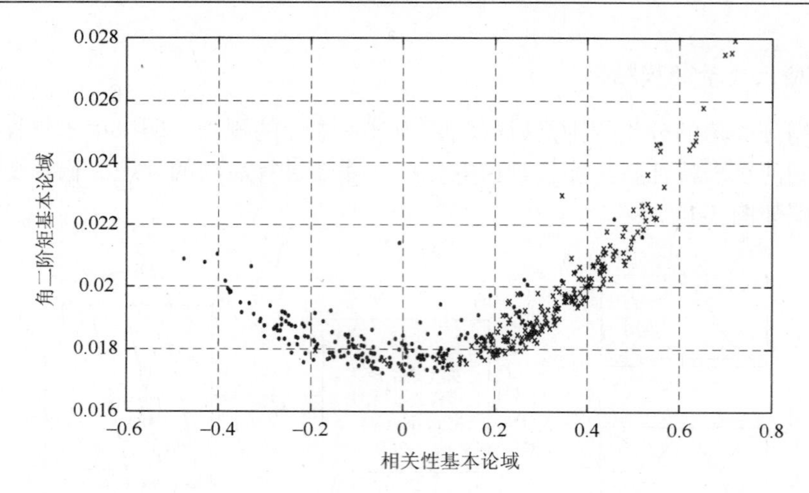

图 7-12　Energy 与 Correlation 分布图

×表示“非直纹理”的特征；·表示“直线纹理”的特征

表 7-2　论域与基本论域范围

	Energy	Correlation	Classication
基本论域	(0.016, 0.029)	(−0.6, 0.6)	(0, 1)
论域	(−8, 8)	(−10, 10)	(0, 1)

确定了论域及基本论域，然后开始把连续的特征量离散化。把连续精确的特征量进行离散，就是由基本论域向论域进行映射。针对两个特征量的分布特点，采取的离散化方法为分段的线性映射。分段的线性映射可以类比线性分段函数，映射的每一个部分呈现一阶线性，例如，图 7-13 所示的映射，可得到 y 随着 x 的变化关系为

$$y=\frac{m+n}{b-a}\left(x-\frac{a+b}{2}\right) \tag{7-52}$$

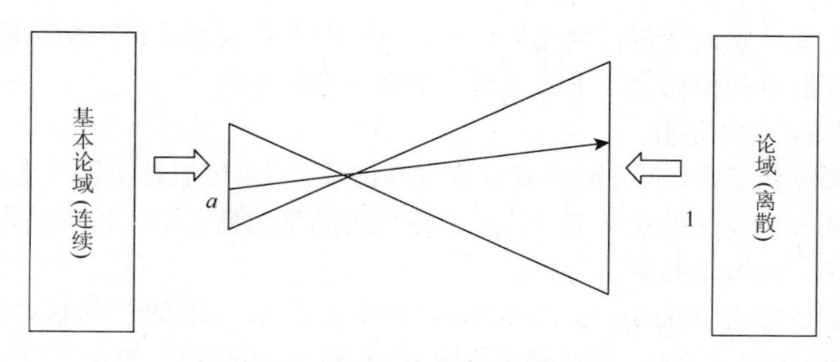

图 7-13　均匀模糊化方法图示

（1）Energy 的离散化。

观察图 7-12 中，Energy 的分布主要集中在区间(0.017, 0.021]上，样本分布比较紧密不易区分，而其他区间范围上样本点位置分布比较分散，且容易区分两种类别。所以在进行离散化时，区间(0.017, 0.021]应该映射到适当宽度的论域空间中，以便保证把比较集中的样本分散开。

因此，把 Energy 基本论域划分成(0.016, 0.017]、(0.017, 0.021]、(0.021, 0.026]、(0.026, 0.029)等四个区间。把基本论域划分的子区间分别映射到论域的(−8, −7]、(−7, 1]、(1, 6]、(6, 8)四个区间。最后，通过式（7-52）计算得出基本论域向论域映射的图像（图 7-14）。对应的运算结果参见表 7-3 及图 7-14(a)。

（2）Correlation 的离散化。

对于 Correlation 的离散化分析与特征量 Energy 的离散化过程相同，Correlation 的分布主要集中在区间(−0.2, 0.4)上，得到 Correlation 的基本论域划分为(−0.6, −0.2]、(−0.2, 0.4]、(0.4, 0.8)三个区间；分别映射到论域(−10, −6]、(−6, 6]、(6, 10)中。结果参见表 7-4 及图 7-14(b)。

表 7-3　Energy 基本论域向论域的映射

	Energy			
基本论域	(0.016, 0.017]	(0.017, 0.021]	(0.021, 0.026]	(0.026, 0.029)
论域	(−8, −7]	(−7, 1]	(1, 6]	(6, 8)

表 7-4　Correlation 基本论域向论域的映射

	Correlation		
基本论域	(−0.6, −0.2]	(−0.2, 0.4]	(0.4, 0.8)
论域	(−10, −6]	(−6, 6]	(6, 10)

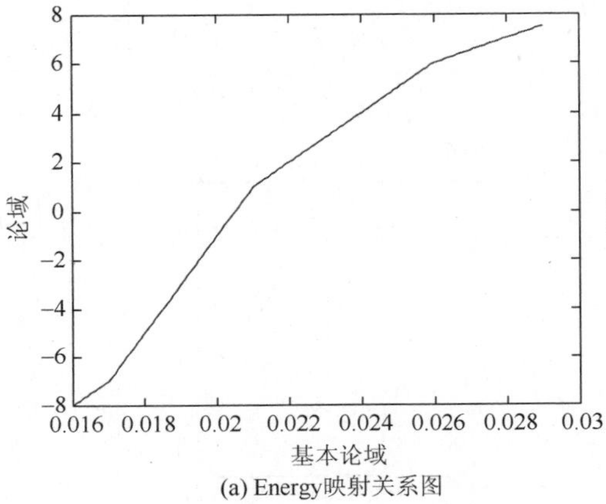

(a) Energy映射关系图

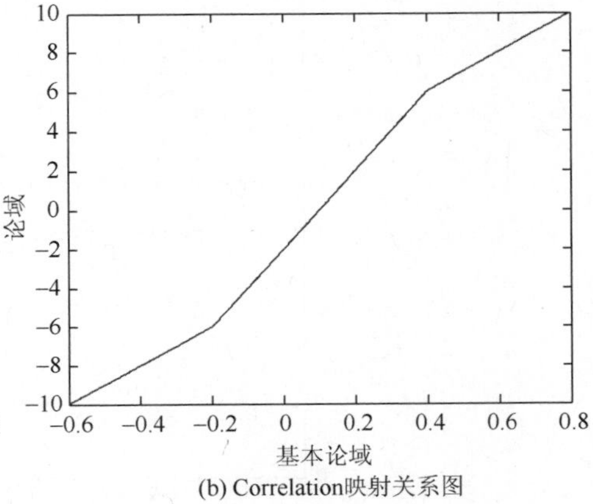

(b) Correlation映射关系图

图 7-14　基本论域向论域的映射

2）离散量的模糊化

把输入变量离散化后，需要继续对其进行模糊化。具体操作如下。

（1）选择描述输入输出变量的词集。

首先，比较 Energy 与 Correlation 的论域大小，因 Energy 论域相对较小，故选择描述其状态的词汇为{负大，负中，负小，负零，零，正零，正小，正中，正大}9 个词汇；作为词集一般用英文字头缩写为{NB，NM，NS，NZ，Z，PZ，PS，PM，PB}。

同理，对于 Correlation，其论域相对较大，故选择描述其状态的词汇为{负很大，负大，负中，负小，负零，零，正零，正小，正中，正大，正很大}11 个词汇；一般用英文字头缩写为{N，NB，NM，NS，NZ，Z，PZ，PS，PM，PB，P}。

由于描述输入变量的词汇具有模糊性，所以可用模糊集合来表示。作为词集后续模糊化问题就是模糊概念的确定问题，也就是确定模糊集合隶属函数的问题。

（2）各模糊概念模糊子集的确定。

定义一个模糊子集，就是要确定模糊子集的隶属函数曲线的形状，本书选择的隶属度函数的主要是“三角形”、“*z* 形”、“*s* 形”三种，具体形状参见图 7-15。在设计描述模糊变量的各个模糊子集时，要使它们在论域上的分布合理，才能够较好地覆盖整个论域。同时，也要注意到论域中任何一点对这些模糊子集的隶属度的最大值不能太小，否则会出现不灵敏区，使分类器分类性能变坏。

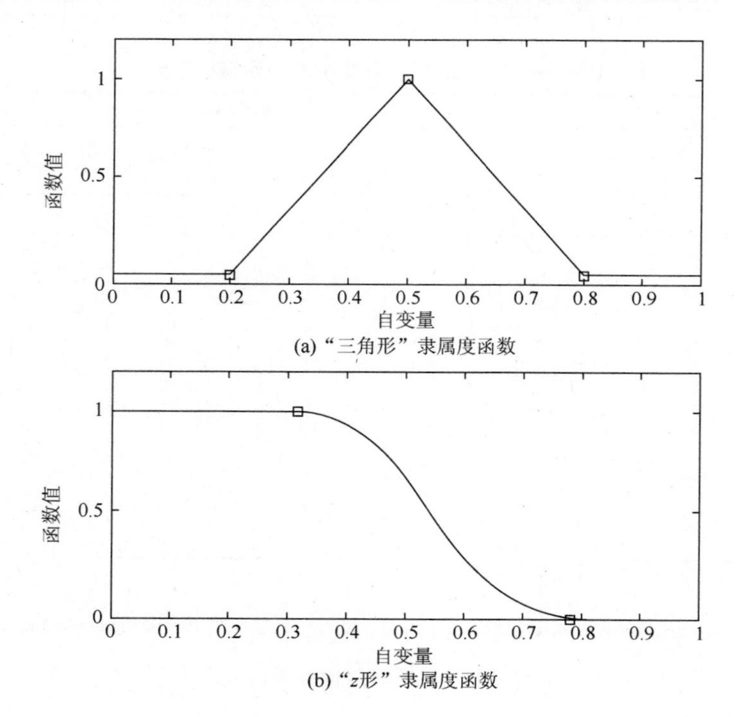

(a)“三角形”隶属度函数

(b)“*z*形”隶属度函数

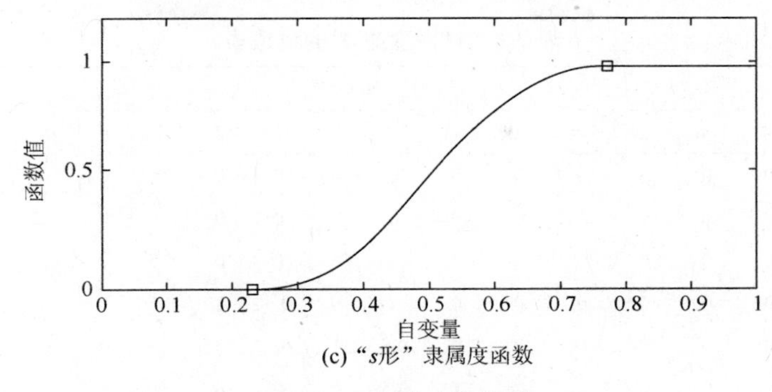

(c) "s形" 隶属度函数

图 7-15　隶属函数类型

基于上述原则，确定了语言变量的隶属函数（图 7-16 和图 7-17）及输入模糊变量 Energy 和 Correlation 的赋值表（表 7-5 和表 7-6）。

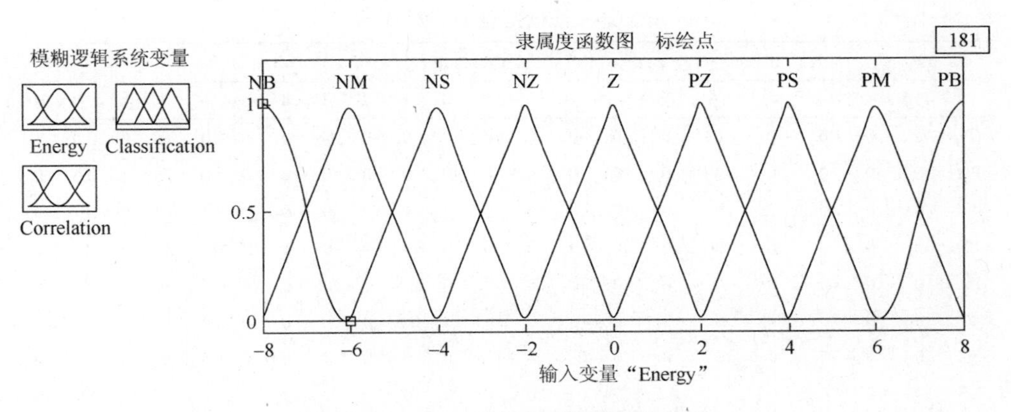

图 7-16　Energy 的语言变量隶属度曲线

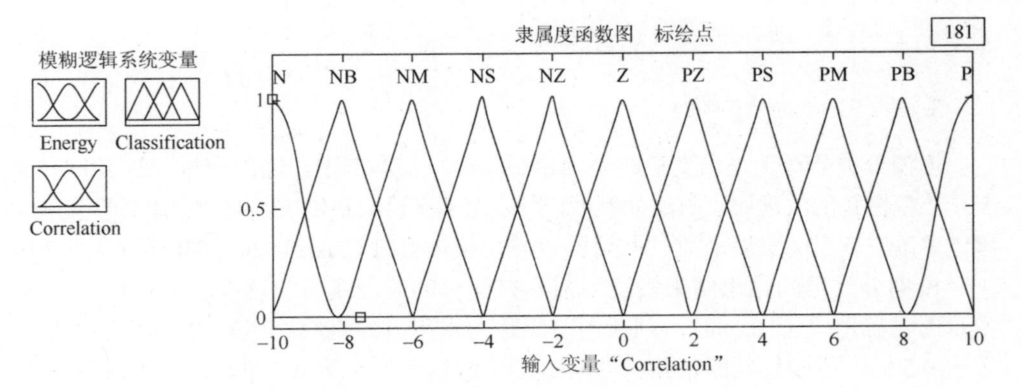

图 7-17　Correlation 的语言变量隶属度曲线

表 7-5　模糊变量 *E* 的赋值表

	Energy																
	−8	−7	−6	−5	−4	−3	−2	−1	0	1	2	3	4	5	6	7	8
PB	0	0	0	0	0	0	0	0	0	0	0	0	0	0	0	0.5	1
PM	0	0	0	0	0	0	0	0	0	0	0	0	0	0.5	1	0.5	0
PS	0	0	0	0	0	0	0	0	0	0	0	0.5	1	0.5	0	0	0
PZ	0	0	0	0	0	0	0	0	0	0.5	1	0.5	0	0	0	0	0
Z	0	0	0	0	0	0	0	0.5	1	0.5	0	0	0	0	0	0	0
NZ	0	0	0	0	0	0.5	1	0.5	0	0	0	0	0	0	0	0	0
NS	0	0	0	0.5	1	0.5	0	0	0	0	0	0	0	0	0	0	0
NM	0	0.5	1	0.5	0	0	0	0	0	0	0	0	0	0	0	0	0
NB	1	0.5	0	0	0	0	0	0	0	0	0	0	0	0	0	0	0

表 7-6　模糊变量 *C* 的赋值表

	Correlation																				
	−10	−9	−8	−7	−6	−5	−4	−3	−2	−1	0	1	2	3	4	5	6	7	8	9	10
P	0	0	0	0	0	0	0	0	0	0	0	0	0	0	0	0	0	0	0	0.5	1
PB	0	0	0	0	0	0	0	0	0	0	0	0	0	0	0	0	0	0.5	1	0.5	0
PM	0	0	0	0	0	0	0	0	0	0	0	0	0	0	0	0.5	1	0.5	0	0	0
PS	0	0	0	0	0	0	0	0	0	0	0	0	0.5	1	0.5	0	0	0	0	0	0
PZ	0	0	0	0	0	0	0	0	0	0	0	0.5	1	0.5	0	0	0	0	0	0	0
Z	0	0	0	0	0	0	0	0	0	0.5	1	0.5	0	0	0	0	0	0	0	0	0
NZ	0	0	0	0	0	0	0	0.5	1	0.5	0	0	0	0	0	0	0	0	0	0	0
NS	0	0	0	0	0	0.5	1	0.5	0	0	0	0	0	0	0	0	0	0	0	0	0
NM	0	0	0	0.5	1	0.5	0	0	0	0	0	0	0	0	0	0	0	0	0	0	0
NB	0	0.5	1	0.5	0	0	0	0	0	0	0	0	0	0	0	0	0	0	0	0	0
N	1	0.5	0	0	0	0	0	0	0	0	0	0	0	0	0	0	0	0	0	0	0

3. 输出变量的清晰化

模糊分类器对于输出变量的处理相对简单。在本书中，输出变量 Classification 表示该幅图片的纹理属于直纹的程度，所以把基本论域和论域都定位在[0, 1]区间内。确定了语言变量的隶属函数（图 7-18）及输出模糊变量 Classification 的赋值（表 7-7）。

模糊分类器的输出结果表示当前木材图片的纹理是否为直纹。所以约定输出变量的精确值大于 0.5 时，判断当前图片为水平方向直纹；当输出变量的精确值等于 0.5 时，不进行判断决策；当输出变量的精确值小于 0.5 时，认为当前图片为弯曲纹理。

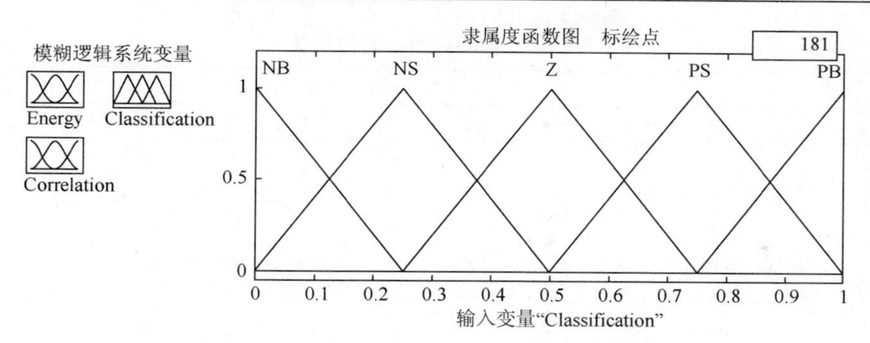

图 7-18　Classification 的语言变量隶属度曲线

表 7-7　模糊变量 CL 的赋值表

	Classification								
	0	0.125	0.25	0.375	0.5	0.625	0.75	0.875	1
PB	0	0	0	0	0	0	0	0.5	1
PS	0	0	0	0	0	0.5	1	0.5	0
Z	0	0	0	0.5	1	0.5	0	0	0
NS	0	0.5	1	0.5	0	0	0	0	0
NB	1	0.5	0	0	0	0	0	0	0

4. 模糊规则的提取

模糊分类器的分类规则设计是设计模糊分类器的关键，每条分类规则的确定都会在一定程度上影响分类器的性能。图 7-19 中，每个虚线框都代表了一个规则，每个虚线框所在的位置是规则的前提，虚线框内所包含的点的比例是规则的结论。针对二维模糊分类器，选用“若 A 且 B 则 C”条件语句来表述语言变量，生成了 30 条模糊分类规则。经整理得到表 7-8 的模糊分类规则。

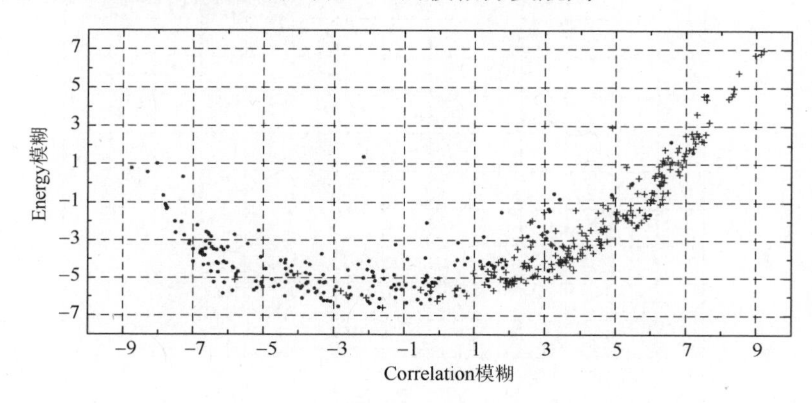

图 7-19　分类规则生成依据分布图

+表示“非直纹理”的特征；· 表示“直线纹理”的特征

表 7-8　模糊分类规则控制表

Energy	Correlation										
	N	NB	NM	NS	NZ	Z	PZ	PS	PM	PB	P
PB	—	—	—	—	—	—	—	—	—	—	—
PM	—	—	—	—	—	—	—	—	—	NB	NB
PS	—	—	—	—	—	—	—	—	—	NS	—
PZ	—	PB	—	—	PB	—	—	NB	NS	NS	—
Z	—	PB	—	—	—	—	—	PS	NS	—	—
NZ	—	PB	PB	—	—	PB	Z	NS	NS	—	—
NS	—	PB	PB	PS	PB	PS	NS	NS	—	—	—
NM	—	—	PS	PB	PS	PS	NS	NB	—	—	—
NB	—	—	—	—	—	—	—	—	—	—	—

注：表中“—”表示分类器无动作。

5. 模糊推理及查询表

在模糊分类器进行工作时，对建立的模糊规则要经过模糊推理才能决策出输出模糊变量的一个模糊子集。因此，当遍历所有的输入模糊变量的论域后，结合对输出模糊变量的清晰化计算，得到空间查询表（图 7-20 和图 7-21）。本章所设计的模糊分类器采用 Mamdani-MIN-MAX-重心法，并使用 MATLAB 的 FIS 工具箱实现，仿真结果如图 7-22 所示。

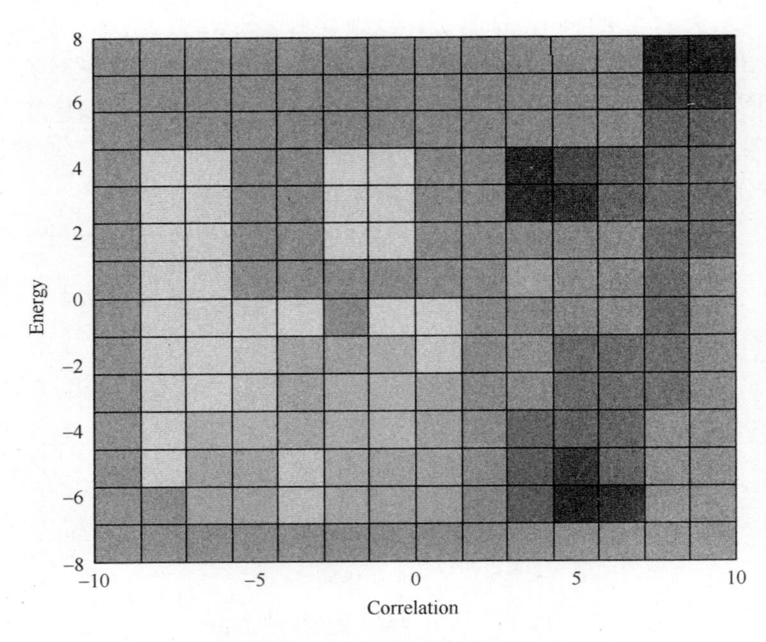

图 7-20　平面查询表输出

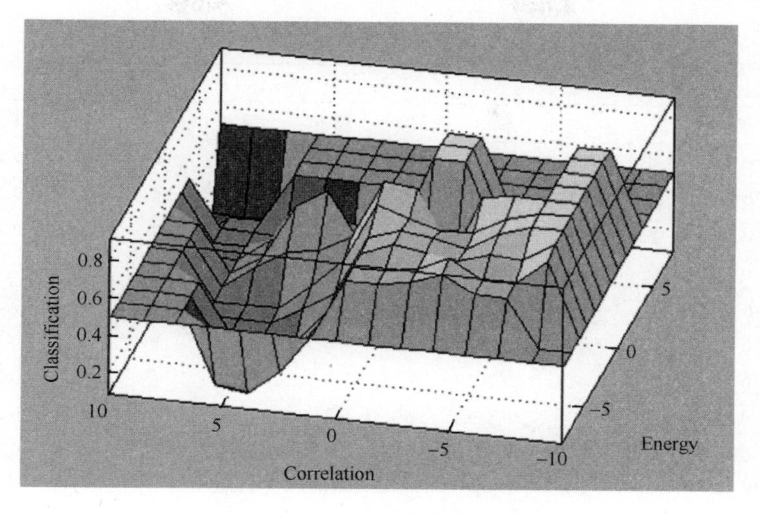

图 7-21　空间查询表示意图

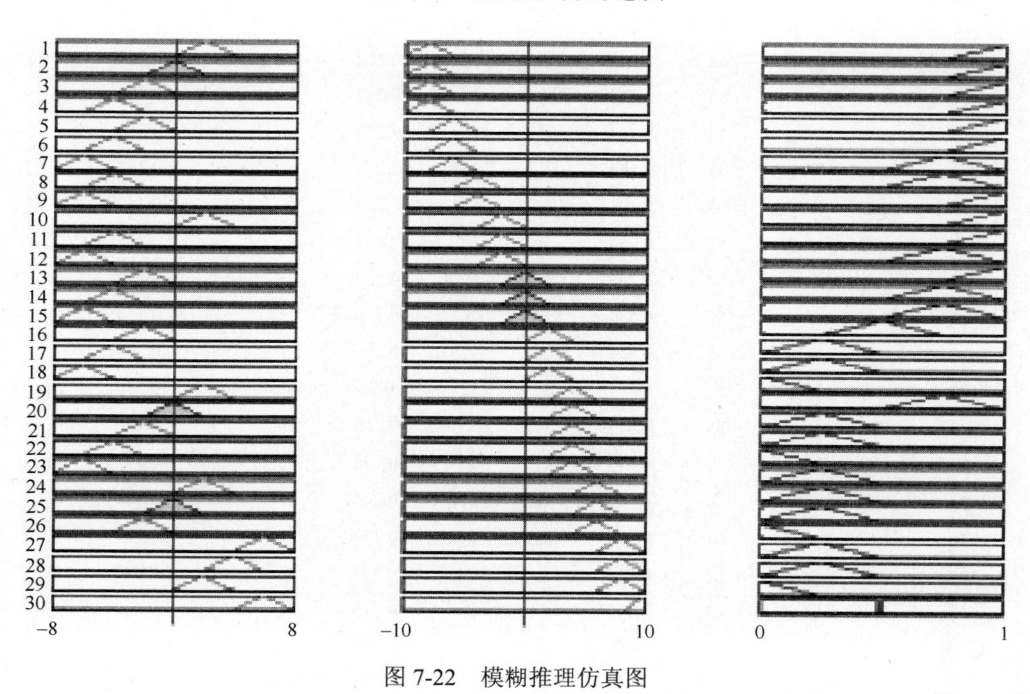

图 7-22　模糊推理仿真图

7.5　实验结果及分析

为了验证模糊分类器的性能，在样本的灰度图片库中随机抽取直纹和弯纹各 100 幅样本进行验证，检验结果如表 7-9 所示。

表 7-9　模糊分类器仿真结果数据表

直纹						弯纹					
样本	输出	正误	样本	输出	正误	样本	输出	正误	样本	输出	正误
1	0.904	正	36	0.759	正	1	0.243	正	36	0.214	正
2	0.805	正	37	0.774	正	2	0.419	正	37	0.232	正
3	0.522	正	38	0.788	正	3	0.365	正	38	0.250	正
4	0.874	正	39	0.815	正	4	0.363	正	39	0.245	正
5	0.767	正	40	0.296	误	5	0.290	正	40	0.250	正
6	0.429	误	41	0.777	正	6	0.248	正	41	0.249	正
7	0.790	正	42	0.767	正	7	0.250	正	42	0.296	正
8	0.789	正	43	0.519	正	8	0.250	正	43	0.250	正
9	0.597	正	44	0.575	正	9	0.262	正	44	0.381	正
10	0.598	正	45	0.548	正	10	0.465	正	45	0.424	正
11	0.816	正	46	0.335	误	11	0.090	正	46	0.250	正
12	0.770	正	47	0.821	正	12	0.233	正	47	0.239	正
13	0.393	误	48	0.772	正	13	0.250	正	48	0.240	正
14	0.757	正	49	0.427	误	14	0.243	正	49	0.252	正
15	0.588	正	50	0.773	正	15	0.250	正	50	0.250	正
16	0.752	正	51	0.750	正	16	0.250	正	51	0.249	正
17	0.759	正	52	0.401	误	17	0.250	正	52	0.250	正
18	0.530	正	53	0.758	正	18	0.453	正	53	0.213	正
19	0.448	误	54	0.758	正	19	0.250	正	54	0.250	正
20	0.593	正	55	0.541	正	20	0.250	正	55	0.250	正
21	0.555	正	56	0.854	正	21	0.306	正	56	0.240	正
22	0.756	正	57	0.841	正	22	0.75	误	57	0.770	误
23	0.756	正	58	0.812	正	23	0.250	正	58	0.750	误
24	0.808	正	59	0.819	正	24	0.706	误	59	0.771	误
25	0.775	正	60	0.796	正	25	0.244	正	60	0.752	误
26	0.750	正	61	0.765	正	26	0.250	正	61	0.137	正
27	0.235	误	62	0.915	正	27	0.333	正	62	0.094	正
28	0.892	正	63	0.779	正	28	0.250	正	63	0.250	正
29	0.811	正	64	0.906	正	29	0.242	正	64	0.250	正
30	0.778	正	65	0.798	正	30	0.432	正	65	0.219	正
31	0.463	误	66	0.799	正	31	0.249	正	66	0.457	正
32	0.334	误	67	0.237	误	32	0.250	正	67	0.250	正
33	0.756	正	68	0.796	正	33	0.250	正	68	0.250	正
34	0.534	正	69	0.250	误	34	0.250	正	69	0.367	正
35	0.373	误	70	0.750	正	35	0.250	正	70	0.250	正

续表

直纹						弯纹					
样本	输出	正误	样本	输出	正误	样本	输出	正误	样本	输出	正误
71	0.753	正	86	0.762	正	71	0.480	正	86	0.250	正
72	0.750	正	87	0.751	正	72	0.327	正	87	0.250	正
73	0.775	正	88	0.911	正	73	0.250	正	88	0.250	正
74	0.913	正	89	0.910	正	74	0.289	正	89	0.433	正
75	0.912	正	90	0.750	正	75	0.436	正	90	0.284	正
76	0.831	正	91	0.805	正	76	0.238	正	91	0.251	正
77	0.750	正	92	0.910	正	77	0.250	正	92	0.250	正
78	0.906	正	93	0.913	正	78	0.244	正	93	0.328	正
79	0.910	正	94	0.751	正	79	0.250	正	94	0.250	正
80	0.759	正	95	0.750	正	80	0.094	正	95	0.250	正
81	0.762	正	96	0.797	正	81	0.250	正	96	0.250	正
82	0.830	正	97	0.752	正	82	0.250	正	97	0.250	正
83	0.761	正	98	0.769	正	83	0.250	正	98	0.250	正
84	0.909	正	99	0.906	正	84	0.410	正	99	0.423	正
85	0.914	正	100	0.795	正	85	0.250	正	100	0.250	正
漏识率				13%		误识率				6%	

经实验验证，模糊分类器的正确率达 90.5%。

7.6 本章小结

针对板材表面的直纹与曲纹两类纹理，提取了灰度共生矩阵的能量与相关性两类特征量，并应用模糊逻辑设计了基于两类特征的纹理类型分类器，通过对样本实验分析，表明基于灰度共生矩阵的能量与相关性的模糊分类器具有较好的纹理分类能力。应用设计的纹理模糊分类器对样本库中 100 幅直纹和弯纹样本进行分类实验，分类总体正确率达到 90.5%。

第 8 章　基于 PCA 与 SVM 的纹理分类方法

主成分分析（principal component analysis，PCA）也称为主分量分析、主成分变换或 K-L 变换，是一种线性降维的方法，在尽可能少地损失原有变量的信息前提下，通过使用少量的新变量替代原来的变量。这种方法有着计算上简单，思想上直观的特点。

支持向量机（support vector machine，SVM）是一套针对有限样本的完整和规范的从统计学习理论发展起来的机器学习理论和方法。SVM 极大地使得算法设计的随意性减少，能较好地解决“维数灾难”和“过度学习”的难题。SVM 在高维及非线性的模式识别、函数的拟合、概率密度估计、数据降维等领域得到了广泛应用。

本章提出的纹理识别方法是将 PCA 与 SVM 相结合，在特征提取方面，选择表达视觉心理的 Tamura 特征，以及图像基本统计量为特征，实现三类板材纹理的分类。运用 PCA 对特征进行融合得到 7 个特征向量。最后运用 SVM 构建纹理分类器。考虑到 SVM 中参数优化的问题，提出了板材纹理 SVM 分类器的粒子群优化算法。

8.1　图像纹理特征的提取

8.1.1　图像基本统计量

图像的基本统计量被用来描述纹理图像所含信息量，只对纹理图像像素进行一些简单统计，但是能够有效地描述纹理具有的全局特征，经常用到的三个统计特征量是指纹理图像的熵、灰度方差、灰度平均值。

（1）熵的计算可以表示为

$$H = -\sum_{i=1}^{k} p_i \log_2 p_i \tag{8-1}$$

式中，p_i 为全幅图像的 k 种灰度值各自出现的概率。具体而言，木材纹理越复杂，熵就越大。

（2）灰度方差的计算公式为

$$S = \frac{\sum_{i=0}^{M-1}\sum_{j=0}^{N-1}\left[f(i,j)-\bar{f}\right]^2}{MN} \tag{8-2}$$

全幅 $M \times N$ 像素纹理图像的灰度方差反映了全幅图像像素灰度平均值与灰度值的离散程度。

（3）灰度平均值可以表示为

$$\overline{f} = \frac{\sum_{i=0}^{M-1}\sum_{j=0}^{N-1} f(i,j)}{MN} \tag{8-3}$$

式中，$f(i,j)$ 是点 (i,j) 的灰度值。灰度平均值是指全幅 $M \times N$ 纹理图像所具有的像素灰度值的算术平均值。

8.1.2　Tamura 纹理特征

Tamura 等对视觉心理学开展相应的研究，得出了六个特征参数来描述纹理：粗糙度、对比度、方向度、线性度、规整度、粗略度。这六个特征量在纹理的合成、图像的识别等领域中得到了广泛的应用。

（1）粗糙度：让人感觉粗糙的纹理是由于其纹理基元尺寸较大或基元重复次数较小。计算方法如下。

在图像中大小为 $2^k \times 2^k$ 正方形区域的活动窗口中像素的平均强度值为

$$A_k(x,y) = \sum_{i=x-2^{k-1}}^{x+2^{k-1}-1} \sum_{j=y-2^{k-1}}^{y+2^{k-1}-1} g(i,j)/2^{2k} \tag{8-4}$$

式中，(x, y)用来标定所选定的图像区域在全幅图像中的具体位置；$g(i,j)$代表被选定的区域中(i,j)点对应的像素点的强度值或亮度值；使用值 k 来决定像素范围，正方形区域可取 1×1, 2×2, 4×4, …, 32×32。

针对纹理图像每一个像素点水平和垂直方向上相互不重叠的活动窗口之间的平均强度差进行计算。

$$\begin{cases} E_{k,h} = \left|A_k(x+2^{k-1},y) - A_k(x-2^{k-1},y)\right| \\ E_{k,v} = \left|A_k(x,y+2^{k-1}) - A_k(x,y-2^{k-1})\right| \end{cases} \tag{8-5}$$

式中，$E_{k,h}$ 为水平方向具有的平均强度差；$E_{k,v}$ 为垂直方向具有的平均强度差。让 E 值达到最大的 k 值决定 $S_{\text{best}}(i,j) = 2^k$ 。

粗糙度通过计算整幅图像中 S_{best} 的平均值来得到。

$$F_{\text{crs}} = \frac{1}{m \times n}\sum_{i=1}^{m}\sum_{j=1}^{n} S_{\text{best}}(i,j) \tag{8-6}$$

式中，m 值与 n 值分别代表图像的长和宽。图像像素计算时活动窗口最大是 32×32

的，至少用到两个窗口，又需要加一边缘，所以最小的图像的窗口区域为65×65。

（2）对比度：一幅图像中明暗区域最亮的白和最暗的黑之间的亮度层次，像素的差异范围越大代表对比度越大，反之亦然。对每个像素的区域都分别计算其均值、方差。峰态等统计特性，以衡量整幅图像或者区域中对比度的全局变量。对比度 F_{con} 为

$$F_{\text{con}} = \frac{\sigma}{\alpha_4^{1/4}} \tag{8-7}$$

式中，σ 是图像灰度的标准方差；α_4 表示图像灰度值的峰态，$\alpha_4 = \mu_4/\sigma^4$，$\mu_4$ 是四阶矩均值，σ^2 表示图像灰度值的方差。

（3）方向度：这是纹理图像具有的一个重要特征。自然纹理图像中，有一些纹理图像并没有很明显的方向性，但是某些自然的纹理图像有很明显的方向性。Tamura 等用这个特征衡量纹理的图像有无明显方向性时，计算纹理图像中每个像素点处具有的梯度向量，每个梯度向量的模 $|\Delta G|$ 和局部边缘方向 θ 为

$$\begin{cases} |\Delta G| = (|\Delta_H| + |\Delta_V|) \\ \theta = \arctan(\Delta_V / \Delta_H) + \pi/2 \end{cases} \tag{8-8}$$

式中，Δ_H 是纹理图像与下面左起第一个3×3的算子做卷积，它具体表示的是梯度向量在水平方向上的变化量；同理，Δ_V 是纹理图像与下面左起第二个3×3算子做卷积，它具体表示的是梯度向量在垂直方向上的变化量。

$$\begin{bmatrix} -1 & 0 & 1 \\ -1 & 0 & 1 \\ -1 & 0 & 1 \end{bmatrix} \begin{bmatrix} 1 & 1 & 1 \\ 0 & 0 & 0 \\ -1 & -1 & -1 \end{bmatrix}$$

可以用式（8-9）来构造关于 θ 的直方图 H_D：

$$H_D(k) = N_\theta(k) \Big/ \sum_{i=0}^{n-1} N_\theta(i) \tag{8-9}$$

式中，n 表示方向角的量化的等级。使用阈值 t，$N_\theta(k)$ 表示在 $|\Delta G| \geqslant t$ 和 $(2k-1)\pi/2n \leqslant \theta \leqslant (2k+1)\pi/2n$ 时像素的数量。在纹理图像中方向并不是很明显时，直方图 H_D 就会显现得较平，在方向很明显的纹理图像中直方图 H_D 有非常明显的峰值。方向度的计算公式为

$$F_{\text{dr}} = \sum_{p}^{n_p} \sum_{\phi \in w_p} (\phi - \phi_p)^2 H_D(\phi) \tag{8-10}$$

式中，n_p 为直方图中峰值的数目；p 为直方图 H_D 的峰值，对于任意一个峰值 p，w_p 为该峰值包含的量化范围；ϕ_p 是 w_p 中最大直方图值中的量化数值。

（4）线性度 F_{lin} 为

$$F_{\text{lin}}=\frac{\sum_{i}^{n}\sum_{j}^{n}P_{\text{Dd}}(i,j)\cos\left[(i-j)\frac{2\pi}{n}\right]}{\sum_{i}^{n}\sum_{j}^{n}P_{\text{Dd}}(i,j)} \tag{8-11}$$

式中，P_{Dd} 表示 $n\times n$ 的局部方向的共生矩阵的距离点。

（5）规整度：无规律的图像纹理特征，计算每个分区子图像的方差是必要的。纹理的规整度综合分区子图像的 4 个特性度量。规整度 F_{reg} 为

$$F_{\text{reg}}=1-r(\sigma_{\text{crs}}+\sigma_{\text{con}}+\sigma_{\text{dir}}+\sigma_{\text{lin}}) \tag{8-12}$$

式中，r 代表归一化因子；σ_{crs}、σ_{con}、σ_{dir}、σ_{lin} 分别代表 F_{crs}、F_{con}、F_{dir}、F_{lin} 具有的标准差。

（6）粗略度 F_{rgh} 为

$$F_{\text{rgh}}=F_{\text{crs}}+F_{\text{con}} \tag{8-13}$$

8.2　基于 PCA 特征融合算法及应用

8.2.1　PCA 的概念和原理

1）PCA 的概念

PCA 将多个变量通过线性变换以选出较少重要变量的一种多元统计分析方法，又称为主分量分析。

2）PCA 的原理

PCA 的基本思想为：以高维映射到二维空间为例，在一定的约束条件下，将高维空间中数据点映射到二维平面的一条直线上。这条直线一定包含原数据的最大方差，即沿着这条直线方差能达到最大；而沿着其他某方向方差就最小。

PCA 的数学模型是这样的，被研究的对象有 p 个特征量 $\boldsymbol{x}_1,\boldsymbol{x}_2,\cdots,\boldsymbol{x}_p$，$n$ 个样本的特征量组成的矩阵为

$$\boldsymbol{X}=\begin{pmatrix} x_{11} & x_{12} & \cdots & x_{1p} \\ x_{21} & x_{22} & \cdots & x_{2p} \\ \vdots & \vdots & & \vdots \\ x_{n1} & x_{n2} & \cdots & x_{np} \end{pmatrix}=(\boldsymbol{x}_1,\boldsymbol{x}_2,\cdots,\boldsymbol{x}_p) \tag{8-14}$$

式中，$\boldsymbol{x}_j=\begin{pmatrix} x_{1j} \\ x_{2j} \\ \vdots \\ x_{nj} \end{pmatrix},j=1,2,\cdots,p$。

PCA 将 p 个原特征量变换成 p 个新特征量，即

$$\begin{cases}\boldsymbol{\mu}_1 = a_{11}\boldsymbol{x}_1 + a_{12}\boldsymbol{x}_2 + \cdots + a_{1p}\boldsymbol{x}_p \\ \boldsymbol{\mu}_2 = a_{21}\boldsymbol{x}_1 + a_{22}\boldsymbol{x}_2 + \cdots + a_{2p}\boldsymbol{x}_p \\ \qquad\vdots \\ \boldsymbol{\mu}_p = a_{p1}\boldsymbol{x}_1 + a_{p2}\boldsymbol{x}_2 + \cdots + a_{pp}\boldsymbol{x}_p\end{cases} \tag{8-15}$$

通项为 $\boldsymbol{\mu}_j = a_{j1}\boldsymbol{x}_1 + a_{j2}\boldsymbol{x}_2 + \cdots + a_{jp}\boldsymbol{x}_p, j = 1,2,\cdots,p$ 。

$\boldsymbol{\mu}_j$ 受到如下条件的约束。

（1） $\boldsymbol{\mu}_i$ ， $\boldsymbol{\mu}_j$ 是互不相关，其中 $i \neq j, i, j = 1,2,\cdots,p$ 。

（2） $\boldsymbol{\mu}_1, \boldsymbol{\mu}_2, \cdots, \boldsymbol{\mu}_p$ 是按方差从大到小排列的， $\boldsymbol{\mu}_1$ 是第一主成分， $\boldsymbol{\mu}_2$ 是第二主成分，以此类推。

（3） $a_{k1}^2 + a_{k2}^2 + \cdots + a_{kp}^2 = 1, k = 1,2,\cdots,p$ 。

PCA 的几何解释为：假设有 n 个样本，它们在二维空间中的分布为一椭圆状，如图 8-1 所示，每一样本有两个特征变量。

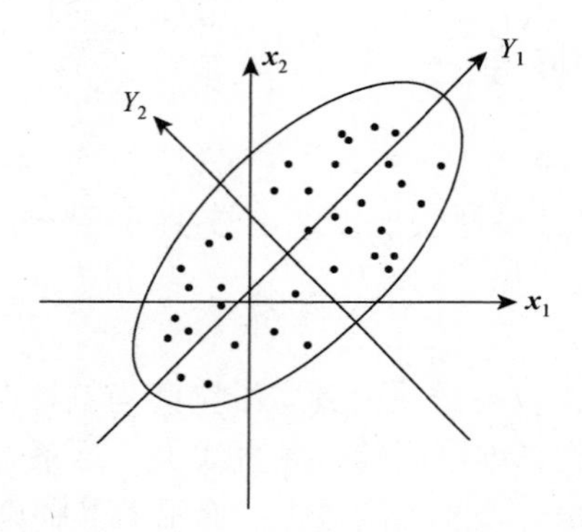

图 8-1　PCA 的几何解释

这些样本分布的离散程度可以用两个特征变量的方差定量表示，求得两个新变量是原两个变量的线性组合，在几何上可以理解为坐标 X_1 与 X_2 轴按逆时针旋转 θ 角后得到坐标轴 Y_1 和 Y_2 ，此时椭圆长轴方向坐标为 y_1 ，短轴方向坐标为 y_2 ，旋转后的转换公式为

$$\begin{cases}y_{1j} = x_{1j}\cos\theta + x_{2j}\sin\theta \\ y_{2j} = x_{1j}(-\sin\theta) + x_{2j}\cos\theta\end{cases} \tag{8-16}$$

式中， $j = 1,2,\cdots,n$ 。

对应矩阵为

$$\boldsymbol{Y}=\begin{bmatrix} y_{11} & y_{12} & \cdots & y_{1n} \\ y_{21} & y_{22} & \cdots & y_{2n} \end{bmatrix}=\begin{bmatrix} \cos\theta & \sin\theta \\ -\sin\theta & \cos\theta \end{bmatrix}\cdot\begin{bmatrix} x_{11} & x_{12} & \cdots & x_{1n} \\ x_{21} & x_{22} & \cdots & x_{2n} \end{bmatrix}=\boldsymbol{U}\cdot\boldsymbol{X} \quad (8\text{-}17)$$

式中，$\boldsymbol{U}$ 是正交的旋转变换矩阵。此时 $\boldsymbol{U}'=\boldsymbol{U}^{-1},\boldsymbol{U}\boldsymbol{U}'=I$ ，此时有 $\sin\theta^2+\cos\theta^2=1$ 。

旋转后的新坐标需要满足以下条件。

（1）n 个样本点的坐标值 y_1 和 y_2 不相关。

（2）n 个样本点在 Y_1 轴上的方差最大，用 Y_1 轴的新变量代替原样本点，Y_1 轴上的是第一主成分。n 个样本点在 Y_2 轴上的方差较小，Y_2 轴上的是第二主成分。

3）PCA 的几何意义

假设二维空间中，从中随机抽取容量为 n 的样本，绘制这个容量为 n 的样本观测值散点图，如图 8-2 所示；从图中可以看出，这些观测点大约分布在一个椭圆区域内，在 x_1 方向上和 x_2 方向上的离散程度可以用 x_1 和 x_2 的方差来表示，方差的大小反映了相应方向上信息量的多少，如果去掉任何一个方向上的变量，那么会丢失比较多的信息；但是如果将坐标逆时针旋转 θ 度，使 x_1 旋转为 y_1 ，x_2 旋转为 y_2 ，则

$$\begin{cases} y_1=x_1\cos\theta+x_2\sin\theta \\ y_2=-x_1\sin\theta+x_2\cos\theta \end{cases} \quad (8\text{-}18)$$

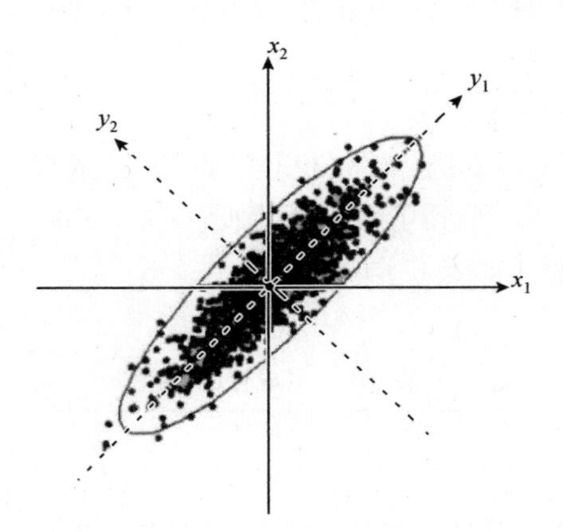

图 8-2　PCA 的几何意义示例说明

这时 y_1 与 y_2 的相关性很低，y_1 的方差要比 y_2 的方差大得多，可以说 y_1 中带有大部分的信息，如果这时去掉 y_2 所丢失的信息，则要比去掉 x_2 所丢失的信息少得多。通常称 y_1 为第一主成分，y_2 为第二主成分。

PCA 过程的实质就是整体坐标系中不同坐标轴的多次旋转，以达到旋转后的坐标系各个方向上的原始数据依次方差最大的目的，各个主成分的表达式就是新

旧坐标的变换关系，这就是 PCA 的几何意义。

8.2.2　基于 PCA 的板材纹理特征融合

1）木材图像 PCA 特征融合的基本步骤

（1）对向量标准化。n 个板材表面纹理样本具有的 9 维特征向量 $\boldsymbol{x}_i(i=1,2,\cdots,n)$ 组成 $n\times 9$ 向量矩阵，向量矩阵的各列减去其均值后除以各列的标准差，$x_{ij}^*=\dfrac{x_{ij}-\overline{x}_j}{\sqrt{\dfrac{(x_{ij}-\overline{x}_j)^2}{n}}}$, $i=1,2,\cdots,n$,　$j=1,2,\cdots,9$, x_{ij} 为三类木材纹理的原始特征数据中第 i 行 j 列元素，n 是样本数量，j 是木材纹理原始特征量数。标准化可得到满足正态分布 $N(0,1)$ 的 n 个新向量 $\boldsymbol{x}_i'$，$\boldsymbol{X}=[x_1',x_2',\cdots,x_n']$ 由这 n 个新向量组成。

（2）方差矩阵 $\boldsymbol{R}=\boldsymbol{X}\boldsymbol{X}^{\mathrm{T}}$。转换的矩阵 $\boldsymbol{W}_{\mathrm{pca}}$，$\boldsymbol{R}\boldsymbol{E}=\lambda\boldsymbol{E}$ 计算特征值 λ 和对应的特征向量 $\boldsymbol{E}$,将特征向量按特征值的大小排序,取前 f 列特征向量合成一个 9 行 f 列的转换矩阵 $\boldsymbol{W}_{\mathrm{pca}}$。

（3）通过 $\boldsymbol{y}_i=\boldsymbol{W}_{\mathrm{pca}}^{\mathrm{T}}\boldsymbol{x}_i, i=1,2,\cdots,n$，得到少数新木材纹理特征量 $\boldsymbol{y}_i$，$\boldsymbol{y}_i$ 是原始木材纹理特征量 $\boldsymbol{x}_i$ 线性的组合，$\boldsymbol{x}_i$ 的维数为 9，新木材纹理特征量个数 f 为新选择的木材纹理主成分个数。

2）木材纹理特征 PCA 结果

对各样本进行了 PCA 实验，首先获取了直纹、抛物纹、乱纹的 9 个原始特征。通过 PCA 进行数据融合，得到了融合的特征向量。实验结果如下。

各主成分的方差情况如表 8-1 所示。

表 8-1　主成分的方差

主成分	一	二	三	四	五	六	七	八	九
方差	2.351 1	2.054 9	1.702 8	0.923 7	0.504 6	0.269 2	0.193 8	0.000 0	0.000 0

每个主成分的贡献率与累计贡献率结果如表 8-2 所示。

表 8-2　PCA 贡献率结果

主成分	贡献率/%	累积/%
一	29.388 5	29.388 5
二	25.686 1	55.074 6

续表

主成分	贡献率/%	累积/%
三	21.284 7	76.359 3
四	11.546 1	87.905 4
五	6.306 9	94.212 3
六	3.364 8	97.577 1
七	2.422 8	100
八	0.000 0	100
九	0.000 0	100

主成分解释方差如图 8-3 所示。

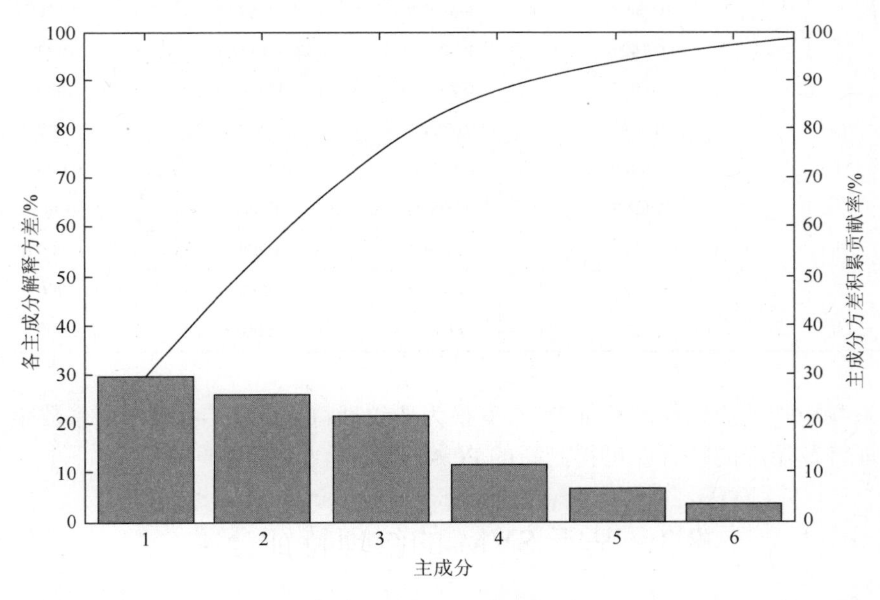

图 8-3　主成分解释方差

由表 8-2 可知，第一至第七主成分几乎已含原始数据的所有信息，可用于后继的柞木纹理分类。PCA 系数矩阵如表 8-3 和表 8-4 所示。

表 8-3　PCA 系数矩阵一

主成分	系数一	系数二	系数三	系数四	系数五
一	0.394 0	−0.272 9	0.522 4	0.125 4	0.050 8
二	0.466 9	0.365 5	−0.232 1	−0.104 2	−0.086 7
三	0.064 6	−0.044 5	−0.301 9	0.947 4	0.050 4

续表

主成分	系数一	系数二	系数三	系数四	系数五
四	–0.166 9	0.483 7	0.311 3	0.115 0	0.675 6
五	0.000 0	0.000 0	0.000 0	–0.000 0	0.000 0
六	0.495 7	–0.176 8	0.451 5	0.096 7	0.028 4
七	0.375 5	–0.154 2	–0.430 1	–0.213 6	0.659 1
八	–0.012 9	0.596 4	0.248 2	0.085 3	–0.102 8
九	0.455 9	0.381 1	–0.186 7	–0.020 6	–0.291 6

表 8-4　PCA 系数矩阵二

主成分	系数六	系数七	系数八	系数九
一	0.036 7	–0.079 3	–0.677 6	0.111 1
二	–0.142 4	0.725 8	–0.168 6	0.027 6
三	0.038 7	0.033 9	0.000 0	0.000 0
四	–0.413 7	–0.020 7	0.000 0	0.000 0
五	0.000 0	0.000 0	0.161 9	0.986 8
六	0.001 3	0.098 4	0.697 3	–0.114 4
七	0.370 9	–0.180 7	0.000 0	0.000 0
八	0.748 5	–0.065 9	0.000 0	0.000 0
九	–0.328 5	–0.647 1	0.000 0	0.000 0

系数矩阵是原始纹理特征 PCA 变换为新纹理特征的组合系数，用系数矩阵左乘纹理特征矩阵的转置即可得到新的 PCA 变换融合后的特征。

8.3　基于 SVM 的纹理特征分类

8.3.1　SVM

20 世纪 60 年代开始，贝尔实验室 Vapnik 教授的研究小组针对小样本问题进行研究，提出了统计学习理论（statistical learning theory，SLT）。在 1995 年，Vapnik 等提出解决小样本问题的 SVM。

SVM 是一套针对有限样本的完整和规范的从统计学习理论发展起来的机器学习理论和方法。SVM 使得算法设计的随意性减少，能较好地解决“维数灾难”和“过度学习”的难题。SVM 在高维及非线性的模式识别、函数的拟合、概率密度估计、数据降维等领域得到了广泛应用。

1）统计学习理论

SVM 是从统计学习理论的 VC 维（Vapnik-Chervonenkis dimension）和结构风险最小化原理发展起来的机器学习工具。VC 维指分类器的复杂程度，VC 维是指能被函数打散的最大样本个数 h，函数以 2 的 h 次幂种分法将这 h 个样本分开，函数属于某一指标函数集。

（1）结构风险最小化（structural risk minimization，SRM），是指在设计分类器时，为了缩小置信范围，使期望风险与最经验风险最小。VC 维应尽量小。

经验风险最小化：在两类分类中，$(X_1,y_1),(X_2,y_2),\cdots,(X_n,y_n)$，$y_i\in\{-1,1\}$，$\{f(X,y)\}$ 为一组函数，$f(X,W_0)$ 是此组函数中的最优函数，对未知样本估计时，期望风险最小。

期望风险为

$$R(w)=\int L\big(y,f(X,W)\big)\mathrm{d}F(X,y) \tag{8-19}$$

式中，$L(y,f(X,W))=\begin{cases}0, & y=f(X,W)\\ 1, & y\neq f(X,W)\end{cases}$ 是损失函数，是用 $f(X,W)$ 对 y 预测时所造成的损失，联合概率为 $F(X,y)$。

$R_{\text{emp}}(W)=\dfrac{1}{n}\sum_{i=1}^{n}L(y_i,f(x_i,W))$ 最小就是经验风险最小原则。提出结构风险最小化是因为用经验风险最小原则代替期望风险最小化无充分理论根据，经验风险小并不一定能预测到好的结果。

（2）结构风险最小化。由统计学习理论可知，实际风险由经验风险（训练误差）和 VC 信任（置信风险或置信范围）组成，经验风险与实际风险之间至少以概率 $1-\eta$（置信水平）满足如下关系：

$$R(w)\ll R_{\text{emp}}(W)+\sqrt{\left|\frac{h\left[\ln\left(\frac{2n}{h}\right)+1\right]-\ln\left(\frac{\eta}{4}\right)}{n}\right|} \tag{8-20}$$

式中，h、n 分别为函数集的 VC 维和样本数，可记为

$$R(w)\ll R_{\text{emp}}(W)+\phi\left(\frac{n}{h}\right) \tag{8-21}$$

式中，$R_{\text{emp}}(W)+\phi\left(\dfrac{n}{h}\right)$ 为结构风险，结构风险最小化必须使得 $R_{\text{emp}}(W)$ 和 $\phi\left(\dfrac{n}{h}\right)$ 同时最小化，$R_{\text{emp}}(W)$ 由集中特定函数决定，$\phi\left(\dfrac{n}{h}\right)$ 由整个函数的 VC 维决定。当样本有限时，VC 维越高引起置信范围越高，进而可能使经验风险与真实风险产生

越来越大的区别，最终使得分类器的泛化能力变坏，出现“过学习”现象。最小化结构风险见图 8-4。

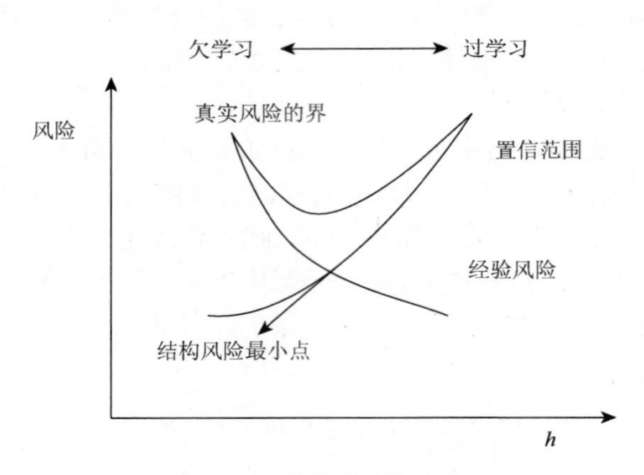

图 8-4　最小化结构风险

2）SVM 的最优分类面

（1）最优分类面最先是在线性可分条件下的，是指将两类样本无误分开且能使两类样本的分类空隙最大的平面。两类线性可分样本集合 (X_i,Y_i)，$i=1,2,\cdots,n$，X_i 是高维空间中的样本特征数据点，y_i 是类别标签。高维空间中线性判别函数的形式为 $g(x)=W\cdot X+b$，对应的分类面方程是 $W\cdot X+b=0$，归一化判别函数后，相同比例调节系数 W 和 b，使得两类样本均满足 $|g(X)|\geqslant 1$，此时，就得求 $\|W\|$ 的最小值，使得分类间隔 $2/\|W\|$ 最大。那些离分类线（平面）最短距离的样本点能决定最优分类线（平面），这些样本点被称为支持向量（support vector，SV），这些样本点满足 $|g(X)|=1$。

由以上分析可将求最优分类面问题变成求约束优化问题。

在分类面 $W=X+b=0$ 的约束条件 $y[W=X+b]-1\geqslant 0\ (i=1,2,\cdots,n)$ 下，求函数 $\phi(W)=1/2\|W\|^2$ 的最小值，可定义拉格朗日函数：

$$L(W,b,a)=\frac{1}{2}\|W\|^2-\sum_{i=1}^{n}a_i y_i[(W\cdot X_I)+b]-\sum_{i=1}^{n}a_i \tag{8-22}$$

分别对 W，b_i，a_i 求偏微分，并令偏微分为零，便可转化为对偶问题：

$$\begin{cases} m=\min Q(a)=\dfrac{1}{2}\sum_{i,j=1}^{n}a_i a_j y_i y_j (X_i,X_j)-\sum_{i=1}^{n}a_i \\ \quad \text{s.t.}\quad a\geqslant 0, i=1,2,\cdots,n \\ \quad \sum_{i=1}^{n}a_i, a_1=0 \end{cases} \tag{8-23}$$

a_i 是对应的拉格朗日乘子，此对偶问题是一个二次函数寻优问题，有唯一解。假设存在最优解 a_i^*（支持向量）是不为零的样本，则存在 $W^* = \sum_{i=1}^n a_i^* y_i X_i$。由 $a_i[y_i(W \cdot X + b) - 1] = 0$ 求分类阈值 b^*，最终得到最优分类面函数。

$$f(x) = \mathrm{sgn}\{\sum_{i=1}^n a_i^* y_i (X_i \cdot X) + b^*\} \tag{8-24}$$

此时的 b^* 可通过两类中任何一对支持向量取中值或根据任何一个支持向量的约束条件求得。

（2）最优分类面不能把两类点完全分开时，引入松弛变量 ξ_i，将求最优分类面问题变成式（8-25）所示的约束优化问题：

$$\begin{cases} \min \phi(W) = \dfrac{1}{2}\|w\|^2 = \dfrac{1}{2}(W \cdot W) + c\sum_{i=1}^n \xi_i \\ \text{s.t. } \ y_i(W \cdot X + b) - 1 + \xi_i \geqslant 0, i = 1,2,\cdots,n \end{cases} \tag{8-25}$$

式中，c 是正常数，被称为惩罚参数；$c\sum\limits_{i=1}^n \xi_i$ 是惩罚项。当 $0 < \xi_i < 1$ 时，样本分类正确，当 $\xi_i \leqslant 1$ 时，样本分类错误。此时可以求解如下二次规划：

$$\begin{cases} \min Q(a) = \dfrac{1}{2}\sum\limits_{i,j=1}^n a_i a_j y_i y_j (X_i, X_j) - \sum\limits_{i=1}^n a_i \\ \text{s.t. } \ 0 \leqslant a_i \leqslant c,\ i = 1,2,\cdots,n \\ \quad \sum\limits_{i=1}^n y_i a_i = 0 \end{cases} \tag{8-26}$$

3）SVM 的核函数

为了解决分类中线性不可分问题，Vapnik 教授引入了核空间理论，将低维空间中的线性不可分数据投影到高维属性空间中，以非线性形式投影，从而使得分类问题转换成在高维特征空间中进行，将原低维空间的线性不可分问题转化为高维空间上的线性可分问题。恰当的非线性映射函数，高维空间中的线性可分问题被输入的低维空间中的线性不可分问题转化。特征空间中的向量点内积运算被核函数代替。核函数就是指对称函数 $K(x, y)$。$K(x, y)$ 满足 Mercer 条件。

Mercer 条件：$K(x, y) = \langle \phi(x), \phi(y) \rangle, K(xy) \in L_\infty(X, Y)$ 为核函数的充分必要条件是 $\int\limits_{X \times Y} K(x, y) f(x) f(y) \mathrm{d}x\mathrm{d}y \geqslant 0$，也就是对称函数 $K(x, y)$ 半正定。常用的核函数介绍如下。

引入的线性核函数表达式为

$$K(x, x') = (x, x') \tag{8-27}$$

引入的q阶多项式核函数表达式为

$$K(x,x')=[(x,x')+1]^q, q=1,2,\cdots \tag{8-28}$$

q取值越大会导致学习机器越复杂，当q接近无穷时，学习机器就具有极高的复杂度，产生“过拟合”状况。q取值一般不超过3。

RBF核函数和多层感知器核函数的表达式分别如式（8-28）和式（8-29）所示。

$$K(\boldsymbol{x},\boldsymbol{x}')=\exp\left\{-\frac{\|\boldsymbol{x}'-\boldsymbol{x}\|^2}{2\sigma^2}\right\} \tag{8-29}$$

式（8-28）中的RBF核函数具有局部性强的特点（随着σ的增大，外推力减弱）。σ为决定RBF核函数分类性能的决定性因子，当σ接近0时，RBF核函数值大于0，样本满足支持向量；当σ趋于无穷时，RBF核函数为常函数，此时的SVM丧失分类能力，所有待测试样本被归为同类。选择合适的正数σ，才能对待测样本分类，得到较高的准确率。

$$K(\boldsymbol{x},\boldsymbol{x}')=\tanh\left[v(\boldsymbol{x},\boldsymbol{x}')+c\right] \tag{8-30}$$

Sigmoid 核函数中的v和c均为正时，才能保证 Sigmoid 核函数满足 Mercer 定理。

有了核函数，便可将式（8-30）中的向量内积用核函数代替，即

$$\begin{cases}\min Q(\boldsymbol{a})=\dfrac{1}{2}\sum\limits_{i,j=1}^{n}a_i a_j y_i y_j K(\boldsymbol{X}_i,\boldsymbol{X}_j)-\sum\limits_{i=1}^{n}a_i \\ 使\quad a_i\geqslant 0, i=1,2,\cdots,n \\ \sum\limits_{i=1}^{n}y_i a_i=0\end{cases} \tag{8-31}$$

式（8-31）所示的分类函数就变为

$$f(x)=\mathrm{sgn}\left\{\sum_{i=1}^{n}a_i^* y_i K(\boldsymbol{X}_i\cdot\boldsymbol{X})+b^*\right\} \tag{8-32}$$

此时可选任一支持向量利用式（8-33）计算b^*，即

$$y_i\left[\sum_{i=1}^{n}a_i^* y_i K(\boldsymbol{X}_i\cdot\boldsymbol{X})+b^*\right]=1 \tag{8-33}$$

4）SVM分类器的结构模型

SVM分类器能解决“维数灾难”问题，主要是因为高维空间中的内积运算被输入空间中的核函数计算代替。SVM的分类结构图如图8-5所示。

对实际的多类判别问题，假设有k类样本，n个样本是服从独立同分布的样本，n个样本为$(\boldsymbol{x}_1,\boldsymbol{y}_1),(\boldsymbol{x}_2,\boldsymbol{y}_2),\cdots,(\boldsymbol{x}_n,\boldsymbol{y}_n)$，样本。$\boldsymbol{x}$是$d$维特征向量，$y$是类别，

可构造分类函数 $f(\boldsymbol{x},a)$。

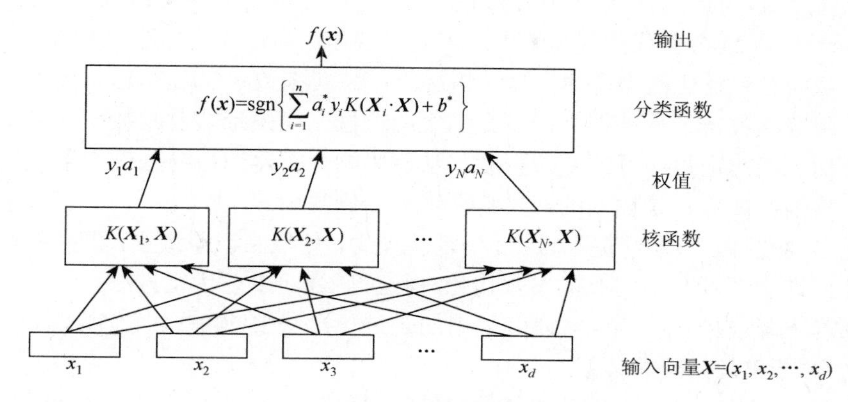

图 8-5　SVM 的分类结构图

损失函数为

$$L(y,f(x,a))=\begin{cases}0, & y=f(\boldsymbol{x},a)\\ 1, & y\neq f(\boldsymbol{x},a)\end{cases} \tag{8-34}$$

SVM 的多类分类器由多个二值子分类器组合得到。SVM 的 k 类分类器有如下构造方法。

（1）一对一构造方法：针对两类样本设计一个 SVM 分类模型，总共设计 $k(k-1)/2$ 个分类模型，假设用于 i 类和 j 类的分类函数是 $f_{ij}(\boldsymbol{x})$，当 $f_{ij}(\boldsymbol{x})>0$ 时，$\boldsymbol{x}$ 属于 i 类，否则 $\boldsymbol{x}$ 属于 j 类。在最终决策时，某一类的判得次数最多，则将被测试的样本定位该类。

（2）一对多构造方法：构造 k 个 SVM 模型，在第 i 个 SVM 模型中，将第 i 类模式的样本设为正类，另外的 $k-1$ 类设为负类，最终判别决策时，待检测样本 $\boldsymbol{x}$ 依次被输入 SVM 模型，输出值最大的 SVM 所对应的类别就是待检测样本的类别。

8.3.2　板材纹理 SVM 分类参数优化

对柞木纹理分类，运用 SVM 构建板材纹理分类器过程中，相关参数需要优化设定。在此，运用粒子群算法（particle swarm optimization，PSO）对 SVM 参数优化。

1）板材纹理 SVM 分类器的参数

SVM 有惩罚参数 c 和核函数参数 σ 等。参数的选择会对木材表面纹理 SVM

分类准确率产生较大的影响。

惩罚参数c的大小直接影响SVM分类器的泛化能力及经验风险。当c值过小时，会导致SVM分类模型简单，出现欠学习现象。当c值过大时，会出现过学习现象，从而导致泛化能力变坏。默认情况下，惩罚参数c取值为1。

核函数参数σ能反映训练样本数据集的特性，能决定映射函数和最终特征空间的结构，能决定最终解的复杂程度，从而影响分类器的最终分类结果。默认情况下，核函数参数σ是输入的样本特征维数的倒数。

适当地选择c和σ能提高SVM的泛化能力，使经验误差最小，提高分类速度与精度。许多学者对SVM的参数优化进行了研究，主要优化方法有经验选择方法和梯度下降选择方法等。本研究采用的是进化算法中的PSO优化算法。

2）基于PSO的SVM参数优化

PSO是有效的全局性的仿生寻优算法，由美国的电气工程师Kennedy博士与心理学家Eberhart博士在1995年共同提出。

PSO是模拟鸟群社会行为的群体搜索算法，是进化算法的一种。PSO保留了进化算法中基于种群的全局搜索策略。与GA相比较，PSO采用速度-位移模型可以避免复杂的遗传操作。PSO可以调整搜索方式，这种调整是利用其记忆功能跟踪高维空间中飞行的粒子（个体），随机地返回之前搜索过程中发现的搜索空间中的成功区域，即群内粒子的位置改变受其邻居粒子的成功经验和知识影响。种群中的所有解不仅能“自我”学习，而且能学习“他人”，这就使寻优过程中的迭代次数变得较少，搜索时间少。目前，PSO被广泛应用于函数的优化、工程的设计优化、电力系统、机器人控制、交通运输、工业生产等领域。

PSO是在个体的协作与竞争的作用下，在复杂空间中搜寻最优解，具有进化计算与群体智能的双重特点。PSO模拟生物群体中个体之间及群体与个体之间互相联系、互相影响的关系，这点体现信息共享机制，使个体之间的经验相互借鉴，最终达到寻找最优解的目的。

在PSO中，粒子是指待优化问题的每个解，被认为是搜寻空间中的鸟。实现算法时，得先产生初始的解，也就是随机地初始化由 n 个粒子组合成的种群 $Z=\{Z_1,Z_2,\cdots,Z_n\}$。此时待优化问题的解是$Z_i=\{z_{i1},z_{i2},\cdots,z_{in}\}$，也是每个粒子在空间中的位置，按照适应度函数计算这些粒子相应的适应度值。之后，所有粒子以一个决定它们运动方向和运动距离的速度追逐当前最优粒子在解空间中的迭代搜索。粒子就可以不断调整自己在空间中的位置搜索新解。速度是$\boldsymbol{V}_i=\left\{v_{i1},\ v_{i2},\cdots,\ v_{in}\right\}$，最优粒子有两个，分别是粒子自身搜索得到的最优解$p_{id}$和群体当前所搜索的最优解（全局极值）$p_{gd}$，这两个解影响着粒子的搜索速度变

化，速度计算公式为

$$\begin{cases} v_{id}(t+1) = wv_{id}(t) + \eta_1 \text{rand}()[p_{id} - z_{id}(t)] + \eta_2 \text{rand}()[p_{gd} - z_{id}(t)] \\ z_{id}(t+1) = z_{id}(t) + v_{id}(t+1) \end{cases} \tag{8-35}$$

粒子原速度 v_{id} 与粒子最佳经历的距离 $p_{id} - z_{id}(t)$ 和群体最佳经历距离 $p_{gd} - z_{id}(t)$ 决定粒子移动方向，v_{id}、$p_{id} - z_{id}(t)$、$p_{gd} - z_{id}(t)$ 的重要程度分别由加权系数 w、η_1、η_2 决定，一般情况下 w 是 0～1 的随机数，η_1、η_2 均可取值 2。w 取 0 时，粒子没有记忆功能，没有搜索最优解能力。$\eta_1 = 0$，搜索易陷入局部极值，因为 PSO 收敛的速度过快。η_2 取 0 时，多粒子单独搜索，基本不能找到最优解。

第 i 个粒子进行 $t+1$ 次迭代，d 维上速度为 $v_{id}(t+1)$；惯性权重是 w，加速常值 η_1、η_2，rand() 是随机数，取值为 0～1。防止粒子超速，设置一个速度上限 $v_{\max}$，当速度大于 $v_{\max}$ 或者小于 $-v_{\max}$ 时，速度设置为 $v_{\max}$。

满足结束条件时找到最优解或达到最大迭代次数，搜寻结束。

PSO 的流程图如图 8-6 所示。

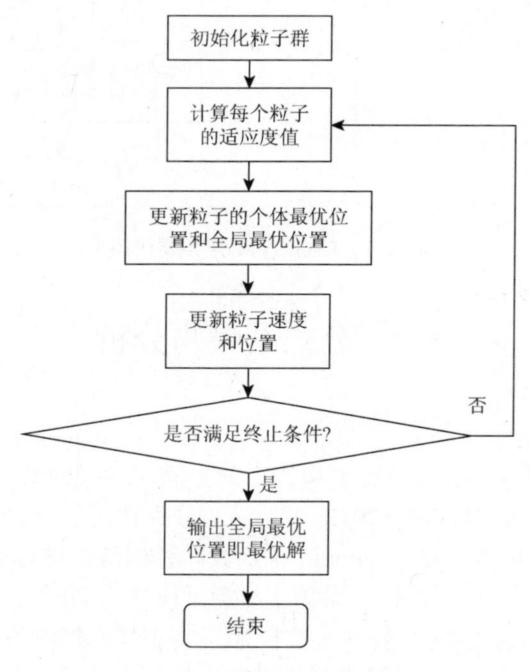

图 8-6　PSO 的流程图

将经过 PCA 变换融合后的新木材纹理特征输入 SVM，PSO 优化算法对 SVM

的参数进行优化，具体过程如图 8-7 所示，使用 SVM 分类器的分类准确率作为 PSO 优化算法的适应度函数（优化目标函数）。

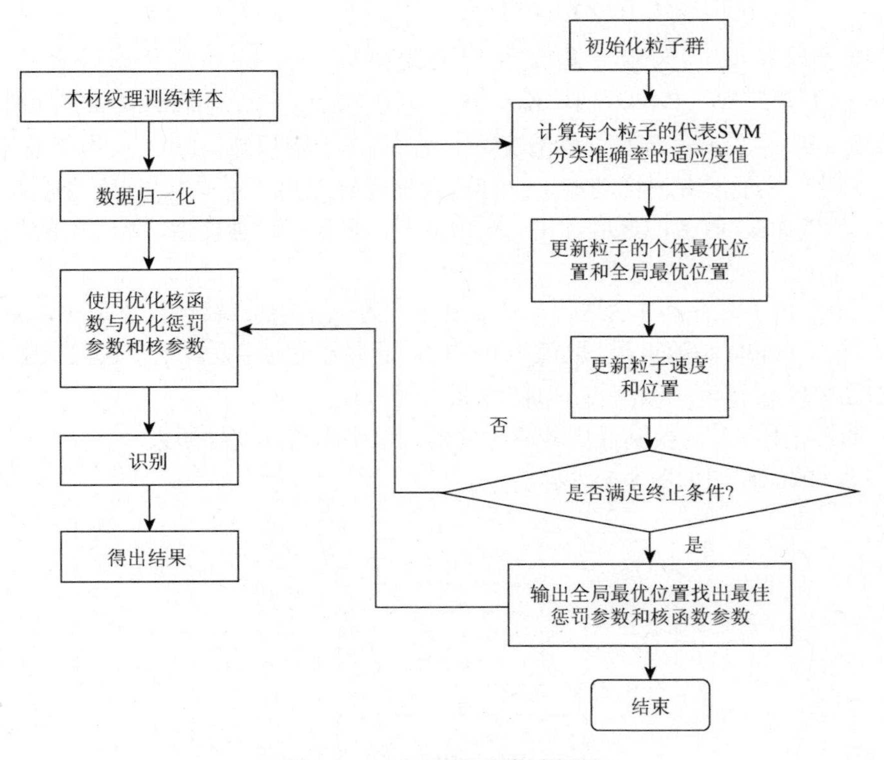

图 8-7　PSO-SVM 分类过程图

8.4　分类结果与分析

1）核函数比较

使用 SVM 中的 C-SVM 分类模型作为分类器。使用的 PC 为酷睿双核处理器，主频为 2.2GHz，在 MATLAB R2012a 平台上，分别使用 SVM 常用的线性核函数、多项式核函数、RBF 核函数、Sigmoid 核函数四种核函数进行柞木纹理分类比较。柞木直纹测试样本为 70 个，柞木抛物线纹测试样本为 70 个，柞木乱纹测试样本为 70 个。训练样本选用 70 个柞木直纹样本、70 个柞木抛物线纹样本、70 个柞木乱纹样本。输入的柞木样本纹理特征为 PCA 特征融合后的第一至第七主成分特征。输出为柞木直纹、柞木抛物线纹、柞木乱纹三类纹理。

在常用的核函数中，高斯径向基核函数（RBF 核函数）有着最广泛的应用，在高维或低维、大样本或小样本等条件下，高斯径向基核函数发挥作用较稳定，有着收敛域较宽的特点，使用四种核函数对三类柞木纹理分类分别比较，从而选取核函数分类，得到交叉验证（cross-validation，CV）意义下的平均分类准确率。仿真实验的结果如表 8-5 所示。

表 8-5　四种核函数 SVC 三类纹理分类分别比较结果

正确率/%	直纹	抛物线纹	乱纹
线性核函数	97.14	74.29	61.43
多项式核函数	98.57	84.29	74.29
RBF 核函数	95.17	84.29	84.29
Sigmoid 核函数	85.71	47.14	44.29

由表 8-5 得出以下结论。

（1）对柞木抛物线纹与柞木乱纹的分类仿真，使用 RBF 核函数分类效果最好，线性核函数与多项式核函数的分类效果次之，而使用 Sigmoid 核函数的分类效果最差。

（2）对柞木直纹进行仿真时，使用多项式核函数对柞木直纹的分类效果最理想，线性核函数与 RBF 核函数对柞木直纹分类效果次之，Sigmoid 核函数对柞木直纹分类效果也较理想。总之，RBF 核函数具有更好的稳定性，Sigmoid 核函数分类性能有待研究。

对三类柞木纹理 70 个柞木直纹样本、70 个柞木抛物线纹样本、70 个柞木乱纹样本总共 210 个测试样本总体统计分类结果如表 8-6 所示。

表 8-6　四种核函数 SVC 总体分类结果比较

核函数	线性核函数	多项式核函数	RBF 核函数	Sigmoid 核函数
正确率/%	82.86	85.71	88.1	59.05

从表 8-6 可得出以下结论：对总体 210 个测试样本，RBF 核函数在柞木纹理分类中识别准确率最高。可以优先考虑用于柞木直纹、柞木抛物线纹、柞木乱纹的分类。由于 C-SVM 模型中，参数的选取直接影响最终的分类结果，可对参数进行优化，得到更好的分类效果。

2）分类器分类能力比较

在 MATLAB R2012a 中，对 210 个测试样本进行分类实验，使用 PSO 优化算法对使用 RBF 核函数的 C-SVM 的惩罚参数与核函数参数进行优化，在交叉验证意义下将测试样本集的分类准确率作为 PSO 优化算法中的适应度函数值进行 SVM 参数寻优。适应度值变化如图 8-8 所示。

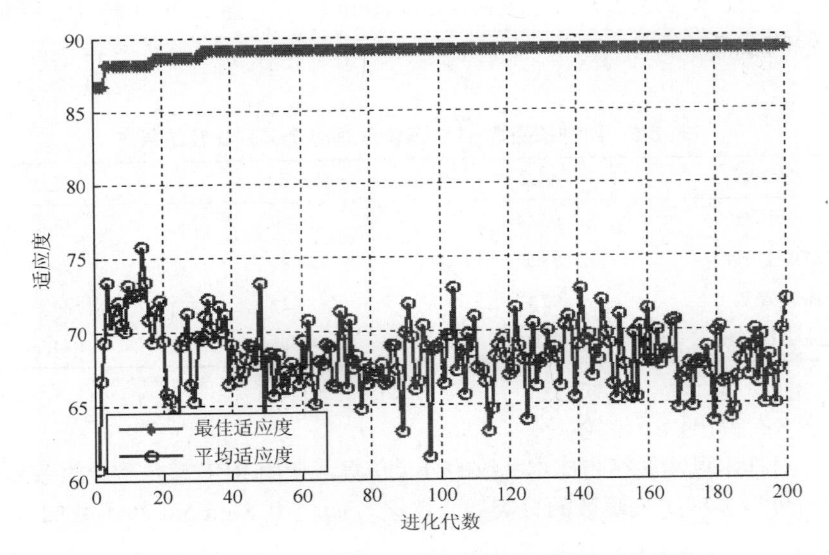

图 8-8　PSO 优化 C-SVM 参数适应度函数值进化曲线

初始种群数量为 20，终止代数为 200。惩罚参数的变化范围设置为 0.1～100，最大速度设置为 60。核参数变化设置范围为 0.01～1000，最大速度设置为 600。加权系数 w 为 1，得到的最佳惩罚参数为 12.826 1，优化后的 RBF 核参数为 22.533 7。

使用优化得到的参数对三类柞木纹理样本进行 SVM 分类，并与优化前的方法比较实验结果如表 8-7 所示。

表 8-7　不同分类器的分类结果

方法	分类准确率/%	单个样本平均分类时间/s
PSO-SVM	91.43	0.027 3
C-SVM	88.1	0.028 9

从表 8-7 可知，基于 PSO 优化的 SVM 分类器的分类精度达到 91.43%，优于 C-SVM 的 88.1%的分类精度；而平均分类时间为 0.027 3s 和 0.028 9s，分类时间近似相等。

实验表明，以 RBF 函数作为核函数的 C-SVM 分类器对柞木纹理分类具有较高的分类准确率，而且所用分类时间较少，效果较好。使用优化的核函数与惩罚参数时，分类准确率进一步提高。

8.5 本章小结

本章将基本的统计分析量和 Tamura 纹理特征进行特征融合，采用 LDA 构建 3 类纹理的辨识模型，并设计了 SVM 分类器。首先对纹理图像进行缩小降维，运用视觉心理学的 Tamura 方法提取粗糙度、对比度、方向度、线性度、规整度、粗略度等 6 个纹理特征；同时在原图像提取反映图像全局信息的灰度均值、方差、熵等 3 个基本统计量；然后运用 PCA 对 3 类纹理 9 个特征进行降维融合操作；SVM 分类结果表明分类准确度较高，时间上满足在线分选要求，而且 SVM 分类器这方面具有较强的稳定性。

第 9 章　基于多尺度变换的特征提取与纹理分类

以小波变换为代表的多尺度变换在信号处理等众多学科领域得到了广泛的应用。小波变换克服了经典 Fourier 变换不能同时表现局部信号时频域特征的缺点。多分辨率、时频域局部化的特征使得其在数学界享有“数学显微镜”的称号。但小波变换用于图像处理时，其二维变换基的支撑区域为矩形，这种多分辨率的表达方式无法高效地逼近图像固有的奇异曲线，为了克服小波变换这一局限性，近年来出现了曲波变换、双树复小波变换等为代表的多尺度和多方向的图像表达方式，并在图像识别方面显出一定的优势。本章研究多尺度变换在板材图像特征提取方面的应用，并设计合理的分类器完成纹理的识别。

9.1　基于小波变换的特征提取与纹理识别

9.1.1　小波变换简介

1）连续小波变换的定义

所谓小波，即存在于一个较小区域的波。连续小波变换可以定义如下。

设 $f(t)$ 、 $\varphi(t)$ 为平方可积函数，且 $\varphi(t)$ 的 Fourier 变换 $\psi(\omega)$ 满足条件：

$$\int_R \frac{|\psi(\omega)|^2}{\omega} \mathrm{d}\omega < \infty \tag{9-1}$$

则

$$W_f(a,b) = \frac{1}{\sqrt{a}} \int_R f(t) \overline{\varphi\left(\frac{t-b}{a}\right)} \mathrm{d}t \tag{9-2}$$

式中，$W_f(a, b)$为 $f(t)$ 的连续小波变换；$\varphi(t)$ 为小波母函数或小波函数；a 为尺度因子；b 为平移因子。在实际应用中，小波函数 $\varphi(t)$ 的选择既不是唯一的，又不是任意的。

从上面的定义可以看出，小波变换是可以将一个时间函数变换到时间—尺度相平面上的一种积分变换，使得提取函数的某些特征成为可能。其中参数 a 和 b 是连续变换的，所以上述变换称为连续小波变换。

将连续小波变换的定义用内积的形式表示：

$$W_f(a,b)=\left\langle f(t),\varphi_{a,b}(t)\right\rangle \tag{9-3}$$

$$\varphi_{a,b}(t)=\frac{1}{\sqrt{a}}\varphi\left(\frac{t-b}{a}\right) \tag{9-4}$$

从连续小波变换的定义中可以粗略地看出小波变换的含义。根据数学上两个函数的“相似”程度可以用内积进行表示，所以小波变换 $W_f(a,b)$ 表示了 $f(t)$ 与 $\varphi_{a,b}(t)$ 的“相似”程度。

2）连续小波变换的分析

实际上，小波变换与 Fourier 变换类似，也是将一个信号波分解成的若干基波线性组合在一起，这些基波是不同时间发生的不同频率的小波，具体是靠平移和伸缩来实现的，由平移确定某个频段出现的确切位置，而伸缩可以得到从低到高不同频率的基波。Fourier 变换用到的基波函数是唯一确定的，即为正弦函数。小波变换用到的小波不是唯一的，针对同一个工程问题选用不同的小波函数进行分析时，有时结果会相差很多，所以如何选择小波是实际应用中的难题，也是小波分析研究中的热点问题。目前大多通过经验或不断的实验来选择小波函数。图 9-1 所示为一个小波伸缩与平移的波形示意图。当平移因子 b 发生改变时，代表观测信号 $f(t)$ 与 $\varphi_{a,b}(t)$ 相似性的位置的变化。根据 b 的不断变化，从而实现在整个时间段上信号频率特性的分析。

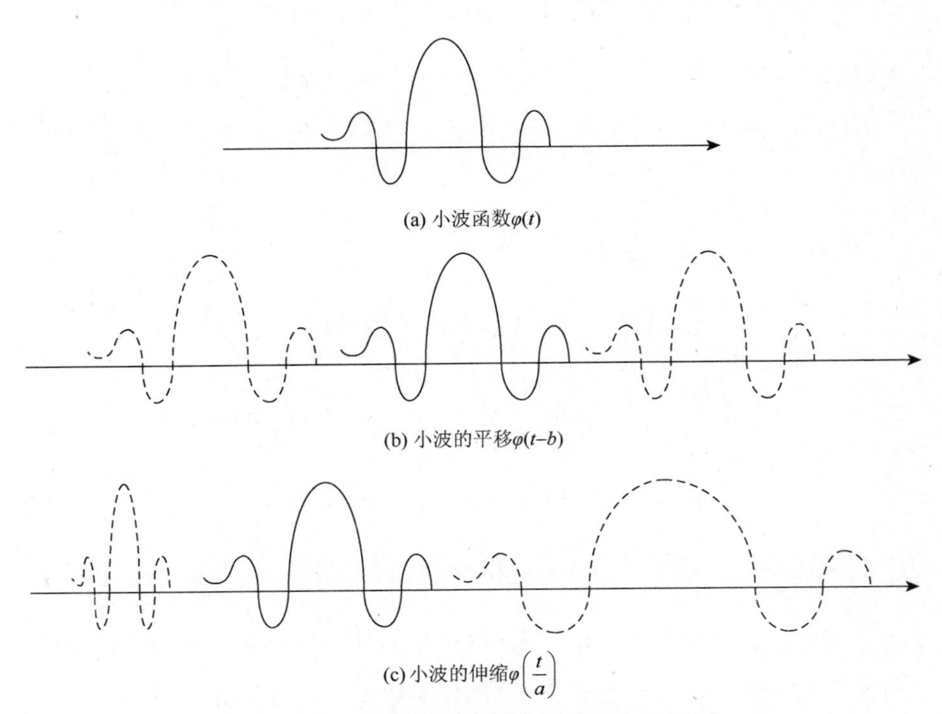

(a) 小波函数$\varphi(t)$

(b) 小波的平移$\varphi(t-b)$

(c) 小波的伸缩$\varphi\left(\frac{t}{a}\right)$

图 9-1　小波函数的伸缩与平移波形示意图

当比例因子 $a(a>1)$ 增大时，代表运用了伸展的 $\varphi(t)$ 波形来观察整个 $f(t)$，换言之，信号的低频信息是通过小的时间分辨率和大的频率分辨率进行观测的；相反，当 $a(0<a<1)$ 减小时，则采用压缩的波形去衡量 $f(t)$ 的局部，即信号的高频部分是通过大的时间分辨率和小的频率分辨率进行观测的。随着尺度因子 $(0<a<+\infty)$ 由大到小的变化，$f(t)$ 的小波变换可以反映从概貌到细节的全部信息。从这个意义上来说，小波变换是一架“变焦镜头”，它既可以作为“望远镜”，又可以作为“显微镜”，而参数 a 为它的“变焦旋钮”。

3）离散小波变换

在计算机实际应用中，连续小波应该离散化，这里的离散化是指针对连续尺度参数 a 和连续平移参数 b 的离散化，而不是针对事件变量 t 的。为了使小波变换的时间和频率分辨率可变化，经常需要将尺度参数 a 和平移参数 b 的大小进行改变，即采用动态采样网格，以使小波变换具有“变焦距”的功能。小波分解的意义就在于能够对信号进行不同尺度上的分析，而且可以根据不同的目的来对不同尺度的选择进行确定。在此意义下，小波变换被称为“数学显微镜”。这使得分析十分有效，而且很精确，因此就得到了离散小波变换。

对于连续小波变换，有

$$f(t)=\frac{1}{C_{\psi}}\int_{0}^{\infty}\int_{-\infty}^{+\infty}\frac{1}{a^{2}}W_{f}(a,b)\cdot\varphi_{a,b}(t)\mathrm{d}b\mathrm{d}a \tag{9-5}$$

所以信号 $f(t)$ 可以看成 $\varphi_{a,b}(t)$ 的线性组合。由于参数 a、b 是连续变化的，所以一般情况下，$\varphi_{a,b}(t)$ 不是线性无关的。接下来分析 $\varphi_{a,b}(t)$ 特性与参数的变换之间的关系。

令 $a=a_1$，$b=b_1$，则

$$\begin{aligned}
W_{f}(a_{1},b_{1})&=\int_{R}f(t)\cdot\overline{\varphi}_{a_{1},b_{1}}(t)\mathrm{d}t\\
&=\int_{R}\frac{1}{C_{\psi}}\left[\int_{0}^{\infty}\int_{-\infty}^{+\infty}\frac{1}{a^{2}}W_{f}(a,b)\cdot\varphi_{a,b}(t)\mathrm{d}b\mathrm{d}a\right]\cdot\overline{\varphi}_{a_{1},b_{1}}(t)\mathrm{d}t\\
&=\int_{0}^{\infty}\int_{-\infty}^{\infty}\frac{1}{a^{2}}W_{f}(a,b)\left[\frac{1}{C_{\psi}}\int_{R}\varphi_{a,b}(t)\cdot\overline{\varphi}_{a_{1},b_{1}}(t)\mathrm{d}t\right]\mathrm{d}b\mathrm{d}a\\
&=\int_{0}^{\infty}\int_{-\infty}^{\infty}\frac{1}{a^{2}}W_{f}(a,b)\cdot k_{\varphi}(a,a_{1},b,b_{1})\,\mathrm{d}b\mathrm{d}a
\end{aligned} \tag{9-6}$$

式中，$k_{\varphi}(a,a_{1},b,b_{1})=\frac{1}{C_{\psi}}\int_{R}\varphi_{a,b}(t)\cdot\overline{\varphi}_{a_{1},b_{1}}(t)\mathrm{d}t$ 称为再生核。可以看出，当 $\varphi_{a,b}(t)$ 与 $\overline{\varphi}_{a_{1},b_{1}}(t)$ 正交时，$k_{\varphi}(a,a_{1},b,b_{1})=0$，即在这时 $W_{f}(a,b)$ 对 $W_{f}(a_{1},b_{1})$“没有贡献”。

根据以上分析可知，只要适当地离散化参数 a、b，才能保证不丢失信息，这就是离散小波变换的核心思想。

尺度参数 a 的离散化。一般的方法是，取 $a = a_0^j$，$j = 0, \pm1, \pm2, \cdots$，这时相对应的小波函数是 $a_0^{-\frac{j}{2}}\psi(a_0^{-j} \times (t-b))$，$j=0$，$\pm1$，$\pm2$，$\cdots$，此时，小波的尺度称为 j（即 $a = a_0^j$）。

位移参数 b 的离散化。对于尺度 $j=0$，应该存在一个恰当的位移量 b_0，使得 $\varphi(t-kb_0)$，$k=0, \pm1, \pm2, \cdots$，可以将整个时间轴覆盖并且确保信息不丢失。

当 $j \neq 0$ 时，取 $b = a_0^j \cdot b_0$，则以下是离散化后且信息不丢失的小波函数：

$$\varphi_{j,k}(t) = a_0^{-j/2} \cdot \varphi(a_0^{-j}t - kb_0), j,k \in Z \tag{9-7}$$

或者将 kb_0 在数轴上调整（归一化）为整数 k，则

$$\varphi_{j,k}(t) = a_0^{-j/2} \cdot \varphi(a_0^{-j}t - k), j,k \in Z \tag{9-8}$$

根据以上的讨论，离散小波变换的定义如下。

设 $\varphi(t) \in L^2(R)$，$a_0(>0)$ 是常数，$\varphi_{j,k}(t) = a_0^{-j/2} \cdot \varphi(a_0^{-j}t-k), j,k \in Z$，则

$$W_f(j,k) = \int_R f(t)\overline{\varphi}_{j,k}(t)\mathrm{d}t \tag{9-9}$$

称为 $f(t)$ 的离散小波变换。

特别地，取 $a_0 = 2$，则称以离散小波函数 $\varphi_{j,k}(t) = 2^{-j/2} \cdot \varphi(2^{-j}t-k), j,k \in Z$ 构造的离散小波变换为二级小波变换。

4）快速小波变换

快速小波变换（fast wavelet transform，FWT）是一种实现离散小波变换的快速算法，也称为 Mallat 算法。它是 Mallat 根据小波变换的多分辨率分析，并结合滤波器理论、拉普拉斯金字塔编码算法，提出的一种离散小波分解和重构的快速算法。该算法大大简化了小波系数的计算，在小波分析中占有重要的地位。

（1）Mallat 算法的分解与重构。

由小波变换得到多分辨率的双尺度方程为

$$\phi(t) = \sum_{n \in Z} g(n)\sqrt{2}\phi(2t-n) \tag{9-10}$$

$$\varphi(t) = \sum_{n \in Z} h(n)\sqrt{2}\varphi(2t-n) \tag{9-11}$$

用 $2j$ 对 x 进行尺度化，并用 k 对它进行平移，可得

$$\phi(2^{-j}t-k) = \sum_{n \in Z} g(n)\sqrt{2}\phi(2^{-j+1}t-2k-n) \tag{9-12}$$

$$\varphi(2^{-j}t-k) = \sum_{n \in Z} h(n)\sqrt{2}\varphi(2^{-j+1}t-2k-n) \tag{9-13}$$

令 m=$2k$+n，则

$$\phi_{j,k}(t) = \sum_{n \in Z} g(m-2k)\phi_{j-1,m}(t) \tag{9-14}$$

$$\varphi_{j,k}(t)=\sum_{n\in Z}h(m-2k)\varphi_{j-1,m}(t) \tag{9-15}$$

设 $f(t)\in V_{j-1}$，则 $f(t)$ 可用 V_{j-1} 中的标准正交基来展开，即

$$f(t)=\sum_{k\in Z}c_{j-1,k}\phi_{j-1,k}(t) \tag{9-16}$$

式中，$c_{j-1,k}=\left\langle f(t),\phi_{j-1,k}\right\rangle$。

由于 $V_{j-1}=V_j\oplus W_j$，将 $f(t)$ 分别投影到 V_j 和 W_j 空间，有

$$f(t)=\sum_{k\in Z}c_{j,k}\phi_{j,k}(t)+\sum_{k\in Z}d_{j,k}\varphi_{j,k}(t) \tag{9-17}$$

式中，尺度系数 $c_{j,k}$ 和小波系数 $d_{j,k}$ 分别为

$$c_{j,k}=\left\langle f(t),\phi_{j,k}(t)\right\rangle=\sum_{m\in Z}\overline{h}(m-2k)c_{j-1,m} \tag{9-18}$$

$$d_{j,k}=\left\langle f(t),\varphi_{j,k}(t)\right\rangle=\sum_{m\in Z}\overline{g}(m-2k)c_{j-1,m} \tag{9-19}$$

由式（9-18）和式（9-19）可以看出，空间 V_j 和 W_j 中的尺度系数 $c_{j,k}$ 和小波系数 $d_{j,k}$ 可由空间 V_{j-1} 的尺度系数 $c_{j-1,k}$ 计算。以此类推，空间 V_{j+1} 和 W_{j+1} 中尺度系数 $c_{j+1,k}$ 和小波系数 $d_{j+1,k}$ 可由空间 V_j 的尺度系数 $c_{j,k}$ 计算，如图 9-2 所示。这种分解方法被称为 Mallat 算法。

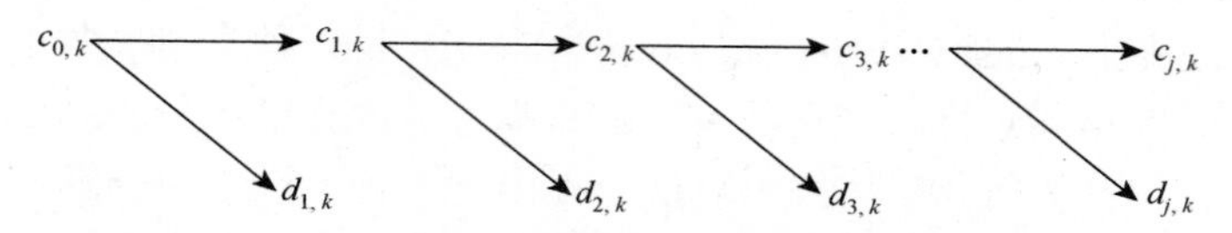

图 9-2　Mallat 分解算法示意图

用类似的思路可以推出 Mallat 重构算法的公式，如图 9-3 所示，根据尺度系数 $c_{j,k}$ 和小波系数 $d_{j,k}$ 可计算出尺度系数 $c_{j-1,k}$ 为

$$c_{j-1,k}=\sum_{n\in Z}c_{j,n}h(k-2n)+\sum_{n\in Z}d_{j,n}g(k-2n),\quad k\in Z \tag{9-20}$$

令 $h'(k)=\overline{h}(-k)$，$g'(k)=\overline{g}(-k)$，则式（9-18）和式（9-19）可表示为

$$c_{j,k}=\sum_{n\in Z}h'(2k-m)c_{j-1,m} \tag{9-21}$$

$$d_{j,k}=\sum_{n\in Z}g'(2k-m)c_{j-1,m} \tag{9-22}$$

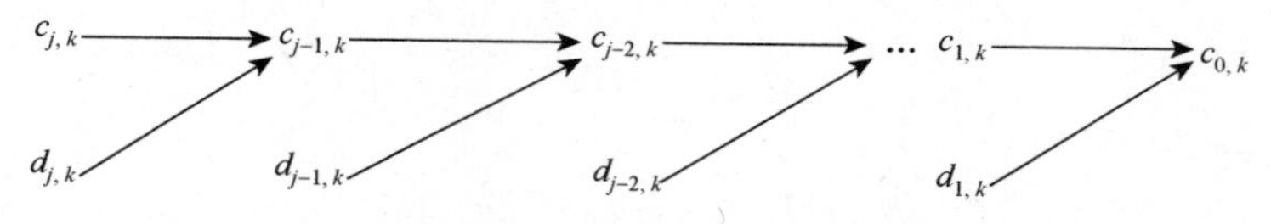

图 9-3　Mallat 重构算法示意图

若低通滤波器 $H'(\omega)$ 和高通滤波器 $G'(\omega)$ 对应的脉冲响应序列分别为 $\{h'(k)\}$ 和 $\{g'(k)\}$，则由式（9-21）和式（9-22）可推出，序列 $\{c_{j-1,k}\}$ 通过低通滤波器 $H'(\omega)$ 和高通滤波器 $G'(\omega)$ 后，对输出下采样得到序列 $\{c_{j,k}\}$ 和 $\{d_{j,k}\}$，如图 9-4(a) 所示。若低通滤波器 $H(\omega)$ 和高通滤波器 $G(\omega)$ 对应的脉冲响应序列分别为 $\{h(k)\}$ 和 $\{g(k)\}$，则由式（9-20）可推出，对序列 $\{c_{j,k}\}$ 和 $\{d_{j,k}\}$ 分别上采样并滤波后的输出之和即为序列 $\{c_{j-1,k}\}$，如图 9-4（b）所示。

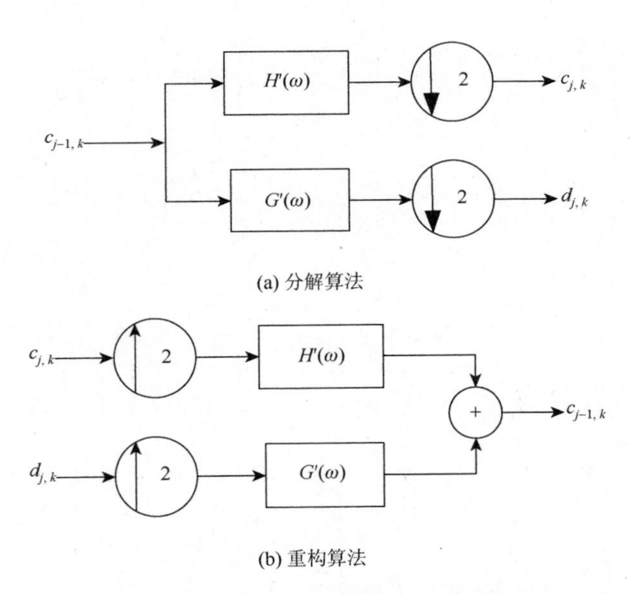

图 9-4　Mallat 分解与重构算法的滤波器框图

（2）二维 Mallat 算法。

利用张量积的形式，可以将 Mallat 算法推广到二维图像信号的情况。二维 Mallat 算法的分解公式为

$$\begin{cases} c_{k;n,m} = \sum_{l,j} h(l-2n)h(j-2m)c_{k+1;l,j} \\ d^{(1)}_{k;n,m} = \sum_{l,j} h(l-2n)g(j-2m)c_{k+1;l,j} \\ d^{(2)}_{k;n,m} = \sum_{l,j} g(l-2n)h(j-2m)c_{k+1;l,j} \\ d^{(3)}_{k;n,m} = \sum_{l,j} g(l-2n)g(j-2m)c_{k+1;l,j} \end{cases} \tag{9-23}$$

二维 Mallat 算法的重构公式为

$$c_{k+1;n,m}=\sum_{l,j}h(n-2l)h(m-2j)c_{k;n,m}+\sum_{l,j}h(n-2l)g(m-2j)d_{k;n,m}^{(1)}$$
$$+\sum_{l,j}g(n-2l)h(m-2j)d_{k;n,m}^{(2)}+\sum_{l,j}g(n-2l)g(m-2j)d_{k;n,m}^{(3)} \quad (9\text{-}24)$$

二维 Mallat 算法的滤波器框图如图 9-5 和图 9-6 所示。

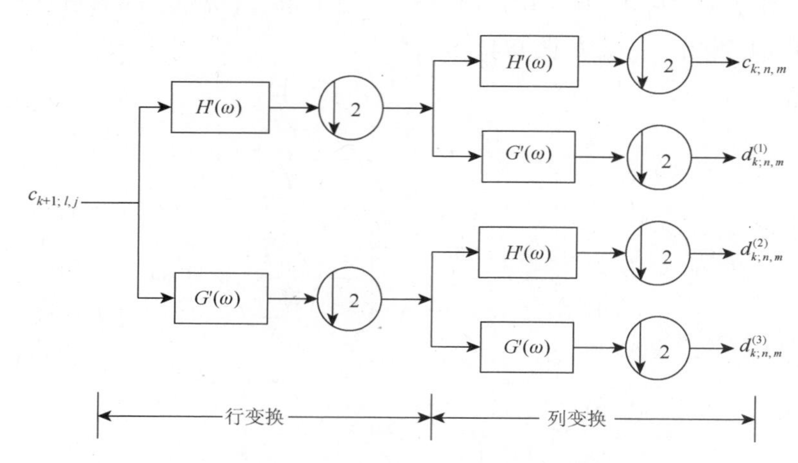

图 9-5　二维 Mallat 分解算法的滤波器框图

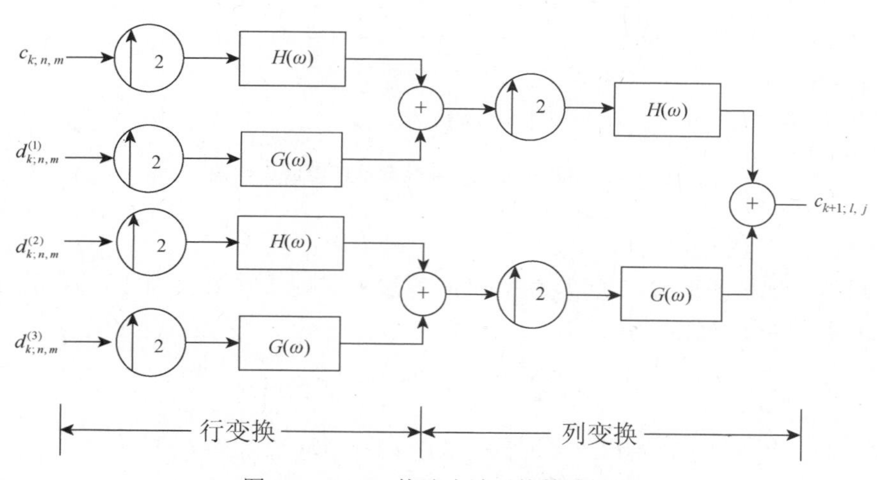

图 9-6　Mallat 快速小波重构算法框图

在对图像进行二维小波分解时，可将图像作为图 9-5 的输入序列 $c_{k+1;n,m}$，n 和 m 分别为图像像素的行坐标和列坐标。首先利用低通滤波器 $H'(\omega)$ 和高通滤波器 $G'(\omega)$ 对图像的每一行进行小波变换，然后将得到的低频部分和高频部分的数据的每一列分别用 $H'(\omega)$ 和 $G'(\omega)$ 进行小波变换，最后可得到 4 个输出：$c_{k;n,m}$ 表示两个方向的低频成分，即图像的主要特征；$d_{k;n,m}^{(1)}$ 表示水平方向的低频成分和竖直方向的高频成分，即包含了较多的垂直边缘信息；$d_{k;n,m}^{(2)}$ 表示水平方向的高频成分与竖直方向的低频成分，即包含了较多的水平边缘信息；$d_{k;n,m}^{(3)}$ 表示水平方向的高频成分与竖直方向的高频成分，即同时包含了垂直和水平边缘信息。因此图像的一级小波分解可通过两次一维小波分解来实现，首先对图像的每一行分别进行一维小波分解，然后再对每一列进行一维小波分解，分解后的图像由 4 个部分构成：$c_{k;n,m}$、$d_{k;n,m}^{(1)}$、$d_{k;n,m}^{(2)}$、$d_{k;n,m}^{(3)}$。对两个方向的低频成分 $c_{k;n,m}$ 进行同样的分解过程，即可得到图像的多级小波分解。同样，重构过程只需要进行相应的逆过程。图 9-7 给出了小波分解的示意图，L 表示低频成分，H 表示高频成分，下标表示分解级数。图 9-7 是图像的三级小波分解实例。

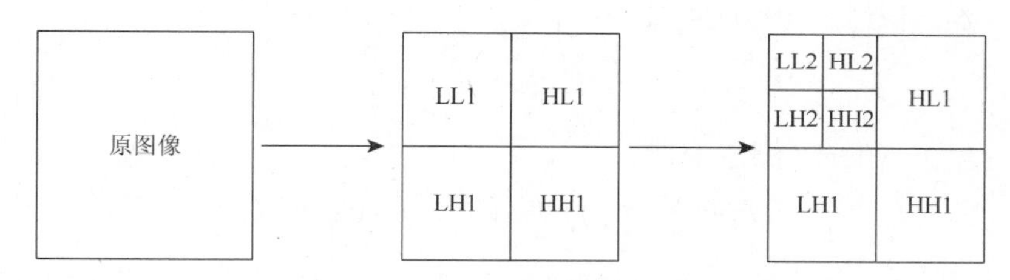

图 9-7　图像的小波分解示意图

9.1.2　小波的特征提取

1）小波基的选择

任何实正交的小波对应的滤波器组 $(H(w),G(w))$ 均能实现图像的分解与合成，但是并不是任何分解均能满足要求，同一幅图像用不同的小波基进行分解所得到的数据压缩效果是不同的。由于小波变换是将原始图像与小波基函数以及尺度函数进行内积运算，1989 年 Duabehceis 基于离散滤波器迭代的方法构造了紧支集的规范正交小波集，因而内积运算转换为信号和离散滤波器的卷积运算，小波变换中小波基的选取转换为正交镜像滤波器（quadrature mirror filter，QMF）的选取。

对于小波基的选取（相当于对 QMF 的选取）应使小波具有以下性质。

（1）线性相位特性：以减少或消除重构图像在边缘处的失真。

（2）紧支集特性：支集越短，小波变换的计算复杂度越低，便于快速实现。

（3）消失矩特性：即 $(H(w),G(w))\int x^n\psi(x)\mathrm{d}x=0$，$n$=1, 2, 3, ⋯, k–1。一般来说，k 越大，小波变换后能量越集中于低频子带，而在高频子带中会出现更多的 0。

图像小波分解后的各层小波系数都包含了图像中目标的信息，选择合适的小波基可使小波变换空间能量集中，这样有利于选取主要成分作为特征。研究表明在正交小波中，Haar 小波在时域是不连续的，频域的局部衰减特性也较差；Shannon 小波恰好相反，频域是不连续的，时域衰减性不好；Duabechies 小波不具有对称性（即不具有线性相位），以样条函数作为尺度函数，然后正交化得到的 Battel-Lemarie 小波不是紧支集的。Duabechies 已经证明，既具有紧支集，又具有对称性的正交小波是不存在的。利用小波对图像处理时，为了减少处理后图像的相位延迟，通常要求小波具有对称性，为此采用双正交小波。在图像压缩算法中应用的线性相位双正交小波基，有保留空间细节的位置和集中能量压缩信息的特性，如 Biohrtogonal 就是一组线性相位紧支撑双正交小波基。

2）小波变换的级数的选择

对图像进行小波分解，当分解到第 j 层时，各细节的能量可以分别表示为

第 j 层近似细节图像的能量：

$$E_s^{(j)}=\sum_x\sum_y\left|f_{\mathrm{LL}}^{(j)}(x,y)\right|^2 \tag{9-25}$$

第 j 层水平细节图像的能量：

$$E_h^{(j)}=\sum_x\sum_y\left|f_{\mathrm{LH}}^{(j)}(x,y)\right|^2,\quad j=1,2,\cdots,J \tag{9-26}$$

式中，J 为最佳分解级数。

按照式（9-26）的方法分别计算第 j 层垂直细节图像的能量与对角细节图像的能量 $E_v^{(j)}$ 和 $E_d^{(j)}$ 。

经 j 层分解后，所有细节图像的总能量为

$$E=E_s^{(j)}+\sum_{j=1}^{j}E_h^{(j)}+\sum_{j=1}^{j}E_v^{(j)}+\sum_{j=1}^{j}E_d^{(j)} \tag{9-27}$$

针对最佳分解级数的选择，引入变量 D_j 和 R_j ，其中， D_j 表示在分辨率为 j 时，三个高频细节能量的总和与总能量的比值； R_j 表示在分辨率分别为 j 和 $j-1$ 时，后一层 $j-1$ 与前一层 j 的三个高频细节的能量总和的比值。

$$D_j=(E_h^{(j)}+E_v^{(j)}+E_d^{(j)})/E,\quad j=1,2,\cdots,J \tag{9-28}$$

$$R_j=D_j/D_{j-1},\quad j=1,2,\cdots,J \tag{9-29}$$

如果 $R_j>1$，则说明在分辨率为 $j-1$ 时，样本的近似细节 $f_{\mathrm{LL}}^{(j-1)}(x,y)$ 中依然包含三个高频细节，同时需要进一步分解，用来分离低频和高频细节。如果 $R_j<1$，则说明在分辨率为 $j-1$ 时，图像的近似细节 $f_{\mathrm{LL}}^{(j-1)}(x,y)$ 中几乎不包含三个高频细节，这时图像不需要进一步分解。此时图像中的低频和高频部分完全被分离，可以选择合适的图像子带进行纹理特征提取。将 $R_j<1$ 时的分辨率 $j-1$ 称为最佳分辨率，即小波的最佳分解层。

分别对三类样本图像进行小波分解，按照式（9-29）计算 R_j，并从统计样本图像的结果中可知，在对图像进行两层小波分解时，$D_2>D_1$，$R_2>1$，而在对图像进行三层小波分解时，$D_3<D_2$，$R_3<1$，满足了小波的最佳分解条件。在本研究中，对纹理样本图像的最佳小波分解级数 J 取值为 2，这样也可以减少运算时间。图 9-8 和表 9-1 分别是对直纹纹理的样本图像进行三级分解与对各图像能量的计算分析，图 9-9 和表 9-2 分别是对抛物线纹纹理的样本图像进行三级分解与对各图像能量的计算分析，图 9-10 和表 9-3 分别是对乱纹纹理的样本图像进行三级分解与对各图像能量的计算分析。

(a) 一级分解　(b) 二级分解　(c) 三级分解

图 9-8　直纹纹理的小波分解

表 9-1　直纹木材样本图像小波分解各子图的能量

分解级数	近似图像	水平	垂直	对角线	总能量	能量比例
一级	99.643 8	0.335 0	0.012 1	0.009 1	100.000 0	0.003 7
二级	99.189 9	0.507 2	0.007 4	0.005 8	99.710 3	0.005 2
三级	99.073 2	0.344 9	0.007 8	0.004 8	99.430 7	0.003 6

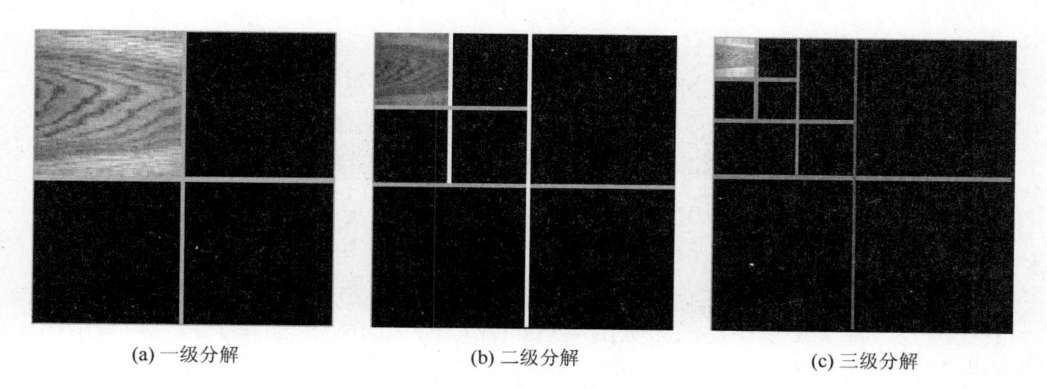

(a) 一级分解　(b) 二级分解　(c) 三级分解

图 9-9　抛物线纹纹理的小波分解

表 9-2　抛物线纹木材样本图像小波分解各子图的能量

分解级数	近似图像	水平	垂直	对角线	总能量	能量比例
一级	99.659 7	0.300 6	0.017 0	0.011 8	99.989 1	0.003 3
二级	99.275 1	0.270 9	0.036 5	0.032 7	99.615 2	0.003 4
三级	99.036 2	0.162 7	0.041 1	0.035 2	99.275 2	0.002 4

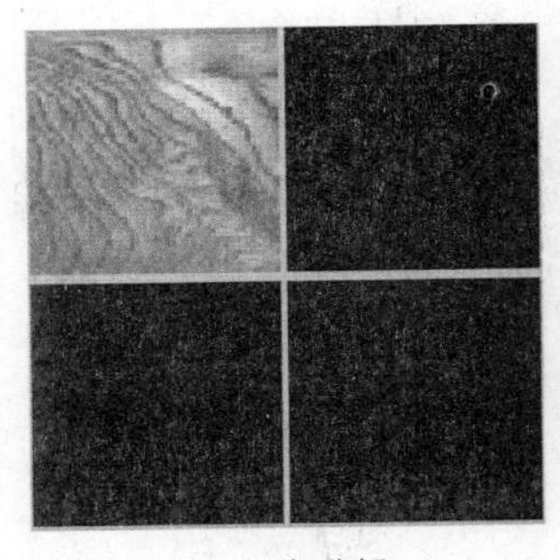
(a) 一级分解

(b) 二级分解

(c) 三级分解

图 9-10　乱纹纹理的小波分解

表 9-3　乱纹木材样本图像小波分解各子图的能量

分解级数	近似图像	水平	垂直	对角线	总能量	能量比例
一级	99.510 6	0.288 9	0.118 3	0.082 3	100.000 1	0.004 9
二级	99.088 2	0.232 0	0.156 2	0.114 7	99.591 1	0.005 0
三级	98.964 5	0.162 7	0.118 0	0.091 1	99.336 3	0.003 7

3）特征提取过程

根据以上对小波的最佳分解级数与小波基的分析确定，采用 sym4 小波基对图像进行二级小波分解，可以得到小波分解的 7 个子图，分别为一级分解的水平细节 HL1 图、垂直细节 LH1 图、对角细节 HH1 图、二级分解的近似 LL2 图、水平细节 HL2 图、垂直 LH2 图和对角细节 HH2 图。将这 7 个子图作为研究对象，按式（9-30）和式（9-31）分别计算每个子图小波系数的均值和标准差，并按式（9-32）计算整幅图片的熵，得到的 15 个参数作为样本的特征向量。

各子图小波系数的均值可以用来反映该细节子图信息量的多少；标准差可以反映样本的对应细节部分偏离平均数的程度，纹理样本各频率下差别的大小；熵可以反映整体样本图像所提供信息量的多少，样本的图像内容越复杂，样本的熵值就越大。将 7 个子图小波系数的均值按 $W1 \sim W7$ 的顺序进行编号，7 个子图小波系数的标准差按 $W8 \sim W14$ 的顺序编号，将整幅图片的熵编号 $W15$。三类样本的特征值如表 9-4 所示。

表 9-4　图像的纹理特征值

编号	直纹			抛物线			乱纹		
	样本 1	样本 2	平均值	样本 1	样本 2	平均值	样本 1	样本 2	平均值
*W*1	−0.389	0.121	−0.134	−0.632	0.158	−0.237	−0.023	−0.271	−0.147
*W*2	0.065	0.077	0.071	−0.022	0.028	0.003	−0.099	−0.014	−0.057
*W*3	0.045	−0.006	0.0195	0.008	−0.022	−0.007	−0.118	−0.028	−0.073
*W*4	414.033	417.386	415.710	355.170	371.726	363.448	314.179	315.640	314.910
*W*5	1.945	0.132	1.039	0.719	−0.734	−0.008	−1.216	−0.739	−0.978
*W*6	−0.342	−0.001	−0.172	0.385	0.141	0.263	0.390	−0.690	−0.150
*W*7	0.043	−0.171	−0.064	−0.044	−0.080	−0.062	0.118	0.135	0.127
*W*8	24.159	18.033	21.096	20.000	17.273	18.637	17.125	18.544	17.835
*W*9	4.601	5.179	4.890	4.820	5.021	4.921	10.957	8.703	9.830
*W*10	3.988	4.061	4.025	3.895	4.252	4.074	9.141	8.180	8.661
*W*11	47.418	49.772	48.595	48.501	36.311	42.406	48.186	37.173	42.680
*W*12	59.680	44.750	52.215	37.811	33.703	35.757	30.385	34.861	32.623
*W*13	7.198	8.837	8.018	10.284	11.310	10.797	24.947	15.671	20.309
*W*14	6.378	6.741	6.560	9.117	9.988	9.553	21.382	15.347	18.365
*W*15	6.673	6.697	6.685	6.741	6.339	6.540	6.773	6.453	6.613

设小波分解后为 $N\times N$ 的子带，$i=1,2,\cdots,14$，则

均值可表示为

$$\mu_i=\frac{1}{N^2}\sum_{x_1=1}^{N}\sum_{x_2=1}^{N}\left|f(x_1,x_2)\right| \tag{9-30}$$

标准差可表示为

$$\sigma_i=\sqrt{\frac{\sum_{x_1=1}^{N}\sum_{x_2=1}^{N}\left(f\left(x_1,x_2\right)-\mu_i\right)}{N^2}} \tag{9-31}$$

熵可表示为

$$e=-\sum f(x_1,x_2)\log_2 f(x_1,x_2) \tag{9-32}$$

4）实验结果

运用以上方法，选取三类纹理的 300 幅木材样本图像，每类纹理样本各 100 幅，其中 50 幅用于 BP 神经网络的训练，另 50 幅作为待测样本。对三类图像样本提取 *W*1～*W*15 的特征，并送入 BP 神经网络分类器的输入端，用训练好的 BP 神经网络分类器进行测试，测试结果如表 9-5 所示。

表 9-5　基于小波变换的样本分类结果　　（单位：%）

实验次数	直纹	抛物线	乱纹
1	94	84	86
2	90	84	84
3	88	86	82
平均正确率	90.7	84.7	84

通过以上实验可以发现，小波变换的方法可以对木材的纹理进行较好识别。但是对于直纹纹理的木材样本分类正确率高于另两种纹理的样本，这说明小波变换的方法能够对木材的直纹纹理的识别效果更好，这一现象可能由于小波变换的方法没有方向性，而且整个识别过程的时间仅为 0.025s。

9.2　基于曲波变换的特征提取及纹理识别

9.2.1　第一代曲波变换

1）曲波变换的介绍

第一代曲波变换是 Candes 等于 1999 年在脊波变换的基础上提出的，它是基于 Ridgelet 变换理论、多尺度 Ridgelet 变换理论与带通滤波器理论的一种变换。与微积分的定义类似，在尺度足够小的情况下，曲波可以被看成直线，曲波的奇异性就可以根据直线奇异性来体现，为此可以将曲波变换称为“脊波变换的积分”。单尺度脊波变换的基本尺度是固定的，曲波变换则不然，它是在所有可能的尺度上进行分解的。

曲波变换分解的基本元素是多尺度脊波金字塔，多尺度脊波字典是所有可能的尺度的单尺度脊波字典的集合：

$$\left\{\psi_{\mu}:=\psi_{Q,a}, s \geqslant 0, Q \in \Omega_{s}, a \in \Gamma\right\} \tag{9-33}$$

由式（9-33）可知，多尺度脊波字典构成了长度和位置均可变的局部脊波金字塔。显然，这样的多尺度脊波金字塔是一个过完备的表示系统，采用简单的阈值处理往往找不到对应的一个稀疏分解。针对这一问题，曲波变换通过子带滤波形成尺度的正交分解来减少各尺度的冗余性。完成曲波变换需要使用一系列滤波器，如 $\varPhi_0$、$\varPsi_{2s}(s=0,1,2,\cdots)$，这些滤波器需要满足以下条件。

（1）ϕ_0 是一个低通滤波器，并且其通带为 $|\xi| \leqslant 1$。

（2）ψ_{2s} 是带通滤波器，带通范围为 $|\xi| \leqslant [2^{2s}, 2^{2s+2}]$。

（3）所有滤波器要满足：$\left|\hat{\Phi}_0(\xi)\right|^2+\sum_{s\geqslant 0}\left|\Psi_{2s}(\xi)\right|^2=1$。

滤波器组将函数 f 映射为

$$f\to(P_0f=\Phi_0\cdot f,\Delta_0f=\psi_0\cdot f,\cdots,\Delta_sf=\psi_{2s}\cdot f,\cdots)\tag{9-34}$$

满足 $\|f\|_2^2=\|P_0f\|_2^2+\sum_{s\geqslant 0}\|\Delta_s\cdot f\|_2^2$。曲波的变换系数可以定义为

$$a_\mu=\left\langle\Delta_sf,\Psi_{Q,a}\right\rangle Q\in\Omega_s,a\in\Gamma\tag{9-35}$$

曲波变换为将任意均方可积函数 f 映射到系数序列 $a_\mu(\mu\in M)$ 的变换。其中，M 表示 a_μ 的参数集，称元素 $\sigma_\mu=\Delta_s\Psi_{Q,a},Q\in\Omega_s,a\in\Gamma$ 为曲波，曲波的集合构成 $L_2(IR^2)$ 上的一个紧框架：$\|f\|_2^2=\sum_{\mu\in M}\left|\left\langle f,\sigma_\mu\right\rangle\right|^2$，并且有分解：

$$f=\sum_{\mu\in M}\left\langle f,\sigma_\mu\right\rangle\sigma_\mu\tag{9-36}$$

曲波基的支撑区间满足式（9-37）的关系是曲波变换的一个最核心的关系。这一关系称为各向异性尺度关系（anisotropy scaling relation），此关系表明 Curvelet 变换具有方向性。

$$\text{width}\propto\sim\text{length}^2\tag{9-37}$$

对于曲波变换，设 s 为 Sobolev 系数，$g\in W_2^2(R^2)$，令 $f(x)=g(x)\big|_{\{x_2\leqslant\gamma(x_1)\}}$，其中曲线 γ 二阶可导，则函数 f 的曲波变换的 M 项非线性逼近 $Q_M^C(f)$ 能达到误差界：

$$\left\|f-Q_M^C(f)\right\|_2^2\leqslant CM^{-2}(\log_2M)^{1/2}\tag{9-38}$$

由式（9-38）可知，对于二阶可导函数，曲波变换已经达到了一种“几乎最优”逼近阶，此时非线性小波变换逼近误差的衰减速度依然是 M^{-1} 阶的。

2）曲波变换的实现步骤

曲波分解的具体实现步骤可总结如下。

（1）子带分解。利用滤波器组 Φ_0 和 $\Psi_{2s}(s=0,1,2,\cdots)$ 将图像 f 分解为低频子带 P_0f 和高频子带 Δ_sf，即

$$f\mapsto(P_0f=\Phi_0\cdot f,\Delta_0f=\psi_0\cdot f,\cdots,\Delta_sf=\psi_{2s}\cdot f,\cdots)\tag{9-39}$$

（2）光滑部分。将各高频子带进行平滑分割，分割成合适尺寸的正方形区域，即 $\Delta_sf\mapsto(\omega_Q\Delta_sf)$。

（3）归一化。对得到的每个正方形区域进行归一化处理，即 $g_Q=(T_Q)^{-1}(\omega_Q\Delta_sf)$。

（4）脊波分解。对每个剖分块 g_Q 进行脊波变换，得到曲波系数。

9.2.2 第二代曲波变换

1）连续曲波变换

第一代曲波的数字实现步骤比较复杂，需要进行子带分解、平滑分块、正规化与脊波分析等一系列过程，而且曲波金字塔的分解也存在巨大的数据冗余量，因此 Candes 等又提出了实现更为简单的快速曲波变换算法，即第二代曲波（fast curvelet transform）。在构造上第二代曲波与第一代曲波已经完全不同。第一代曲波的构造思想是利用足够小的分块将曲波近似到每个分块中的直线来处理，然后利用局部的脊波分析其特性，但是第二代曲波变换和脊波理论没有任何联系，两者之间的相同点仅在于如紧支撑、框架等抽象的数学意义。

第二代曲波变换通过信号频谱的多方向分解实现信号的多方向分解，借助快速 Fourier 变换使数字实现更加简单、快速。第二代曲波变换有两种数值实现方法：一种是基于非均匀采样的快速 Fourier 变换；另一种是基于特殊选择的 Fourier 采样的卷绕。

在二维空间 R^2 中，定义 x 为空间位置变量，ω 为频率域变量，r 和 θ 为频率域下极坐标。假定 $W(r)$ 和 $V(t)$ 为平滑、非负、实值的半径窗和角窗，且满足容许性条件：

$$\sum_{j=-\infty}^{+\infty} W^2(2^j r)=1, \quad r\in\left(\frac{3}{4},\frac{3}{2}\right) \tag{9-40}$$

$$\sum_{l=-\infty}^{+\infty} V^2(t-l)=1, \quad l\in\left(-\frac{1}{2},\frac{1}{2}\right) \tag{9-41}$$

对所有尺度 $j\geqslant j_0$，定义 Fourier 频域的频率窗为

$$U_j(r,\theta)=2^{-3j/4}W(2^{-j}r)V\left(\frac{2^{\lfloor j/2\rfloor}\theta}{2\pi}\right) \tag{9-42}$$

式中，$\lfloor j/2\rfloor$ 表示 $j/2$ 的整数部分。由以上定义可知，U_j 为极坐标下的“锲形”窗。图 9-11 给出了曲波变换的频率空间区域分块图，其中阴影部分表示一个“锲形”窗，其为曲波的支撑区间。

令曲波为 $\varphi_j(x)$，其 Fourier 变换 $\hat{\varphi}_j(\omega)=U_j(\omega)$，则通过 φ_j 的旋转和平移可以得到在尺度 2^{-j} 上的所有曲波。定义等间隔的旋转角序列 $\theta_l=2\pi\cdot 2^{-\lfloor j/2\rfloor}\cdot l$ $(l=0,1,\cdots,0\leqslant\theta_l\leqslant 2\pi)$ 和平移参数序列 $k=(k_1,k_2)Z^2$，则尺度为 2^{-j}、方向为 θ_l、位置为 $x_k^{(j,l)}=R_{\theta_l}^{-1}(k_1\cdot 2^{-j},k_2\cdot 2^{-j/2})$ 的曲波为

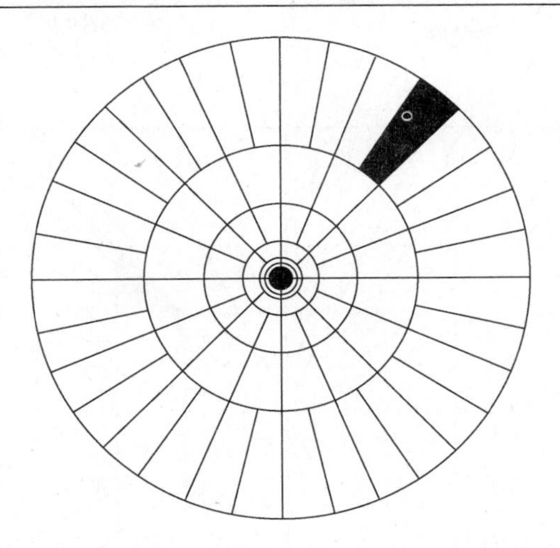

图 9-11　曲波变换的频率空间区域分块图

$$\varphi_{j,k,l}(x)=\varphi_j\left[R_{\theta_l}\left(x-x_k^{(j,l)}\right)\right] \tag{9-43}$$

频域的曲波变换定义为

$$\begin{aligned}c(i,l,k)&=\frac{1}{(2\pi)^2}\int\hat{f}(\omega)\hat{\varphi}_{j,l,k}(\omega)\mathrm{d}\omega\\&=\frac{1}{(2\pi)^2}\int\hat{f}(\omega)U_j(R_{\theta_l}\omega)\exp\left[i\left\langle x_k^{(j,l)},\omega\right\rangle\right]\mathrm{d}\omega\end{aligned} \tag{9-44}$$

与小波变换一样，曲波变换也包括粗尺度和精尺度成分。曲波变换的精尺度成分可由函数与曲波得到。对于粗尺度成分，引入低通窗口 W_0。它满足下列条件：

$$\left|W_0(r)\right|^2+\sum_{j\geqslant 0}\left|W(2^{-j}r)\right|^2=1 \tag{9-45}$$

对于 k_1，$k_2\in Z$，粗尺度下的曲波可以定义为

$$\varphi_{j_0,k}(x)=\varphi_{j_0}(x-2^{-j_0}k) \tag{9-46}$$

Fourier 变换满足：

$$\hat{\varphi}_{j_0}\quad(\omega)=2^{-j_0}W_0\left(2^{-j_0}\left|\omega\right|\right) \tag{9-47}$$

由式（9-46）和式（9-47），粗尺度下的曲波不具有方向性。因此，曲波变换是由精尺度下的方向成分和粗尺度下各向同性的小波构成的。

2）离散曲波变换

在连续时间域，曲波变换的实现方法是通过环形方向窗 U_j 将信号频谱进行光滑分割。在离散时间域，则采用同中心的方形笛卡儿窗来代替环形方向窗。

如图 9-12 所示。

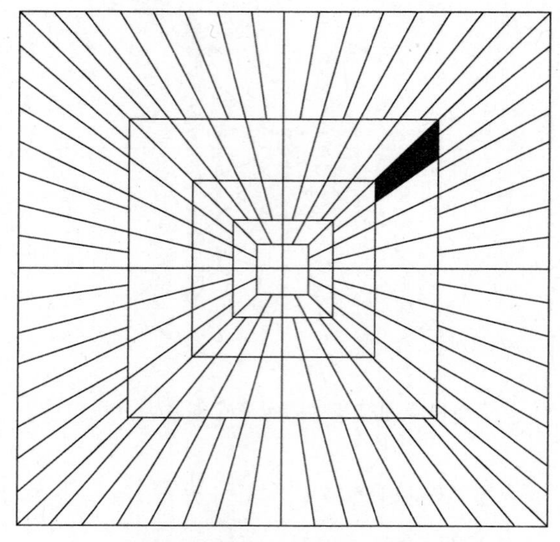

图 9-12　离散曲波变换分块图

笛卡儿坐标系下，局部窗函数定义为

$$\tilde{U}_j(\omega)=\tilde{W}_j(\omega)V_j(\omega) \tag{9-48}$$

式中，$\tilde{W}_j(\omega)=\sqrt{\Phi_{j+1}^2(\omega)-\Phi_j^2(\omega)}$, Φ 定义为一维低通窗口的内积，即

$$\Phi_j(\omega_1,\omega_2)=\phi(2^{-j}\omega_1)\phi(2^{-j}\omega_2) \tag{9-49}$$

设等间隔斜率序列为 $\tan\theta_l=l\cdot 2^{-\lfloor j/2\rfloor}$，$l=-2^{-\lfloor j/2\rfloor},\cdots,2^{-\lfloor j/2\rfloor}-1$，则

$$\tilde{U}_{j,l}(\omega)=\tilde{W}_j(\omega)V_j(S_{\theta_l}\omega) \tag{9-50}$$

式中，$S_\theta=\begin{bmatrix}1 & 0\\ -\tan\theta & 1\end{bmatrix}$是剪切矩阵。由此离散曲波可定义为

$$\tilde{\varphi}_{j,l,k}(x)=2^{3j/4}\tilde{\varphi}_j\left[S_{\theta_l}^T\left(x-S_{\theta_l}^{-T}b\right)\right] \tag{9-51}$$

式中，b 取离散值$\left(k_1\cdot 2^{-j},k_2\cdot 2^{-j/2}\right)$。离散曲波变换定义为

$$c(i,l,k)=\int\hat{f}(\omega)\tilde{U}_j(S_{\theta_l}^{-1}\omega)\exp\left[i\left\langle S_{\theta_l}^{-T}b,\omega\right\rangle\right]\mathrm{d}\omega \tag{9-52}$$

在采用快速 Fourier 变换实现曲波变换时，剪切的块应为标准的矩形。此时，式（9-52）应改写为

$$c(i,l,k)=\int\hat{f}(S_{\theta_l})\bar{U}_j(\omega)\exp\left[i\langle b,\omega\rangle\right]\mathrm{d}\omega \tag{9-53}$$

3）曲波变换的实现方法

本书采用的快速离散 Curvelet 变换是基于 USFFT 的方法，该方法的实现过程如下。

（1）对于在笛卡儿坐标下给定的二维函数 $f[t_1,t_2]$, $0 \leqslant t_1$, $t_2 \leqslant \omega$ 进行 2D FFT，得到二维频域为

$$\hat{f}[n_1,n_2], -n/2 \leqslant n_1, n_2 \leqslant n/2 \tag{9-54}$$

（2）在频域对于每一对(j，l)（尺度，角度），重采样 $\hat{f}[n_1,n_2]$，得到采样值为

$$\hat{f}[n_1, n_2 - n_1 \tan\theta_l], \quad (n_1,n_2) \in P_j \tag{9-55}$$

式中，$P_j = \{(n_1,n_2): n_{1,0} \leqslant n_1 < n_{1,0} + L_{1,j}, n_{2,0} \leqslant n_2 < n_{2,0} + L_{2,j}\}$，且 $L_{1,j}$ 是关于 2^j 的参量，$L_{2,j}$ 是关于 $2^{j/2}$ 的参量，分别表示窗函数 $\tilde{U}_j[n_1,n_2]$ 的支撑区间的长宽分量。

（3）将内插后的 $\hat{f}$ 与窗函数 $\tilde{U}_j$ 相乘，可得

$$\hat{f}_{j,l}[n_1,n_2] = \hat{f}[n_1, n_2 - n_1 \tan\theta_l]\tilde{U}_j[n_1,n_2] \tag{9-56}$$

（4）对 $\hat{f}_{j,l}$ 进行 2D FFT 逆变换，可以得到离散的曲波系数集合 $c^D(j,l,k)$。

9.2.3　曲波的特征提取

1）曲波变换的层次

可以根据图像的规格来对划分的尺度层次进行确定，划分规则为 nsclaes=log₂n−3，其中[m, n]=size（img），由于实验选取的图像大小为 128×128 像素，所以图像的尺度划分层次为 4。图像的层次可以分为三个部分，即 Coarse、Detail、Fine。从频率的分布情况来讲，最内层为低频系数，分配到 Coarse 部分；最外层为高频，分配到 Fine 部分；中间层次为中高频系数，分配到 Detail 部分。对 Coarse、Fine 尺度层系数 $S\{1\}$和 $S\{4\}$分别进行 IFFT，从而得到相应尺度层上的曲波变换系数 $C\{1\}$和 $C\{4\}$，Coarse 尺度层系数 $C\{1\}$包含了原始图像的概貌信息，Fine 尺度层系数 $C\{4\}$包含了图像的高频轮廓信息。Detail 层曲波变换系数的获得需要对 Detail 层的系数 $S\{2\}$和 $S\{3\}$进行角度的分割，Detail 层系数涵盖的是中高频系数，主要包含的是边缘特征，Detail 的边缘特征具备多方向性。

分别对三类样本进行基于 USFFT 的曲波变换，可以得到 4 个尺度层，最内层为 Coarse 尺度层，是由低频系数组成的一个 32×32 的矩阵；最外层为 Fine 尺度层，是由高频系数组成的一个 128×128 的矩阵；中间的第二、第三层为 Detail 尺度层，每层系数被分割为四个大方向，每个方向上都被划分为 8 个小方向，每个小方向是由中高频系数组成的矩阵，矩阵的形式如表 9-6 所示，得到曲波系数

图如图 9-13 所示。

表 9-6　曲波变换的系数分析

层次	尺度系数	方向参数1的个数	矩阵的形式				
Coarse	$C\{1\}$	1	32×32				
Detail	$C\{2\}$	32（4×8）		16×12	12×16	16×12	12×16
	$C\{3\}$	32（4×8）		32×22	22×32	32×22	22×32
Fine	$C\{4\}$	1	128×128				

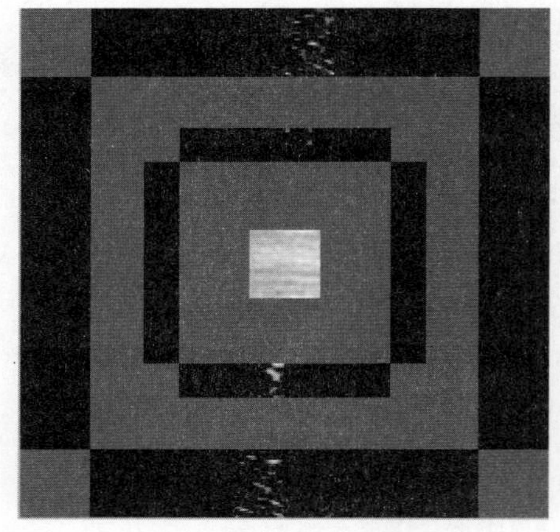

(a) 直纹纹理曲波系数图

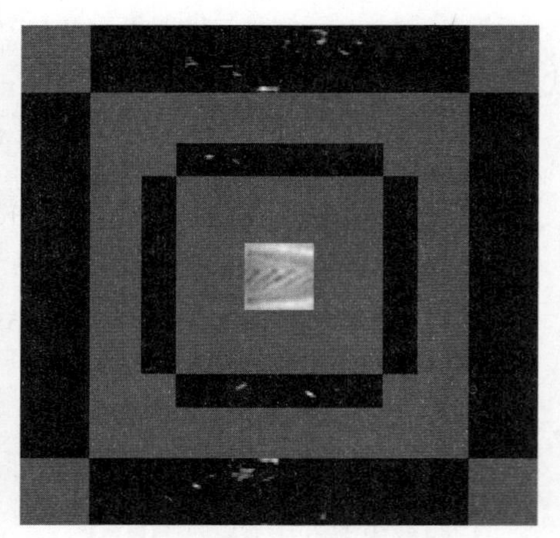

(b) 抛物线纹理曲波系数图

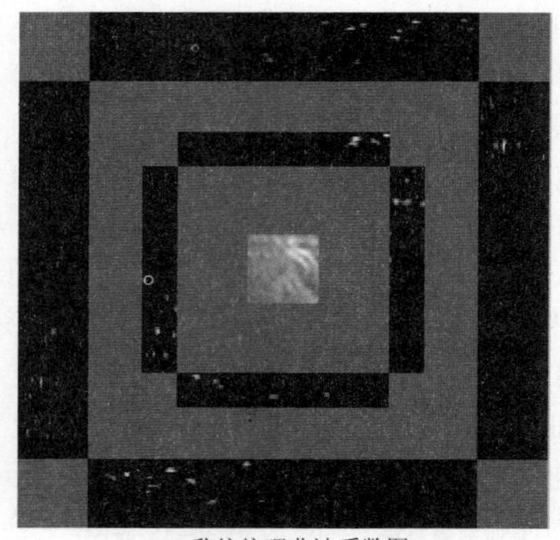

(c) 乱纹纹理曲波系数图

图 9-13　三类样本的曲波系数图

2）实验结果与分析

由以上系数图可以观察出三类样本的系数有明显区别，直纹纹理的系数主要分布在一、三方向的中间部分；抛物线纹理的系数主要分布在一、三方向，二、四方向有较少部分；而乱纹纹理的系数在四个方向都有，没有任何规律特征。根据以上三类木材样本曲波系数分布的差异能够很好地区分三类纹理。

其中 Detail 层的边缘特征更能体现纹理的方向性，辨别纹理的能力更强，而 Detail 层中的第二层与第三层在尺度分割上，每个小方向都被划分为 8 个相同的小方向，因此，只对 Detail 层中的第二层系数进行分析，由于第一方向与第三方向的 Curvelet 系数分布相似，第二方向与第四方向的 Curvelet 系数分布相似，为了避免信息的冗余，仅取第一方向和第二方向系数中的奇数小方向上的 8 个系数矩阵，用式（9-30）和式（9-31）计算曲波系数小方向上的均值和标准差，共 16 个参数作为曲波变换的特征参数。将 8 个小方向系数的均值按照 $C1 \sim C8$ 的顺序编号，标准差按照 $C9 \sim C16$ 的顺序编号。特征值如表 9-7 所示。

表 9-7　三类样本的特征值

编号	直纹			抛物线			乱纹		
	样本 1	样本 2	平均值	样本 1	样本 2	平均值	样本 1	样本 2	平均值
*C*1	−0.284	−0.953	−0.618	−1.259	1.179	−0.404	−2.131	0.121	−1.005
*C*2	3.081	−0.694	1.193	0.066	2.271	1.169	−0.478	−2.773	−1.626
*C*3	−6.903	−9.588	−8.246	0.227	−0.076	0.076	0.141	1.585	0.863
*C*4	3.704	−1.114	1.295	0.818	−0.482	0.168	6.725	3.613	5.169
*C*5	0.106	0.963	0.535	−0.454	−0.250	−0.352	−7.884	5.323	−2.561
*C*6	−0.508	−0.254	−0.381	0.640	0.145	0.393	−2.321	0.428	−0.947
*C*7	0.160	−0.842	−0.341	−0.701	−0.553	−0.627	3.316	2.440	2.878
*C*8	0.396	−1.651	−0.628	−0.965	−0.021	−0.493	0.656	0.290	0.473
*C*9	4.602	6.329	5.466	3.970	4.693	4.332	8.556	6.846	7.701
*C*10	12.003	12.610	12.307	9.411	11.970	10.691	10.454	11.932	11.193
*C*11	64.296	84.212	74.254	21.445	20.253	20.849	14.152	23.483	18.818
*C*12	8.385	10.638	9.512	9.355	5.436	7.396	27.740	21.854	24.797
*C*13	5.737	4.670	5.204	3.282	4.083	3.683	27.274	17.502	22.388
*C*14	4.939	4.331	4.635	3.274	6.482	4.878	21.879	12.303	17.091
*C*15	5.686	4.931	5.309	4.129	4.637	4.383	15.929	11.307	13.618
*C*16	4.417	4.710	4.564	4.996	4.875	4.936	9.796	7.528	8.662

对 300 幅三类木材样本图像进行曲波变换，并将提取的 16 个特征量送入 BP 分类器的输入端，分类结果如表 9-8 所示。

表 9-8　曲波变换的分类结果　（单位：%）

实验次数	直纹	抛物线	乱纹
1	92	92	86
2	90	88	90
3	92	90	86
平均正确率	90.7	90	87.3

由表 9-8 可以发现，曲波变换的方法可以对木材表面的纹理进行识别，并且对每类木材纹理的识别效果都很好。将曲波变换的方法与小波变换的方法进行对比，结果如表 9-9 所示。

表 9-9　小波变换与曲波变换分类结果的对比

特征提取方法	直纹/%	抛物线/%	乱纹/%	时间/s
小波变换	90.7	84.7	84	0.025
曲波变换	90.7	90	87.3	0.5634

根据以上对比可得，曲波变换对抛物线纹理与乱纹纹理的分类准确率明显高于小波变换的方法。进而表明曲波变换可以更好地用来描述曲线状特征，但是曲波变换的识别时间太长。

9.3　基于双树复小波的特征提取与识别

9.3.1　双树复小波变换

一般的复小波变换可以解决离散小波的局限性问题。但是由于超过一层分解的复小波变换的输入都是复数形式，所以很难找到与之对应的完全重构的滤波器。为了解决这一难题，Kingsbury（2001）提出了双树复小波变换（dual tree complex wavelet transform，DT-CWT），它按照一定的规则采用双树滤波的形式设计，既保留了一般复小波的优点，又可以完全重构。

复小波可以表示为

$$\psi(t)=\psi_r(t)+\mathrm{j}\psi_i(t) \tag{9-57}$$

式中，$\psi_r(t),\psi_i(t)$ 分别表示复小波的实部和虚部，它们都是实函数，这样双树复小波变换可以表示为两个独立的实小波变换，它包含两个平行的分解树：树 A 和树 B。树 A 给出双树复小波变换的实部，树 B 给出虚部。假设树 A 的低通滤波器和高通滤波器分别为 $h_0(n)$、$h_1(n)$；树 B 的低高通滤波器分别为 $g_0(n)$、$g_1(n)$。在第一层变换让树 A 相对于树 B 有一个采样周期的延时，那么就可以确保树 B 中的第一层向下采样取到树 A 中因隔点采样而舍弃的，未保留采样值。对于两层及以上的分解都采用偶数长的滤波器，延时为 1/4 个采样周期，而且每层都有 0.5 个延时，这种方式设计的滤波器无须线性相位。很显然树 A 和树 B 的小波函数组成了一个 Hilbert 变换对，所以双树复小波 $\psi(t)=\psi_r(t)+\mathrm{j}\psi_i(t)$ 具备了频谱单边性的优良特性，同时在二抽样条件下具有频率无偏性和近似的平移不变性，这正是复数小波变换的优点所在。图 9-14 给出了双树复小波变换分解示意图。

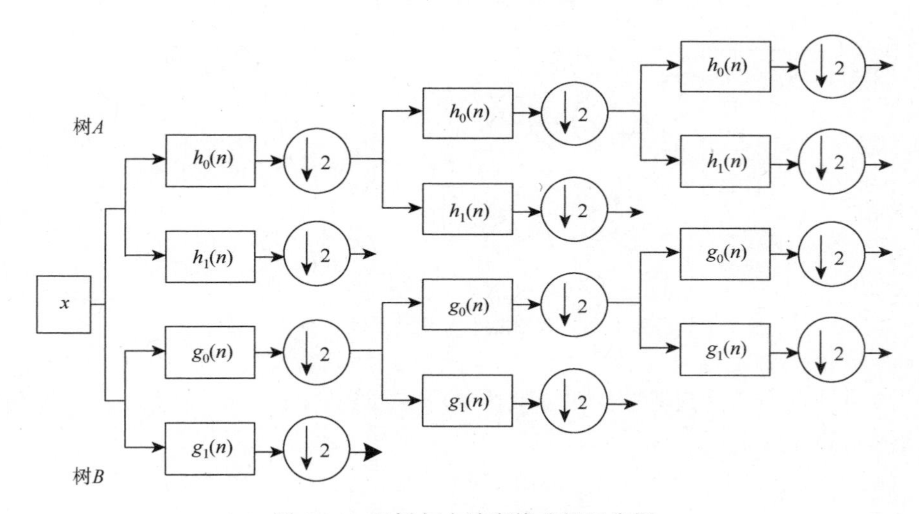

图 9-14　双树复小波变换分解示意图

为了实现双树复小波变换的反变换，对变换中的每一棵树分别使用双正交滤波器（设计成与对应的分析滤波器具有完全重构特性）进行反变换，对两棵树的输出结果进行平均，以保证整个系统近似的平移不变性。图 9-15 给出了双树复小波变换重构示意图。

9.3.2　双树复小波变换的性质

双树复小波变换有自身的优势。

（1）平移不变性：双树复小波变换具有平移不变性，意味着信号的微小平移不会导致各尺度上能量的变化。

（2）更多的方向选择性：在离散小波变换中，每一个尺度上仅能被分解成 3 个方向：水平、垂直和对角线，方向的选择性相当有限。在图像处理中，图像纹理和边界方向变化一般是连续的，但是离散小波方向有限的局限性很难反映出图像在不同的分辨率上多个方向的变化情况。双树复小波不仅融合了离散小波所具有的良好视频特性，还有更好的方向分析手段。

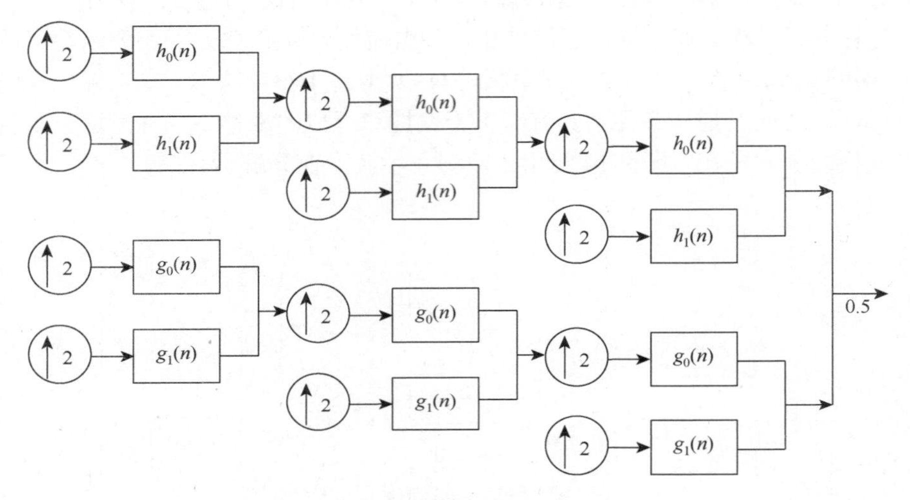

图 9-15　双树复小波变换重构示意图

（3）具有完全重构特性，对于双树复小波分解后的图像可以完全重构，保证了图像的处理效果。

（4）有限的数据冗余。对于一维信号，冗余为 2∶1；对于二维信号，冗余为 4∶1。

（5）计算量少。分解重构过程的计算量比非抽象离散小波变换都要少很多。正是由于双树复小波变换具有这些优良特性，所以在图像去噪、图像增强、边缘检测、模式识别、数据压缩、纹理分析和数字水印等一系列图像处理领域得到了很好的应用。

9.3.3　双树复小波的特征提取

正是由于双树复小波变换具有以上优良特性，本节在实木板材图像特征提取过程中应用了双树复小波变换，具体的提取过程如下。

（1）对木材表面图像进行 3 级双树复小波变换。

（2）变换后得到低频子带及 18 个高频子带。

（3）计算每个子带图像的均值，如

$$\mu_i = \frac{1}{N^2}\sum_{x_1=1}^{N}\sum_{x_2=1}^{N}\left|f(x_1,x_2)\right| \tag{9-58}$$

（4）计算每个子带和整幅图像的标准差，如

$$\sigma_i = \sqrt{\frac{\sum_{x_1=1}^{N}\sum_{x_2=1}^{N}(f(x_1,x_2)-\mu_i)}{N^2}} \tag{9-59}$$

（5）计算整幅图像的熵，计算公式为

$$e = -\sum f(x_1,x_2)\log_2 f(x_1,x_2) \tag{9-60}$$

（6）将得到 40 个参数作为样本的特征向量。

9.3.4　仿真实验结果

实验选用木材样本材料为柞木，木材经过干燥、抛光等处理工序，采集木材样本图像共 180 幅，其中表面带有直纹、抛物线纹和乱纹的 3 类样本图像各 60 幅，选择每类中 30 幅作为训练样本，其余 30 幅作为测试样本。实验所用相机型号为 Oscar F810C IRF，镜头型号为 computer M0814-MPFA，光源采用双排 LED 平行光，图像大小设定为128×128像素的灰度图。

将木材表面纹理特征分为直纹、抛物线纹和乱纹 3 类。实验平台为 MATLAB R2012a。为验证方法有效性，分别设计了特征选择对比试验和分类方法对比实验。

对于径切纹的木材样本，传统小波的识别率可以达到分选要求，但是其余类别的识别率均较低。采用基于双树复小波的特征提取方法，对径切纹的木材样本可以达到 100%识别，其余类别也明显优于传统离散小波变换方法。实验结果证明双树复小波变换具有更多的方向选择性，能够更准确地描述复杂的纹理信息。对板材表面图像进行 3 级双树复小波分解，得到低频子代和 18 个高频子代的 38 个特征参数，与图像的标准差和熵构成 40 维特征向量，然后输入压缩感知分类器中进行识别，实验结果如表 9-10 中第一列所示。

表 9-10　不同特征提取方法的识别率比较

木材类别	双树复小波	sym4	db2
弦切纹	86.7	80	83.3
径切纹	100	100	93.3

为了验证双树复小波特征提取方法的有效性，本书进行了传统小波的特征提

取与分类识别，小波基的选取不是唯一存在的，只要满足小波条件的函数都可以作为小波的基函数，在不同的应用条件下，可以选择不同的小波基函数。王克奇等已经证明，在板材图像处理中，sym4 和 db2 是能够典型反映纹理特征的小波基。因此采用这两种小波作为小波基，分别用 sym4 和 db2 小波对图像进行 2 级分解，计算 7 个子图的均值和标准差以及整幅图像的标准差和熵，将这 16 个参数作为特征向量构成样本，再代入压缩感知分类器中进行分类识别，实验结果为表 9-10 中的第二列和第三列。

9.4　本 章 小 结

本章首先提取板材图像小波特征，运用 BP 神经网络分类器对三类样本分类进行了验证。结果表明小波变换的方法可以对木材纹理进行分析，但抛物线纹理与乱纹纹理的分类效果不是很理想。曲波变换具有各向异性尺度的特点，对图像的边缘等特征能够更稀疏地表示，适用于对木材纹理的分析，并且对抛物线纹理与乱纹纹理的分类效果优于小波变换的方法，但是相对于小波变换方法的运算时间较长。双树复小波具有近似平移不变性和更多的方向选择性的特点，从而可以更好地表示出图像的边缘和纹理特征，具有明显高于小波变换的识别率。这三种变换都有其各自特点。第 10 章将对这三类特征进行综合优选，从而提高识别率，并保证较快的分类时间。

第 10 章　基于多尺度变换特征融合的纹理分类

以曲波、双树复小波为代表的多尺度和多方向的图像表达方式能够更为完整和全面地表达板材图像特征，但是它们都有各自的特点，小波、双树复小波对缺陷的识别率高，而曲波对纹理的识别率较高。为了融合这几种多尺度变换的优势，从而提高整个在线分选系统的精度，本章研究了这几种变换对应特征的优选算法，并提出了缺陷、纹理的协同分选方法。适当的特征处理不仅可以保留关键的信息，还能将次要的信息过滤掉，降低复杂度。因此，要实现特征的融合，首先要对样本图片进行特征的提取，尽量多地提取出对样本有价值的信息；其次要对提取出的特征参数进行归一化处理，使所有特征参数在一个数量单位上，单位的统一为特征参数的后续处理提供了方便；最后采用适当算法的方法对提取的特征进行数据优选及融合，选择出对样本图片识别贡献大的特征。常用的优选算法有遗传算法、粒子群算法、蚁群算法。常用的特征融合算法有主分量分析及线性鉴别分析。

10.1　基于小波曲波特征融合的纹理分类

10.1.1　特征融合的准备

特征融合的实现过程如图 10-1 所示。

1）图像的特征提取

本节分别采用小波变换的方法与曲波变换的方法对木材样本图像进行分解并提取特征，其中对图像进行小波变换提取了 15 个特征 $W1$～$W15$，$W1$～$W7$ 分别表示一级分解的水平细节 HL1、垂直细节 LH1、对角细节 HH1、二级分解的近似 LL2、水平细节 HL2、垂直 LH2 和对角细节 HH2 共 7 个子图像的小波系数的均值，$W8$～$W15$ 分别表示 8 个子图像小波系数的标准差以及整幅图像的熵，对图像进行曲波变换提取了 16 个特征 $C1$～$C16$，$C1$～$C8$ 分别为 Detail 层的第二层系数中第一方向和第二方向上的奇数小方向系数的均值，$C9$～$C16$ 分别为 Detail 层的第二层系数中第一方向和第二方向上的奇数小方向系数的标准差。共计 31 个特征作为样本图像的特征参数，对两种方法提取出的特征进行特征融合。

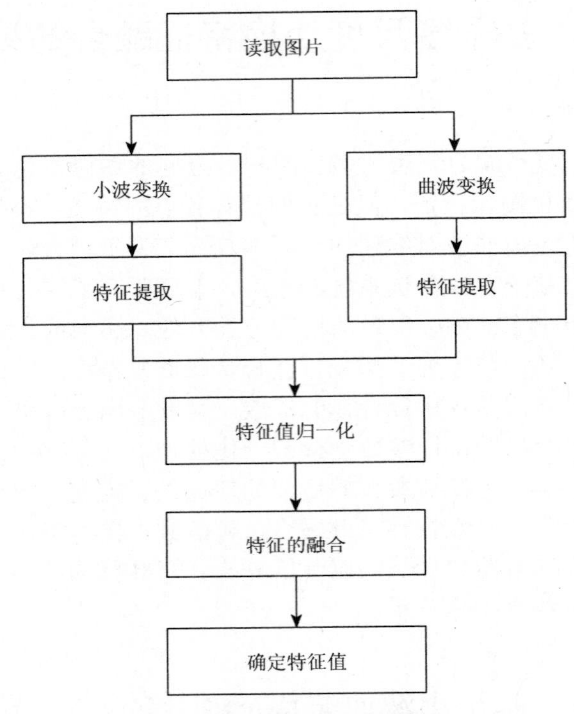

图 10-1　特征融合的实现过程

2）特征值归一化

由于特征提取的方法不同，各特征的量纲也会不同，如果某一特征的值域范围较大，那么其他值域范围较小的特征的贡献将会被它削弱，所以在对特征进行处理之前，需要先将它们归一化到同一值域区间内，本章采用最大最小法，使归一化后的数据将分布在[0.1，0.9]区间内。

$$x_k = 0.1 + (x_k - x_{\min}) / (x_{\max} - x_{\min}) \cdot (0.9 - 0.1) \qquad (10\text{-}1)$$

式中，$x_{\min}$ 表示序列中的最小值；$x_{\max}$ 表示序列中的最大值。

10.1.2　基于遗传算法的特征融合

特征融合的过程也是特征选择的过程。在原始特征中，有的特征对分类有效，有的没有作用。若在得到一组原始特征后，不加筛选而全部用于分类函数确定，则有可能存在部分无效特征，这既造成了对分类决策复杂度的增加，又不能明显改善分类器的性能。因此，需要对原始特征集进行处理，而舍去那些对分类并无多大贡献的特征，寻找出对区别不同类别最为重要有效，能反映分类本质的特征子集，从而可以在不降低或很少降低分类结果性能的条件下，降低特征空间的维数。用于特征选择的特征量既可以是原始特征，又可以是经数学变换后得到的二次特征。

1. 遗传算法简介

遗传算法（genetic algorithms，GA）是一种自适应全局优化概率的搜索算法。它的形成是模拟在自然环境中生物的遗传和进化过程，是一种宏观意义上的仿生算法，同时体现了“优胜劣汰，适者生存”的竞争体制。

生物进化过程的本质就是生物群在其生存环境约束下通过个体的竞争（competition）、选择（selection）、交叉（crossover）、变异（mutation）等方式所进行的“优胜劣汰”的一种自然优化过程。遗传算法的基本思想正是体现了这一过程，随机生成初始种群，将其作为父代中个体适应环境能力的度量，经过选择交叉和变异产生新的子代染色体重新选择，如此反复进化迭代，使个体的适应能力不断提高并收敛于最好的个体，该个体就是问题的最优解。遗传算法对解决复杂系统优化问题，特别是对一些组合优化问题的求解有着良好能力。

遗传算法与自然进化类似，是借助作用于染色体上的基因寻求好的染色体来求解问题。类似于自然界，对求解问题的遗传算法一无所知，它只是需要评价算法所产生的每个染色体，并基于适应值来选择染色体，从而使适应性好的染色体有更多的繁殖机会。在遗传算法中，首先通过随机的方式产生若干个求解问题的数字编码，即染色体，并形成初始群体。然后通过适应度函数对每个个体一个数值评价，从而将低适应度的个体淘汰，选出适应度高的个体参加遗传操作。经过遗传操作后的个体集合形成下一代新的群体，再对这个新群体进行下一轮进化。这就是遗传算法的基本原理。

2. 遗传算法构成要素的确定

1）编码

基本遗传算法采用固定长度的二进制符号串来表示群体中的个体，其等位基因是由二进制符号集{0, 1}组成的。本书用每个基因代表一种特征的状态，每个特征有两种标记状态，分别为0或1。其中0代表该特征没被选中，1代表被选中。如表10-1和表10-2所示，共31个特征，基因位的长度n=31。初始群体中每个个体的基因值均可采用均匀分布的随机数来生成。

表 10-1　小波变换方法各特征的编码

特征编号	特征变量	特征编码
*W*1	HL1 系数均值	100000000000000000000000000000
*W*2	LH1 系数均值	010000000000000000000000000000
*W*3	HH1 系数均值	001000000000000000000000000000
*W*4	LL2 系数均值	000100000000000000000000000000
*W*5	HL2 系数均值	000010000000000000000000000000
*W*6	LH2 系数均值	000001000000000000000000000000
*W*7	HH2 系数均值	000000100000000000000000000000
*W*8	HL1 系数标准差	000000010000000000000000000000
*W*9	LH1 系数标准差	000000001000000000000000000000
*W*10	HH1 系数标准差	000000000100000000000000000000
*W*11	LL2 系数标准差	000000000010000000000000000000
*W*12	HL2 系数标准差	000000000001000000000000000000
*W*13	LH2 系数标准差	000000000000100000000000000000
*W*14	HH2 系数标准差	000000000000010000000000000000
*W*15	图像的熵	000000000000001000000000000000

表 10-2　曲波变换后 Detail 层的第二层系数中的特征编码

特征编号	特征变量	特征编码
*C*1	一方向中第一小方向系数均值	000000000000000100000000000000
*C*2	一方向中第三小方向系数均值	000000000000000010000000000000
*C*3	一方向中第五小方向系数均值	000000000000000001000000000000
*C*4	一方向中第七小方向系数均值	000000000000000000100000000000
*C*5	二方向中第一小方向系数均值	000000000000000000010000000000
*C*6	二方向中第三小方向系数均值	000000000000000000001000000000
*C*7	二方向中第五小方向系数均值	000000000000000000000100000000
*C*8	二方向中第七小方向系数均值	000000000000000000000010000000
*C*9	一方向中第一小方向系数标准差	000000000000000000000001000000

续表

特征编号	特征变量	特征编码
$C10$	一方向中第三小方向系数标准差	00000000000000000000000001000000
$C11$	一方向中第五小方向系数标准差	00000000000000000000000000100000
$C12$	一方向中第七小方向系数标准差	00000000000000000000000000010000
$C13$	二方向中第一小方向系数标准差	00000000000000000000000000001000
$C14$	二方向中第三小方向系数标准差	00000000000000000000000000000100
$C15$	二方向中第五小方向系数标准差	00000000000000000000000000000010
$C16$	二方向中第七小方向系数标准差	00000000000000000000000000000001

2）个体适应度

在基本遗传算法中，当前群体中每个个体遗传到下一代群体中机会的多少是通过与个体适应度成正比的概率确定的。个体适应度大则概率大，遗传到下一代的群体的机会就大。用适应度来评判个体的优劣，本书用三类样本分类的平均正确率作为适应度。

3）遗传算子

（1）选择运算使用比例选择算子，也称为赌轮算法。基本思想是各个个体被选中的概率与其适应度的大小成正比。具体地说，若某个个体 X_i 的适应度为 $f(X_i)$，则该个体被选中的概率 $p(X_i)=\dfrac{f(X_i)}{\sum_{k=1}^{n} f(X_i)}$ (n 是种群的大小)。

（2）交叉运算使用单点交叉算子。该操作首先随机在配对库中选择配对个体，其次在配对个体中随机设定交叉点，对于二值编码，对该交叉点前面或后面的两个个体部分结构进行互换，同时生成两个新个体。

（3）变异运算使用基本位变异算子。以变异概率随机指定的某一位或某几位进行变异操作，对于二进制编码的个体，变异意味着变量的翻转，若某位原为 0，则通过变异操作就变成了 1，反之同理。

4）基本遗传算法的运行参数

（1）群体大小 M。群体中所含个体的数量。当 M 取值较小时，遗传算法的运算速度可以得到提高，但是却影响了群体的多样性，并且有可能会产生遗传算法的早熟现象；而当 M 取值较大时，又可能会使得遗传算法的运行效率降低。一般 M 取为 20～100。由于本书提取的特征较多，相应的基因位数也较多，在对种群大小进行选取时，若种群数量选取过多，则遗传算法的运算需要很长时间，因此实验的种群大小 M 取 30。

（2）交叉概率 P_c。交叉操作是遗传算法的过程中产生新个体的主要方法，通过交叉操作，可以使遗传算法得到新优良个体。所以一般交叉概率应取较大值。但若取值过大，它又可能破坏群体中的优良模式，则造成对进化运算不利的影响；若取值太小，则产生新个体的速度会较慢。一般建议的取值范围是 0.4～0.99，本书中交叉概率 P_c 取 0.5。

（3）变异概率 P_m。变异过程是遗传算法的一个辅助性操作，主要作用是为了维持种群的多样性。若变异概率取值较大，则虽然可以产生出较多的新个体，但同时可能将很多较好的模式破坏掉；若变异概率取值太小，则通过变异操作产生新个体的能力与抑制早熟现象的能力就会变得较差。一般建议的取值范围是 0.0001～0.1，本书中变异概率 P_m 取 0.005。

5）终止条件

如果连续几代个体的平均适应度在遗传过程中不变（其差小于阈值 0.02），则认为种群已达成熟且不会再进行进化，并将此定为算法终止的判定标准。进化终止后，在末代种群中选择适应度最大的个体对其进行解码，就是所要得到的最优特征子集。

3. 遗传算法的求解步骤

简单遗传算法的求解步骤如下。

（1）编码。将需要选择的特征进行编码，并给定种群大小 M、基因位数 n、交叉概率 P_c 和变异概率 P_m。

（2）生初始化群体。随机产生 M 个初始串结构数据，每个串结构数据成为一个个体，M 个个体组成一个群体。

（3）分别对群体中每一个体的适应度进行评估。

（4）从当前群体中选择适应度高的个体，使这些个体有机会被选择进入下一代的迭代过程，同时舍弃适应度低的个体。

（5）按概率 P_c 进行交叉操作。

（6）按概率 P_m 进行交叉操作。

（7）若没有满足某种终止条件，则转向第（3）步，否则进入下一步。

（8）将群体中适应度值最优的染色体输出，并将其作为问题的满意或最优解。

遗传算法的框图由图 10-2 给出。

4. 融合的实现

应用 MATLAB R2012a 进行仿真实验，采用遗传算法对样本的特征进行数据融合，统计 90 幅木材样本图片，用 BP 神经网络作为分类器，以对三类样本分类的平均正确率作为遗传算法个体的适应度来评价样本的好坏，进行三次实验，结果如表 10-3 所示。

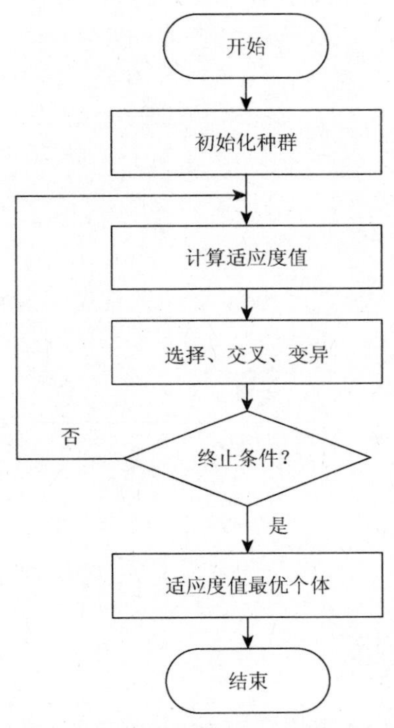

图 10-2　遗传算法的框图

表 10-3　融合的结果

实验次数	遗传代数	最优值	最优解	特征数
1	38	0.87	1110111000110011010001101011100	17
2	30	0.84	1110011011000111000001110010001	15
3	89	0.87	0110001000110010101100001101101	14

由表 10-3 可以看出，第一次与第三次实验的最优值相同，但是最优解存在很大差异，这说明对于本书的分类问题，在对特征进行融合时，选择的特征有不同组解，每一组特征解都可以达到对木材样本满意的分类效果。

但是特征参数的数量影响着样本的识别速度，特征数越多，识别速度越慢。本书需要衡量运算时间，因此在第一次与第三次的实验中，选择第三次的最优解作为特征融合的结果，对应的 14 个特征为 $W2$、$W3$、$W7$、$W11$、$W12$、$W15$、$C2$、

$C4$、$C5$、$C10$、$C11$、$C13$、$C14$、$C16$。遗传过程如图 10-3 所示。

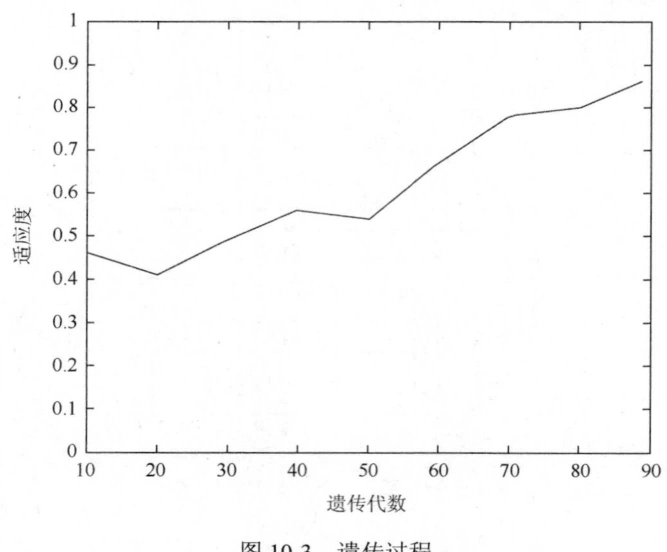

图 10-3　遗传过程

10.1.3　实验结果与分析

选取以上融合得出的 14 个特征用 BP 神经网络对三类木材样本进行训练，因此 BP 神经网络的输入层为 14 个神经元，输出层为 3 个神经元，但是隐含层的神经元个数需要根据经验选取，隐含层神经元个数 $l \in [6,15]$，对 100 个木材样本进行测试，结果如表 10-4 所示。

表 10-4　不同隐含层节点个数的 BP 神经网络识别率　　（单位：%）

节点个数	6	7	8	9	10	11	12	13	14	15
识别率	87	89	92	90	88	88	89	90	90	89

通过表 10-4 可以看出，当隐含层节点个数在 8 时，对木材样本的识别率最高，效果最好，因此 BP 神经网络训练时的隐含层节点个数设为 8。

选取三类纹理的 300 幅木材样本图像，每类纹理样本各 100 幅，其中 50 幅用于 BP 神经网络的训练，另 50 幅作为待测样本，送入训练好的 BP 分类器进行测试。首先对 150 幅训练样本图像进行训练，BP 的训练网络过程与结果如图 10-4 和图 10-5 所示。

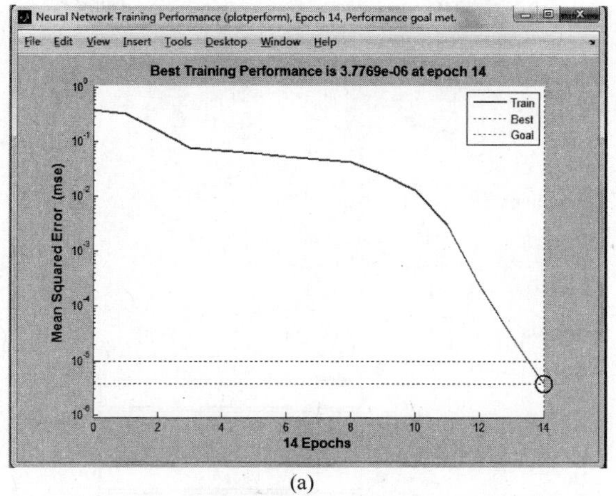

(a)

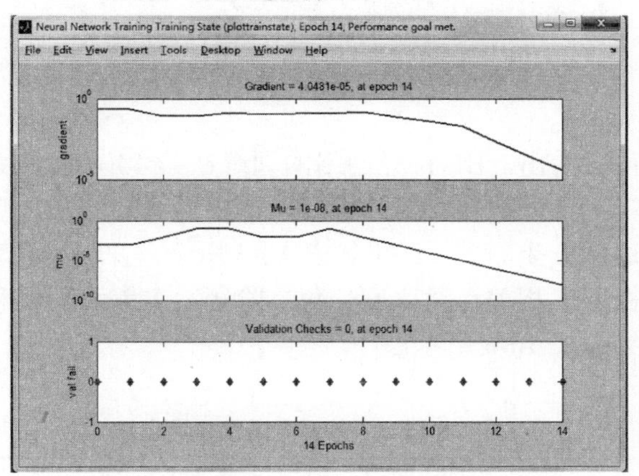

(b)

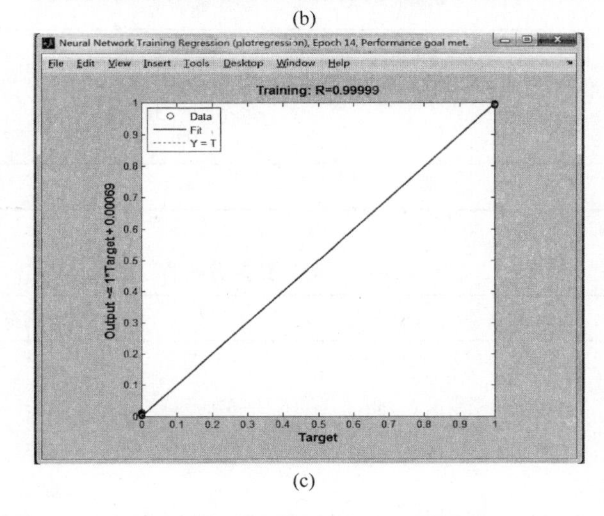

(c)

图 10-4　BP 神经网络的训练过程

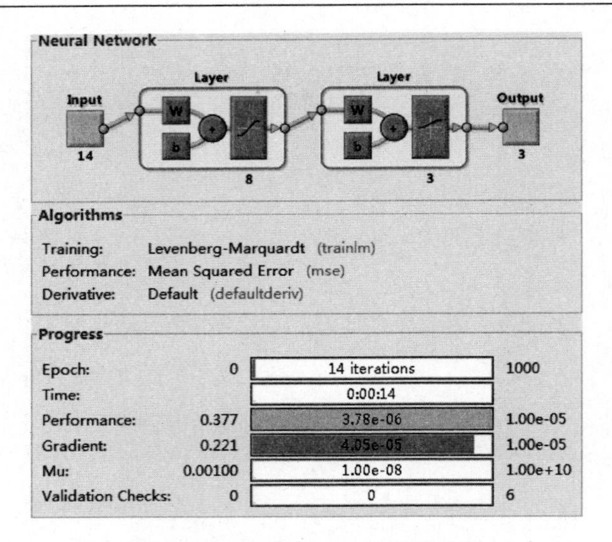

图 10-5　BP 神经网络的训练结果

从以上结果可以看出，BP 神经网络的训练在第 14 步时达到了收敛，训练达到了满意效果。针对特征融合选择的特征，采用训练好的 BP 分类器，对另 150 幅木材样本图像进行分类测试。结果如表 10-5 所示，并与小波变换、曲波变换采用灰度共生矩阵提取了相关、对比度、角二阶矩、方差和均值和的特征的识别方法进行对比，结果如表 10-6 所示。

表 10-5　融合方法的实验结果　　（单位：%）

实验次数	直纹	抛物线	乱纹
1	90	90	92
2	92	92	88
3	94	90	90
平均正确率	92	90.7	90

表 10-6　对比结果分析

特征提取方法	直纹/%	抛物线/%	乱纹/%	平均正确率/%	时间/s
小波变换	90.7	84.7	84	86.5	0.025
曲波变换	90.7	90	87.3	89.3	0.563 4
灰度共生矩阵	88	90	90	89.3	2.131 1
本书融合方法	92	90.7	90	90.9	0.216 7

由表 10-5 和表 10-6 可知，本书采用的特征融合方法适合用于对木材表面纹理形状的分类，该方法既可以检测出直纹纹理，又可以对抛物线与乱纹纹理进行很好的识别。与小波变换及曲波变换的方法进行比较得出，本书的融合方法综合了小波变换运算时间快与曲波变换识别率高的优点。在与传统的灰度共生矩阵对比中表明，该方法不仅平均正确率得到提高，而且缩短了运算时间。

10.2　基于双树复小波特征融合的纹理分类

10.2.1　基于粒子群算法的特征优选

利用粒子群算法（PSO）的目的是完成双树复小波特征的有效选择，实现特征降维，从而达到提高精度、降低运算时间的目的。粒子群算法是模拟鸟群寻找食物的过程，将鸟群中的每一只鸟看作一个粒子。假设在一个 n 维空间中进行搜索，种群规模为 m，第 i 个粒子在 t 时刻的位置为 $\boldsymbol{x}_i=(x_{i1}, x_{i2},\cdots, x_{in})$，速度为 $\boldsymbol{v}_i=(v_{i1}, v_{i2},\cdots, v_{in})$，个体经历过的最佳位置记为 $\boldsymbol{P}_{\rm b}$，群体搜索到的最佳位置记为 $\boldsymbol{P}_{\rm g}$。随机产生初始化群体，以样本分类的平均正确率作为适应值，计算粒子所在新位置的适应值；若粒子的适应值优于原来的个体极值 $\boldsymbol{P}_{\rm b}$，则将其作为当前的最好位置 $\boldsymbol{P}_{\rm b}$；根据每个粒子的个体极值 $\boldsymbol{P}_{\rm b}$ 找出全局极值 $\boldsymbol{P}_{\rm g}$；在每一次迭代中，粒子通过跟踪这两个“极值”，根据式（10-2）、式（10-3）分别更新自己的速度和位置。当达到设定适应值或最大迭代次数时迭代结束。

$$v_{id}^{t+1} = \omega v_{id}^{t} + c_1\xi(p_{bd}^{t} - x_{id}^{t}) + c_2\eta(p_{gd}^{t} - x_{id}^{t}) \tag{10-2}$$

$$x_{id}^{t+1} = x_{id}^{t} + r v_{id}^{t+1} \tag{10-3}$$

式中，ω 为惯性权重，是保持原来速度的系数；c_1 为粒子跟踪个体历史最优值的权重系数，通常设置为 2；c_2 为粒子跟踪群体最优值的权重系数，通常设置为 2；ξ、η 为随机数，分布在[0, 1]区间内；r 为约束因子，通常设置为 1。

Kennedy 等在 1997 年提出了离散二进制粒子群算法（binary particle swarm optimization，BPSO），使这种算法进入了组合优化领域（Kennedy et al.，1997；吴庆涛等，2013）。采用二进制编码的形式，将 $\boldsymbol{x}_{\rm i}$、$\boldsymbol{P}_{\rm b}$ 和 $\boldsymbol{P}_{\rm g}$ 的取值进行 0、1 编码，将最后得到的全局最优极值 $\boldsymbol{P}_{\rm g}$ 的编码转换为对应的特征子集。若粒子的某一位等于 1，则表示该特征被选中；若等于 0，则表示该特征没有被选中。在离散 BPSO 中，速度更新公式不变，用速度的 Sigmoid 函数表示位置状态改变的可能性，即

$$S(v)=\frac{1}{1+\mathrm{e}^{-v}} \tag{10-4}$$

位置更新公式（10-3）变为式（10-5），即

$$\begin{aligned}&\text{if}\ \ (e<S(v_{id}))\ \ \text{then}\ \ x_{id}=1\\&\qquad\qquad\qquad\quad\ \text{else}\ \ x_{id}=0\end{aligned} \tag{10-5}$$

式中，e 为随机数，$e\in[0, 1]$。

随机产生初始化群体，将粒子位置 $\boldsymbol{x}_i$、个体最佳位置 $\boldsymbol{P}_{\mathrm{b}}$ 和群体最佳位置 $\boldsymbol{P}_{\mathrm{g}}$ 进行 0、1 编码，以分类正确率作为适应度函数值，将最后得到的全局最优极值 $\boldsymbol{P}_{\mathrm{g}}$ 的编码转换为对应的特征子集。分别设置种群规模为 20、40 和 60 进行 3 次特征选择实验，结果如表 10-7 所示。

表 10-7　粒子群特征优选的实验结果

种群规模	全局最优极值 $\boldsymbol{P}_{\mathrm{g}}$	适应度函数值	特征维数
20	10000001000100100101 00000110000000110010	92.5	11
40	11101111010001110111 11010010001011010001	91.67	23
60	10101101111110101111 11010100100011010011	92.5	25

三次实验得到的分类正确率都有一定的提高，其中第一次实验和第三次实验得到的适应度函数值最大，但是第一次实验得到的特征维数较小，因而能够缩短特征提取时间，提高分类效率。因此选择第一次的全局最优极值作为特征选择结果，得到优选出的 11 维特征向量。

基于压缩感知原理分类算法的主要步骤如下。

（1）结合双树复小波和 PSO 得到图像的 11 维特征向量，建立数据字典矩阵 A。

（2）对于未知类别的测试样本 $\boldsymbol{y}$，解 l_1 最小化范数，得到系数向量 $\boldsymbol{\alpha}_1$。其中 ε 取 10～15。

（3）计算残差 $r_i(\boldsymbol{y})$，具有残差最小的类为测试样本 $\boldsymbol{y}$ 的类别。

10.2.2　实验及分析

1）实验材料

实验选用木材样本材料为柞木（xylosma racemosum），木材经过干燥、抛

光等处理工序，采集木材样本图像共 120 幅，其中表面带有弦切纹、径切纹的两类样本图像各 60 幅，选择每类中 30 幅作为训练样本，其余 30 幅作为测试样本。实验所用相机型号为 Oscar F810C IRF，镜头型号为 computer M0814-MPFA，光源采用双排 LED 平行光，图像大小设定为 128×128 像素的灰度图。

将木材表面特征分为如图 10-6 所示的径切纹、弦切纹两类。实验平台为 MATLAB R2012a。为验证方法的有效性，分别设计了特征选择对比试验和分类方法对比实验。

径切纹　　弦切纹

图 10-6　样本示意图

2）粒子群特征优选的必要性验证

适当的特征处理不仅可以保留关键的信息，还能将次要的信息过滤掉，降低复杂度。本书采用 PSO 进行了特征优选，得到 11 个优选后的特征，为了证明优选的必要性，本书采用压缩感知分类器分别对双树复小波的 40 个特征和优选出的 11 个特征进行了分类精度与分类时间的比较，比较结果如表 10-8 所示。

表 10-8　特性优选前后的识别率比较

木材类别	未经特征提取	粒子群特征优选
平均识别率	88.33	92.5
平均识别时间	0.221	0.186

从表 10-8 中可以看出，采用 PSO 进行特征选择后，筛选出关键特征，有效降低特征维数，提高分类速度。

3）实验结果

将 30 个训练样本进行双树复小波分解，将优化后的 11 个特征作为特征向量，建立数据字典。若测试样本采用抛物线纹图片，则计算得到的稀疏向量 $\boldsymbol{\alpha}_1$ 如图 10-7 所示。横轴为样本编号，其中 1～30 为活节样本，31～60 为径切纹样本，61～90 为弦切纹样本，91～120 为死节样本。从图 10-7 可以看出，$\boldsymbol{\alpha}_1$ 在第二类样本中所占的比例较大，其余类别对应稀疏接近于 0。按照式（6-27）计算残差 $r_i(\boldsymbol{y})$ 结果如图 10-8 所示，从图 10-8 可以看出，测试图片与径切纹的残差最小，因此可将测试图片归为径切纹类别。

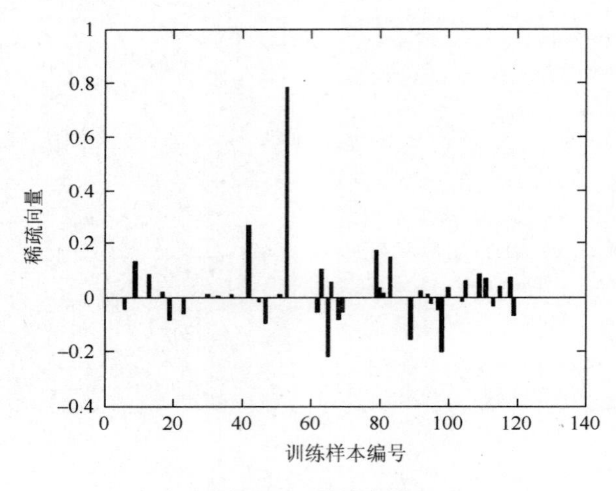

图 10-7　稀疏向量

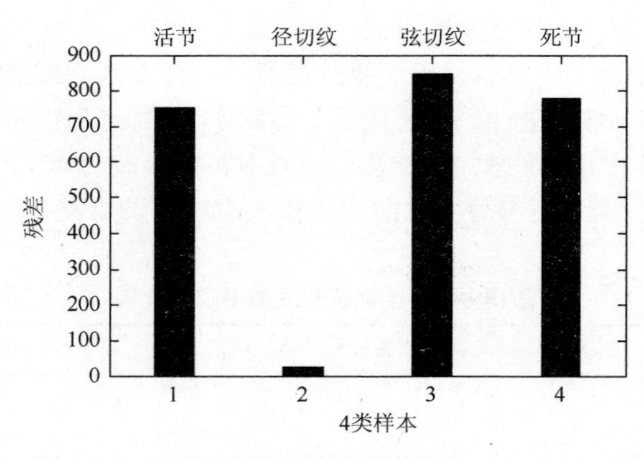

图 10-8　样本的残差

从压缩感知理论的数学表达上可以知道，压缩感知分类器在保证识别精度的前提下，能够灵活高效地完成识别过程。为验证压缩感知分类器的有效性，比较了该算法与 BP 神经网络的性能，因为 BP 神经网络是应用最为广泛的分类器，BP 神经网络运用 MATLAB 的神经网络工具箱产生，压缩感知求解 l_1 范数下的最优化问题运用严格凸优化（CVX）工具箱，分类方法结果如表 10-9 所示。

表 10-9　压缩感知与神经网络分类器识别率比较　（单位：%）

木材类别	本书方法	BP 神经网络
弦切纹	86.7	86.7
径切纹	100	96.7
平均识别率	92.5	89.17

从表 10-9 可以看出，本书的分类方法平均识别率达到 92.5%，优于 BP 神经网络，更重要的是该算法简单实用。神经网络需要进行多个参数的选择和设计来提高分类性能，而压缩感知方法只需要设置误差阈值，再求解 l_1 范数便可获得较高的识别率。此外，当样本种类和数量发生改变时，压缩感知方法只用将新增样本的特征向量添加到原有样本中，不需要重新训练，因而具有较强的灵活性和一定的实用性。

10.3　基于曲波与双树复小波的纹理分类

10.3.1　基于混沌粒子群的特征优选

1）分层多子群的结构模型

针对 PSO 容易早熟、粒子信息单向流动、在进化后期多样性降低和群停滞等问题，学者进行了很多的研究。采用粒子群两层划分模型，提出了一种基于主从模式的多子群协同 PSO，从子群的单独进化来保持种群的多样性，但都未能有效改善 PSO 的局部搜索能力。采用多子群的层次化 PSO，但由于处于同一层次的各子群间缺乏有效信息的交流，整个种群的多样性难以提高，所以本节应用改进的算法，即在进化过程中，位于同一层的各子群间能交换粒子进化的信息。

图 10-9 是两级层次的多子群结构。在每次迭代时，底层子群 $B1$～$B3$ 各自独立地进化，各底层子群的最优粒子组合成顶层子群 $T1$。$T1$ 可以采用与底层不同

的进化策略以加快收敛速度。另外，底层的子群间可通过交换粒子进化的信息，保持了种群的多样性。若分层结构大于 2 层，则与两级分层类似，子群自下而上进行更新。

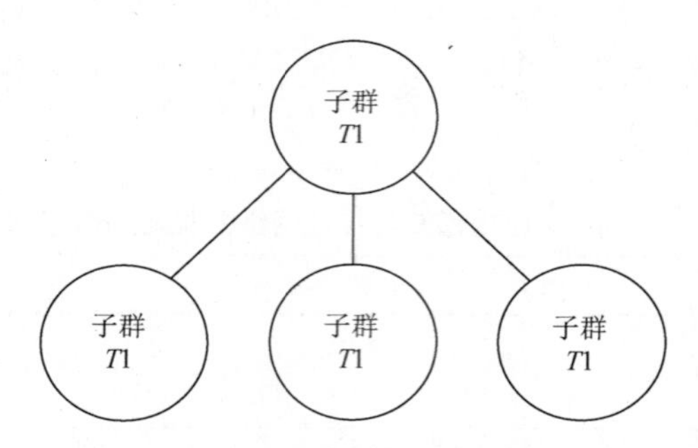

图 10-9　两级层次的多子群结构

该分层多子群的拓扑结构源于对人类社会行为的模仿。在人类社会活动中，为了完成某项工作，人们总是分成各个小组或部门，从而形成一个分层次的结构，而社会精英或领导者位于这个等级结构的上层。拓扑结构除了有纵向的信息传递，还有横向信息的交流，即加强了同层各个部门之间的合作，使得信息的交换更加迅速，提高了工作效率。从邻域拓扑结构的角度来看，图 10-9 的拓扑结构介于全局最优与局部最优之间，信息是按粒子性能的级别从高到低逐渐传递的，因此能较好地平衡全局与局部搜索能力。同时同层粒子信息的横向交流，能更好地保持种群的多样性。对于上层的粒子，由于它们是来自下层各子群的最优粒子，粒子的邻域结构是动态变化的，具有较好的多样性与质量，所以每个粒子所含的信息较大，粒子间的合作也更为有效。

在两级层次多子群结构模型的基础上，新的混沌 PSO 各子群采用具有混沌变异算子的 PSO，为了能在非线性优化搜索过程中更好地平衡全局和局部搜索能力，HCPSO（hybrid chaos particle swarm optimization）对非线性递减的惯性权重 w 进行混沌变异。在初始化各子群粒子的位置和速度时，采用分段 Logistic 混沌映射，它比一般的 Logistic 混沌映射产生的序列具有更好的随机性和初值敏感性。底层和顶层子群的分工不同，底层子群主要负责全局搜索，顶层子群主要负责局部搜索。为了加强底层各子群间有效信息的交流，保持整个种群的多样性，从底层子群中选出 L 个较优粒子，再从中随机地、等概率地选出 R 个粒子，替换各子群中最差的 R 个粒子。从底层子群中选出最优粒子组成顶层子群。为了增强算法的局部搜索能力，顶层子群采用分段进化策略，在进化的前期，采用具有混沌变异算子的 PSO 进行的粗搜索。当种群出现停滞后，顶层子群再采用混沌优化进行精细搜索，使得每个粒子都有各自不同的新的全局历史最优位置。新的全局历史最优位置是在“复合历史最优位置”的邻域进行搜索的，其混沌搜索区域半径根据粒子个体最优位置与“复合历史最优位置”的距离自适应地调整。在新的全局历史最优位置的每一维分量更新时，选取不同的若干个粒子作为学习对象，并将它们的个体最优位置所对应的分量取平均。因此，底层普通粒子能更好地保持 PSO 的优点，顶层的精英粒子能更好地加强局部搜索效率以避免陷入局部极值点。

2）位置与速度的混沌初始化

采用混沌序列初始化粒子的位置和速度，既不改变 PSO 初始化时所具有的随机性本质，又利用混沌方法提高了种群的多样性和粒子搜索的遍历性。

分段 Logistic 混沌映射初始化各子群粒子的位置和速度。

$$y_{id}(t+1)=\begin{cases}4\mu\cdot y_{id}(t)\cdot(0.5-y_{id}(t)), & 0\leqslant y_{id}(t)<0.5\\ 1-4\mu\cdot(1-y_{id}(t))\cdot(y_{id}(t)-0.5), & 0.5\leqslant y_{id}(t)\leqslant 1\end{cases} \tag{10-6}$$

式中，$y_{id}(t)\in(0,1),\ i=1,\cdots,m,\ d=1,2,\cdots,D$；取 $\mu=4$。相对于一般的 Logistic 或 Tent 混沌映射，通过式（10-6）产生的混沌序列在(0, 1)分布的对称性较好，混沌序列具有良好的随机性和初值敏感性，并且在生成混沌序列时不需要进行扰动运算，使算法具有更高的效率。

位置和速度的混沌初始化过程：首先随机产生一个 D 维向量 $\boldsymbol{y}_1=(y_{11},y_{12},\cdots,y_{1D})$，其每个分量数值为(0, 1)，然后通过式（10-6）进行多次迭代产生混沌序列，得到 $(m-1)$ 个向量 $\boldsymbol{y}_2,\boldsymbol{y}_3,\cdots,\boldsymbol{y}_m$，最后通过变换：

$$y'_{id}(t)=R_{id}(2y_{id}(t)-1) \tag{10-7}$$

将向量 $\boldsymbol{y}_i$ 的各个分量映射为区间 $(-R_{id},R_{id})$ 内的变量 $y'_{id}(t)$，其中 R_{id} 为粒子 i 第 D 维位置的混沌搜索区域半径。

3）惯性权重 w 的混沌变异

Shi 等研究发现，w 较大时算法具有较强的全局搜索能力，w 较小时算法倾向于局部搜索。但 LDW 算法中的 w 变化只与迭代次数线性相关，不能适应算法运行中的复杂、非线性变化特性。采用混沌序列来产生 w，虽然使 w 具有较好的遍历性和随机性，但在整个进化过程中，w 没有呈现出由大到小的递减趋势，即未能起到调节全局和局部搜索的作用。对 w 进行混沌变异，虽然使 w 具有较好的遍历性和随机性，加强了全局和局部搜索能力，但线性递减的 w 却不能适应算法运行中的复杂、非线性变化特性。

针对在进化后期 PSO 容易停滞，线性递减惯性权重不能适应复杂的非线性优化搜索过程的问题，将非线性递减惯性权重进行混沌变异：

$$w_{\text{new}}(t)=w(t)\cdot y_{id}(t) \tag{10-8}$$

$$w(t)=w_{\text{end}}+\left(\frac{T_{\max}-t}{T_{\max}}\right)^{n}(w_{\text{start}}-w_{\text{end}}) \tag{10-9}$$

式中，t 为当前迭代次数；$T_{\max}$ 为算法的最大迭代次数。所以混沌 PSO 中，新的速度更新公式为

$$v_{id}(t+1)=w_{\text{new}}(t)\cdot v_{id}(t)+c_1\cdot r_1\cdot(p_{id}(t)-x_{id}(t))+c_2\cdot r_2\cdot(p_{gd}(t)-x_{id}(t)) \tag{10-10}$$

4）停滞判断及混沌扰动

为了增强算法的局部搜索能力，顶层子群采用分段进化策略。进化过程分为两步：①采用式（10-10）的混沌 PSO 更新粒子的速度，直到种群的进化出现停滞；②在种群最优位置的邻域内进行混沌搜索以寻找更好的种群最优位置。

在进化过程中，PSO 无论早熟还是全局收敛，粒子群中的粒子都会发生聚集现象，进化出现停滞。本书采用文献中定义的群体适应度方差，判断种群是否陷入停滞状态。

$$\sigma^2=\sum[(f_1-f_{\text{avg}})/f]^2 \tag{10-11}$$

$$f=\begin{cases}\max\{|f_i-f_{\text{avg}}|\}, & \max\{|f_i-f_{\text{avg}}|\}>1\\ 1, & \text{其他}\end{cases} \tag{10-12}$$

式中，f_i 是第 i 个粒子的适应度；f_{avg} 是当前粒子群的平均适应度；σ^2 为粒子群的群体适应度方差；f 为归一化因子。若 σ^2 小于设定值 C_σ，表明粒子群趋于收敛。

当整个种群收敛时，为了将陷入停滞的粒子逃离局部极小点，本节引入混沌序列对粒子群进行扰动：

$$p'_{\text{gnew},d}=p_{\text{gnew},d}+L_{id}(2y_{id}(t)-1) \tag{10-13}$$

式中，y_{id} 是式（10-6）产生的混沌序列；L_{id} 为混沌搜索区域半径；$\boldsymbol{p}_{\text{gnew}}$ 为“复合历史最优位置”。

对种群最优位置 $\boldsymbol{p}_{\text{g}}$ 进行扰动，若仅在 $\boldsymbol{p}_{\text{g}}$ 的邻域进行搜索，则收敛速度较快，但可能会陷入局部最优，所以为了在混沌扰动时增加被扰动粒子的多样性，定义“复合历史最优位置”：

$$\boldsymbol{p}_{\text{gnew}}=\frac{\sum_{j=1}^{K}p_{jd}}{K}=\left(\frac{\sum_{j=1}^{K}p_{j1}}{K},\frac{\sum_{j=1}^{K}p_{j2}}{K},\cdots,\frac{\sum_{j=1}^{K}p_{jd}}{K},\cdots,\frac{\sum_{j=1}^{K}p_{jD}}{K}\right) \tag{10-14}$$

式中，d=1,⋯, D，D 表示粒子群搜索空间的维数。向量 $\boldsymbol{p}_{\text{gnew}}$ 的每一维都单独寻找不同的学习对象，即 $\boldsymbol{p}_{\text{gnew}}$ 的每一维都被单独地更新。例如，对于 $\boldsymbol{p}_{\text{gnew}}$ 第 D 维的更新，是从种群中随机、等概率地选出 K 个粒子，将它们个体最优的第 D 维取平均。体现了对全局最优、自身个体最优或其他个体最优的学习，$\boldsymbol{p}_{\text{gnew}}$ 比 $\boldsymbol{p}_{\text{g}}$ 包含

了更多的种群信息，并且 $\boldsymbol{p}_{\text{gnew}}$ 的随机变异提高了 PSO 跳出局部最优解的能力，增加了种群的多样性。

粒子 i 第 D 维位置的混沌搜索区域半径定义为

$$L_{id} = s \mid p_{\text{gnew},d} - p_{id} \mid \tag{10-15}$$

式中，s 为比例系数。L_{id} 可根据粒子的个体最优位置 $\boldsymbol{p}_i$ 与 $\boldsymbol{p}_{\text{gnew}}$ 的距离自适应地调整。如果 L_{id} 大，则表明粒子的 $\boldsymbol{p}_i$ 分布在较宽区域，粒子可能尚未找到较好的区域，此时应该让粒子在较大的区域中进行搜索；如果 L_{id} 小，则表明粒子的 $\boldsymbol{p}_i$ 都集中在种群的最优位置附近，可能已经找到了一个好的区域，此时应该让粒子在较小区域内精细搜索。

由式（10-13）可知，在混沌扰动后，每个粒子的新的全局历史最优位置可能都不同，所以顶层子群在停滞后的速度更新公式应为

$$v_{id}(t+1) = w_{\text{new}}(t) \cdot v_{id}(t) + c_1 \cdot r_1 \cdot (p_{id}(t) - x_{id}(t)) + c_2 \cdot r_2 \cdot (p'_{\text{gnew},d}(t) - x_{id}(t)) \tag{10-16}$$

HCPSO 在进化初期的每一次迭代时，顶层子群中每个粒子飞行所参考的种群最优是同一个粒子，随着粒子的聚集，种群陷入停滞；在经过混沌扰动后，每个粒子根据不同的 $\boldsymbol{p}'_{\text{gnew}}$ 继续飞行，聚集的种群被驱散，粒子能在更大的范围内精细搜索，提高了收敛精度。

综上所述，HCPSO 的步骤如下。

（1）确定子群规模和层次结构，本书采用两级层次的多子群结构。按照式（10-6）和式（10-7）初始化各子群粒子的位置和速度。

（2）计算每个粒子的适应度。

（3）更新每个粒子的个体最优 $\boldsymbol{p}_i$ 和种群的全局最优 $\boldsymbol{p}_{\text{g}}$ 。

（4）将底层各子群的最优粒子构成顶层子群，按照式（10-10），采用具有混沌变异算子的 PSO 更新粒子的位置和速度。从底层的 L 个较优粒子中等概率、随机地选出 R 个粒子，替换各子群中最差的 R 个粒子。对于顶层的子群，先按照式（10-10）采用具有混沌变异算子的 PSO 进行粗搜索，若 $\sigma^2 < C_\sigma$，粒子群陷入停滞，则按照式（10-13），采用混沌优化方法对 $\boldsymbol{p}_{\text{gnew}}$ 进行扰动，以实现在种群最优点附近的精细搜索，再采用式（10-16）更新粒子的位置和速度。

（5）判断算法收敛准则是否满足。如果满足，则运算结束；否则转步骤（2）。

5）算法收敛性和复杂度分析

HCPSO 中粒子的速度按式（10-10）或式（10-16）更新，它们与标准 PSO（standard particle swarm optimization，SPSO）的表达式形式相同，只是粒子平衡点构成有所不同。因此在简化条件下，对于 SPSO 的收敛性分析结果仍可适用。另外，由于采用了速度和位置的边界限定措施，HCPSO 不会发散。同时，由于

混沌运动具有的遍历性，若采用单纯混沌变量进行搜索，则算法必然是全局渐近收敛。

为了分析 HCPSO 的复杂度，将该算法和 SPSO 在每次迭代时的乘法计算量进行比较。式（10-10）更新粒子时，为了得到 $w_{new}(t)$，需要分别计算 $w(t)$ 与 $y_{id}(t)$。前者需要 n+1（若 n 为整数）次乘法操作，后者需要 $2D$ 次乘法操作。故式（10-10）在每次迭代时，相对于 SPSO 所增加的乘法计算量为 $2D+n+1$ 次。同理，式（10-16）在每次迭代时，相对于 SPSO 所增加的乘法计算量为（K+2）$D+2m+2$ 次。由上面的分析可知，相对于 SPSO，HCPSO 在每次迭代时会增加一定的计算量。但在很多具体应用中，PSO 的计算量主要取决于目标函数值的计算次数，所以对于一些目标函数值计算量大的具体应用，HCPSO 的复杂度增加并不明显。

随机产生初始化群体，将粒子位置 $\boldsymbol{x}_i$、个体最佳位置 $\boldsymbol{P}_b$ 和群体最佳位置 $\boldsymbol{P}_g$ 进行 0、1 编码，以分类正确率作为适应度函数值，将最后得到的全局最优极值 $\boldsymbol{P}_g$ 的编码转换为对应的特征子集。分别设置种群规模为 20 和 40，进行 2 次特征选择实验，结果如表 10-10 所示。

表 10-10　特征优选的实验结果

种群规模	全局最优极值 $\boldsymbol{P}_g$	适应度函数值	特征维数
20	01000010001001010101110101100100010101100011010010100001	91.1	18
40	00010010001010111111000110101011101101000001000010101010	88.9	25

两次实验得到的分类正确率都有一定的提高，其中第一次实验得到的适应度函数值较大，但是第一次实验得到的特征维数较小，因而能够缩短特征提取时间，提高分类效率。因此选择第一次的全局最优极值作为特征选择结果，得到优选出的 18 维特征向量。

10.3.2　实验结果与分析

1）实验材料

实验选用木材样本材料为柞木，木材经过干燥、抛光等处理工序，采集木材样本图像共 180 幅，其中表面带有直纹、抛物线纹和乱纹的 3 类样本图像各 60 幅，选择每类中 30 幅作为训练样本，其余 30 幅作为测试样本。实验所用相机型号为 Oscar F810C IRF，镜头型号为 computer M0814-MPFA，光源采用双排 LED 平行光，图像大小设定为 128×128 像素的灰度图。

将木材表面特征分为如图 10-10 所示的直纹、抛物线纹和乱纹 3 类。实验平台为 MATLAB R2012a。为验证方法的有效性，分别设计了特征选择对比试验和分类方法对比实验。

2）混沌粒子群特征优选的结果

适当的特征处理不仅可以保留关键的信息，还能将次要的信息过滤掉，降低复杂度。本书采用 PSO 进行了特征优选，得到 18 个优选后的特征，为了证明优选的必要性，本书采用压缩感知分类器分别对双树复小波的 40 个特征和优选出的 18 个特征进行了分类精度与分类时间的比较，比较结果如表 10-11 所示。

直纹

抛物线纹

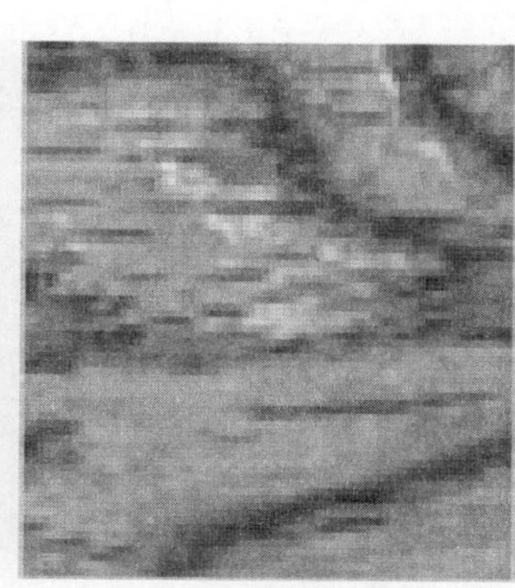
乱纹

图 10-10　样本示意图

表 10-11　特性优选前后的识别率比较

木材类别	未经特征提取	粒子群特征优选
平均识别率	88.33	91.1
平均识别时间	0.221	0.186

从表 10-11 中可以看出，采用 PSO 进行特征选择后，筛选出了关键特征，有效降低特征维数，提高分类速度。

3）实验结果

将 30 个训练样本进行双树复小波分解，将优化后的 18 个特征作为特征向量，建立数据字典。若测试样本采用径切纹图片，则计算得到的稀疏向量 $\boldsymbol{\alpha}_1$ 如图 10-11 所示。横轴为样本编号，其中 1～30 为乱纹样本，31～60 为抛物线纹样本，61～90 为直纹样本。从图 10-11 可以看出，$\boldsymbol{\alpha}_1$ 在第二类样本中所占的比例较大，其余类别对应稀疏接近于 0。计算残差 $\boldsymbol{r}_i(y)$结果如图 10-12 所示，从图 10-12 可以看出，测试图片与直纹的残差最小，因此可将测试图片归为直纹类别。

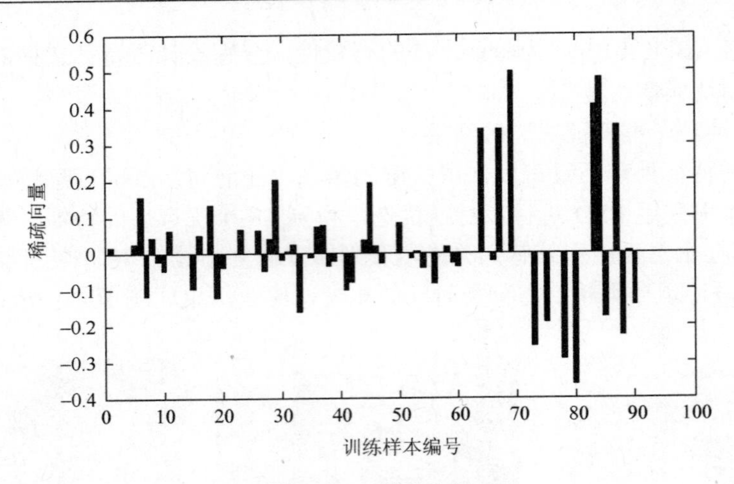

图 10-11　稀疏向量

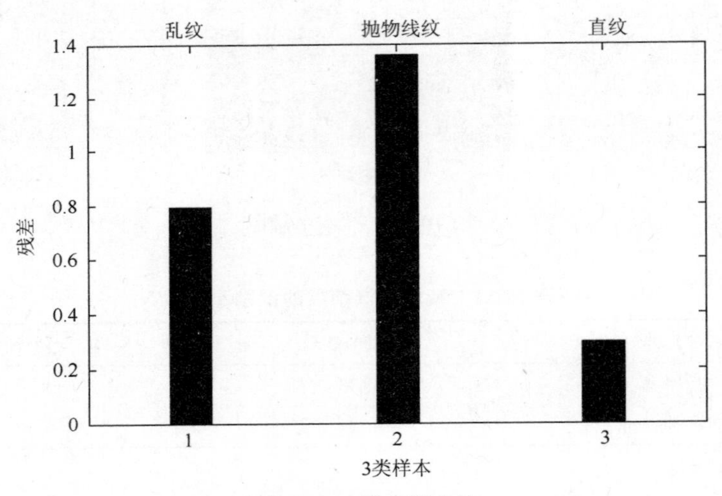

图 10-12　样本的残差

从压缩感知理论的数学表达上可以知道，压缩感知分类器在保证识别精度的前提下，能够灵活高效地完成识别过程。为验证压缩感知分类器的有效性，比较了该算法与 BP 神经网络的性能，因为 BP 神经网络是应用最为广泛的分类器，BP 神经网络运用 MATLAB 的神经网络工具箱产生，压缩感知求解 l_1 范数下的最优化问题运用严格凸优化工具箱，分类方法结果如表 10-12 所示。

从表 10-12 可以看出，本书的分类方法的平均识别率达到 92.5%，优于 BP 神经网络，更重要的是该算法简单实用。神经网络需要进行多个参数的选择和设计来提高分类性能，而压缩感知方法只需要设置误差阈值，再求解 l_1 范数便可获得较高的识别率。此外，当样本种类和数量发生改变时，压缩感知方法只用将新增样本的特征向量添加到原有样本中，不需要重新训练，因而具有较强的灵活性和一定的实用性。

表 10-12　压缩感知与神经网络分类器识别率比较　（单位：%）

木材类别	本书方法	BP 神经网络
直纹	86.7	86.7
抛物线纹	100	96.7
乱纹	96.7	90
平均识别率	92.5	89.17

10.4　板材表面缺陷、纹理协同分选方法

10.4.1　缺陷、纹理系统分选介绍

在实际的应用中，板材的纹理与缺陷分类并不是单独进行的，往往需要同时识别缺陷和纹理，并完成分类。前期的研究以及实验数据表明，小波与曲波对纹理的识别率较高，缺陷的识别率较低；而双树复小波对缺陷的识别率高，纹理的识别率低。协同分选要分选纹理与缺陷两大方面，将纹理分为直纹、抛物线纹和乱纹；缺陷主要是活节、死节。为了满足实际应用的要求，实现缺陷与纹理的协同分选，该方法将采用小波、曲波和双树复小波三种波共同完成缺陷纹理的分类。

10.4.2　协同分选算法及实现

协同分选流程如图 10-13 所示。

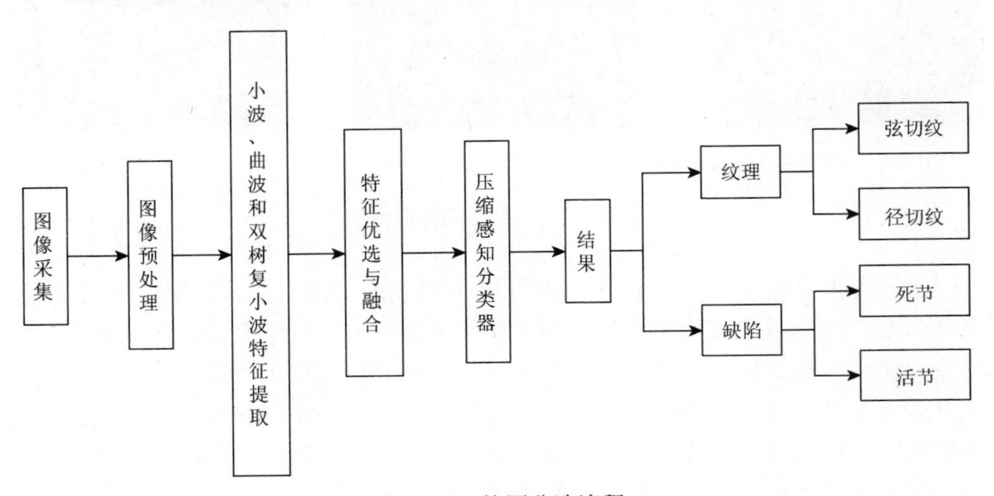

图 10-13　协同分选流程

1. 搭建实木板材表面图像特征采集系统

系统集摄像、采样、A/D 转换及计算机存储与处理于一体的硬件系统，完成实木板材表面特征采集。分别采用逆滤波法、维纳滤波法和约束最小二乘方滤波法，对运动造成的图像模糊进行复原，通过优化与比选得到合理的去模糊方法。

2. 基于多尺度多方向变换的板材表面的特征提取

图 10-14～图 10-16 分别是小波分解、曲波分解、双树复小波分解，本节详细介绍这些多尺度变换在板材图像特征提取方面的应用。

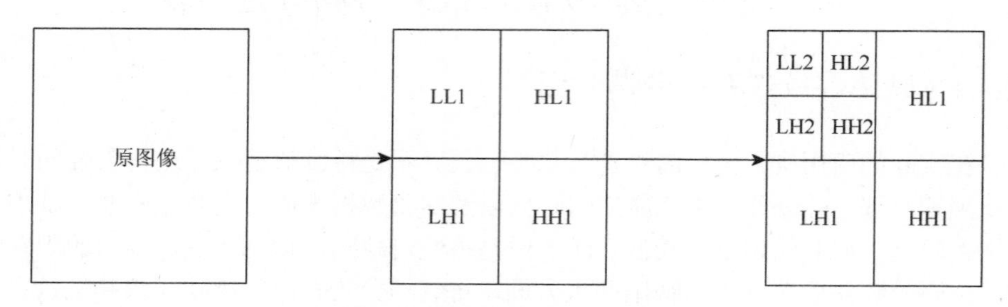

图 10-14　图像的小波分解示意图

(a) 直纹纹理曲波系数图

(b) 抛物线纹理曲波系数图

(c) 乱纹纹理曲波系数图

图 10-15　三类样本的曲波系数图

小波变换克服了经典 Fourier 变换不能同时表现局部信号时频域特征的缺点。多分辨率、时频域局部化的特征使得其在数学界享有“数学显微镜”的称号。但小波变换用于图像处理时，其二维变换基的支撑区域为矩形，这种多分辨率的表达方式无法高效地逼近图像固有的奇异曲线，为了克服小波变换这一局限性，近年来出现了曲波变换、双树复小波变换等为代表的多尺度和多方向的图像表达方式，并在图像识别方面显示出一定的优势。

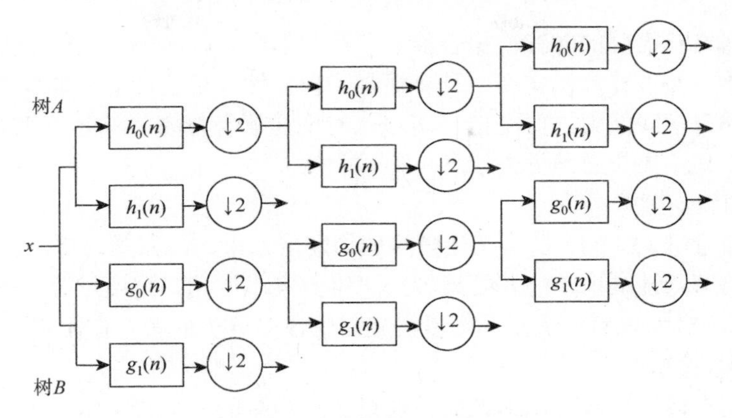

图 10-16　双树复小波变换

3. 板材表面缺陷及纹理特征的优选及融合

常用的优选算法有遗传算法、粒子群算法、蚁群算法。常用的特征融合算法有主分量分析及线性鉴别分析。

（1）主成分分析（PCA）：以高维映射到二维空间为例，在一定的约束条件下，将高维空间中的数据点映射到二维平面中的一条直线上。这条直线一定包含原数据的最大方差，即沿着这条直线的方差能达到最大；而沿着其他某方向的方差就最小。

（2）线性鉴别分析（LDA）：将高维的模式样本投影到最佳鉴别矢量空间，以达到抽取分类信息和压缩特征空间维数的效果，投影后保证模式样本在新的子空间有最大的类间距离和最小的类内距离，即模式在该空间中有最佳的可分离性。LDA 理论可以大幅降低原来模式空间的维数，使投影后样本向量类间散布最大和类内散布最小。

4. 分类器的选择及设计

1）神经网络

（1）SOM 神经网络：一种无导师学习的网络。用于对输入向量进行区域分类。SOM 神经网络通过模拟正常人体的大脑对信息处理的方式来对输入的向量进行聚类分析。它不仅识别输入区域邻近的区域，还研究输入向量的分布特性和拓扑结构。

（2）BP 神经网络：一种有导师的网络学习算法。从工程角度来讲，BP 神经网络的基本思想为：使用一定数量的已知样本输入神经网络，经过神经网络的计算和处理后，在神经元的输出层每个神经元会有一个输出值。当神经元的输出值与期望输出值的误差大于给定的误差要求时，则将此误差从输出层反向传播到输入层。网络通过对每一个神经元的权值和阈值进行相应的调整，使得神经网络的输出误差向着减小的方向进行。当误差满足要求时，停止调整。

神经网络有很强的非线性拟合能力，可映射任意复杂的非线性关系，而且学习规则简单，便于计算机实现，具有很强的鲁棒性、记忆能力、非线性映射能力以及强大的自学习能力。但是把一切问题的特征都变为数字，把一切推理都变成数值问题，其结果势必是丢失信息。

2）支持向量机

支持向量机（SVM）是从统计学习理论发展起来的机器学习算法。SVM 使得算法设计的随意性减少，能较好地解决“维数灾难”和“过度学习”的难题。但是 SVM 算法对大规模训练样本难以实施，解决多分类问题存在困难。

3）压缩感知

信号具有稀疏性或可压缩性时，通过采集少量的信号投影值就可实现信号的准确或近似重构。压缩感知可以对属于未知样本的测试样本进行分类，将测试样本特征 $\boldsymbol{y}$ 代入 $\boldsymbol{y}=\boldsymbol{A\alpha}$，其中 $\boldsymbol{y}\in\mathbf{R}^{40\times N}$ ，$\boldsymbol{A}\in\mathbf{R}^{40\times N}$ ，通过求解得到稀疏向量 $\boldsymbol{\alpha}$。此时 $\boldsymbol{y}=\boldsymbol{A\alpha}$ 是一个欠定方程组，向量 $\boldsymbol{\alpha}$ 是一个稀疏向量，通过压缩感知理论，可以判断测试样本 $\boldsymbol{y}$ 的类别。

10.4.3 仿真实验

1）实验材料

实验选用木材样本材料为柞木，木材经过干燥、抛光等处理工序，采集木材样本图像共 300 幅，其中表面带有直纹、抛物线纹、乱纹和活节、死节的五类样本图像各 60 幅，选择每类中 30 幅作为训练样本，其余 30 幅作为测试样本。实验所用相机型号为 Oscar F810C IRF，镜头型号为 computer M0814-MPFA，光源采用双排 LED 平行光，图像大小设定为 128×128 像素的灰度图。

将木材表面特征分为如图 10-17 所示的直纹、抛物线纹、乱纹和活节、死节 5 类。实验平台为 MATLAB R2012a。为验证方法的有效性，分别设计了特征选择对比试验和分类方法对比实验。

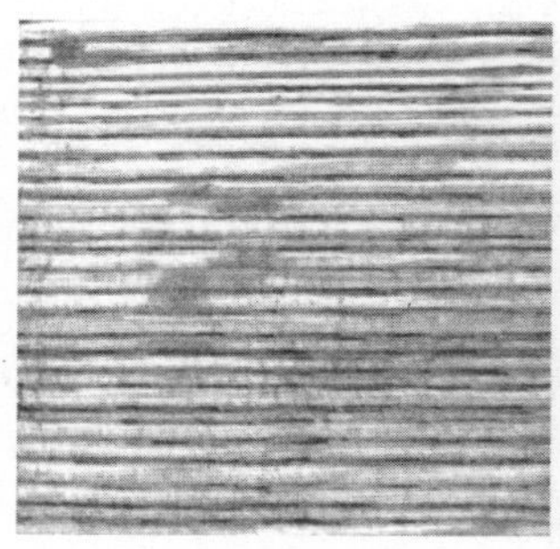

直纹

抛物线纹

乱纹

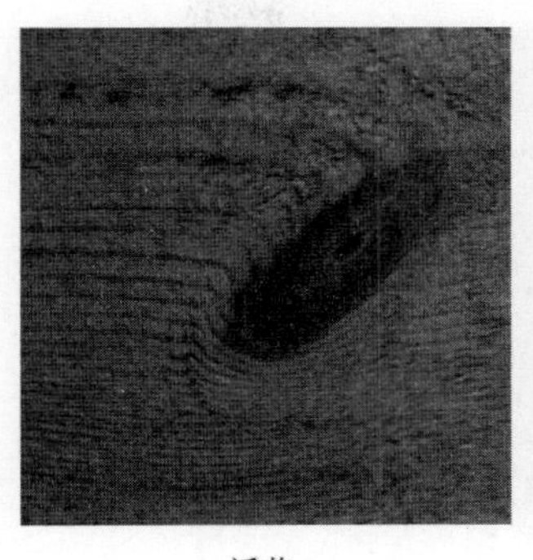
活节

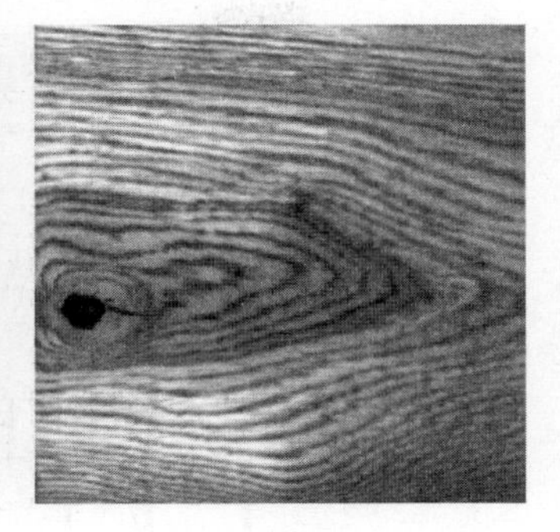
死节

图 10-17　样本示意图

2）实验结果

将小波、曲波和双树复小波等 70 个特征进行粒子群优选，随机产生初始化群体，将粒子位置 $\boldsymbol{x}_i$、个体最佳位置 $\boldsymbol{P}_{\mathrm{b}}$ 和群体最佳位置 $\boldsymbol{P}_{\mathrm{g}}$ 进行 0、1 编码，以分类正确率作为适应度函数值，将最后得到的全局最优极值 $\boldsymbol{P}_{\mathrm{g}}$ 的编码转换为对应的特征子集。结果如表 10-13 所示，得到优选出的 31 维特征向量。

表 10-13　特征优选实验结果

选择结果	0011010101101000111001010100101101100101001010100010000001010010011011
特征维数	31

将 30 个训练样本进行双树复小波分解，将优化后的 31 个特征作为特征向量，建立数据字典。若测试样本采用径切纹图片，计算得到的稀疏向量 $\boldsymbol{\alpha}_1$ 如图 10-18 所示。横轴为样本编号，其中 1～30 为活节样本，31～60 为死节样本，61～90 为乱纹样本，91～120 为抛物线纹样本，121～150 为直纹样本。从图 10-18 可以看出，$\boldsymbol{\alpha}_1$ 在第一类样本中所占的比例较大，其余类别对应稀疏接近于 0。计算残差 $r_i(\boldsymbol{y})$结果如图 10-19 所示，从图 10-19 可以看出，测试图片与活节的残差最小，因此可将测试图片归为活节类别。

从压缩感知理论的数学表达上可以知道，压缩感知分类器在保证识别精度的前提下，能够灵活高效地完成识别过程。为验证压缩感知分类器的有效性，比较了该算法与 BP 神经网络的性能，因为 BP 神经网络是应用最为广泛的分类器，BP 神经网络运用 MATLAB 的神经网络工具箱产生，压缩感知求解 l_1 范数下的最优化问题运用严格凸优化工具箱，分类方法结果如表 10-14 所示。

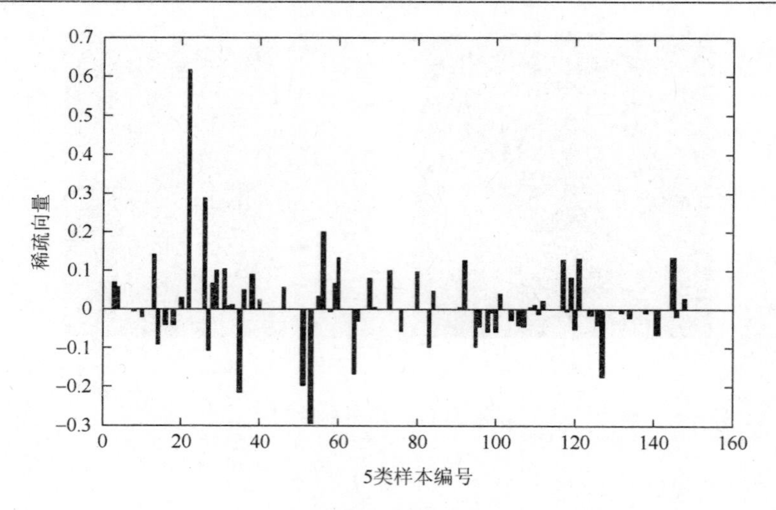

图 10-18　稀疏向量

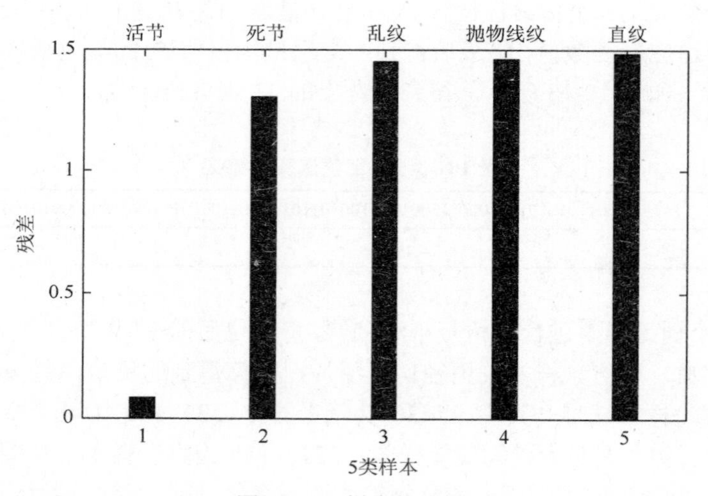

图 10-19　样本的残差

表 10-14　压缩感知分类器与神经网络分类器的比较

类别	本书方法	BP 神经网络
活节	93.3	96.7
死节	86.7	80
乱纹	83.3	83.3
抛物线纹	80	80
直纹	100	90
平均识别率	88.7	86

从表 10-14 可以看出，本书的分类方法的平均识别率达到 88.7%，优于 BP 神经网络，更重要的是该算法简单实用。神经网络需要进行多个参数的选择和设计来提高分类性能，而压缩感知方法只需要设置误差阈值，再求解 l_1 范数便可获得较高的识别率。此外，当样本种类和数量发生改变时，压缩感知方法只用将新增样本的特征向量添加到原有样本中，不需要重新训练，因而具有较强的灵活性和一定的实用性。

10.5　本 章 小 结

本章介绍多尺度变换特征融合的纹理分类方法。首先得到小波与曲波特征融合方法对纹理分类的平均正确率为 90.9%；曲波与双树复小波融合对纹理分类的平均正确率为 92.5%。其次通过实验表明，小波与曲波对纹理的识别率较高，缺陷的识别率较低，而双树复小波对缺陷的识别率高，纹理的识别率低。所以对纹理和缺陷的协同分选技术采用小波、曲波和双树复小波三种变换的融合方法，平均识别率达到 88.7%。压缩感知分类算法简单实用，只用将新增样本的特征向量添加到原有样本中，不需要重新训练，因而具有较强的灵活性和一定的实用性。

第 11 章 板材表面多目标柔性分选技术

实木板材因具有耐用、环保、美观自然、天然芬芳等诸多优点而受到广泛青睐。尽管实木板材有诸多优点，但是由于消费群体层次不同、喜好不同、消费水平不同，所以对实木板材品质的需求也不同。因此，如何快速地将客户的需求转化为高品质、低成本、个性化的产品，已成为确立企业综合竞争优势的关键。

面向用户视觉特征的分选就是以客户为中心，根据客户选择出的实木板材样本，挖掘出客户的心理需求，将需求转化为分选知识，指导实木地板原料分选过程，完成订单式分选。首要技术是实现板材表面信息的有效、准确、客观表达；在此基础上，挖掘样本数据所表达的特征状态信息；进行信息整合，提炼分选规则。因而作为实木板材主要特征的纹理、缺陷、颜色，如何实现实木板材纹理的准确辨识、缺陷的完整检测以及颜色的合理表达就显得尤为重要。

11.1 柔性分选技术

柔性分选的基本步骤如图 11-1 所示。

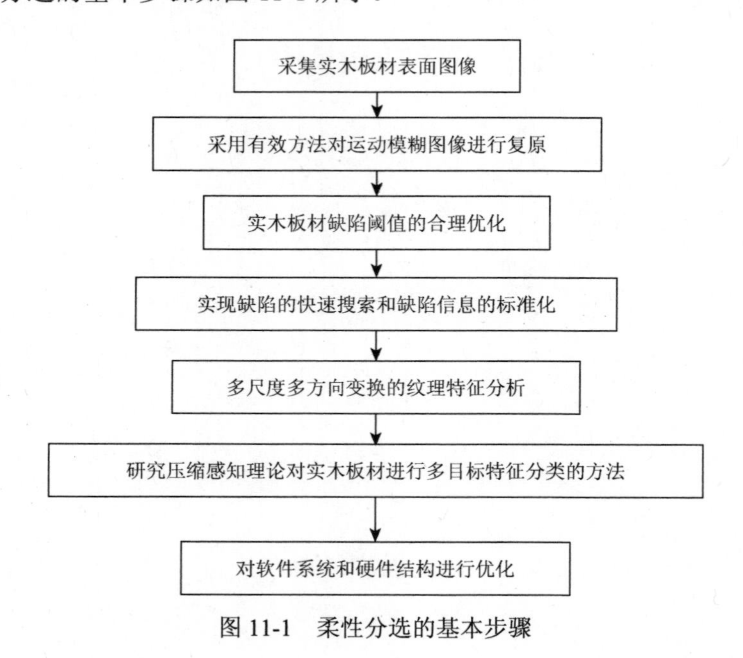

图 11-1 柔性分选的基本步骤

（1）搭建实木板材表面图像特征采集系统，系统集摄像、采样、A/D 转换及计算机存储与处理于一体的硬件系统，完成实木板材表面缺陷、纹理、颜色的采集。

（2）分别采用空间域法、中值滤波等方法实现图像增强、图像平滑和图像锐化等预处理步骤。

（3）设计实木板材缺陷阈值的遗传优化方法，通过对灰度阈值编码，计算个体适应度及遗传参数的设定，完成缺陷阈值的合理优化。

（4）针对缺陷检测，提取低分辨率图像，通过阈值与区域增长的设定，完成缺陷区域的粗定位，实现噪声的有效屏蔽。将粗定位缺陷区域映射高分辨率图像，在此图像下进行细搜索，通过设计禁忌算法，提高信息搜索效率。

（5）定义合理的缺陷插值算法，算法应在处理效率与结果平滑度和清晰度上进行一个权衡。通过插值算法的有效选择和设计，实现缺陷的标准化处理；提取出缺陷的有效特征，为压缩感知分类器提供分选变量。

（6）在纹理方面，通过小波变换、曲波变换和双树复小波变换对特征提取、特征融合，再进行分类。

（7）多目标特征分类方面，首先建立实木板材表面缺陷、纹理、颜色的样本特征集，构建训练样本矩阵得到样本的稀疏分解；通过提取特征参数，构建超完备字典，最终运用 l_1 范数计算分类标志。

（8）设计实木板材表面缺陷、纹理、颜色分选柔性系统，并优化其硬件结构。软件系统可根据分选的要求进行功能重构；硬件系统包含图像采集、图像处理、分选处理以及相关的通信协议。

11.2　颜色分类算法

1）特征值选取与颜色空间量化

对于一幅图片，其相关颜色分布的情况可以用图片的矩来表示。彩色图片的低阶矩可以在整体上反映一幅图片的颜色情况。其中，一阶矩描述了图片的平均颜色信息；二阶矩阐述了图片的颜色方差情况；三阶矩表述了图片中颜色的偏移情况。利用在分选过程中保持光照的一致，V 分量变化不大。所以，分别采用 H、S 分量的一阶矩作为颜色信息的特征值。

一阶矩数学定义为

$$\mu_i = \frac{1}{N}\sum_{j=1}^{N} P_{i,j} \tag{11-1}$$

式中，$P_{i,j}$ 表示颜色图像中第 i 个颜色通道分量中灰度为 j 的像素出现的概率；

N表示图像中像素个数。

HSV 在进行色度值运算过程中，将 H 分量由角度值归一化处理时会产生不利于后期运算的结果。这是由于 H 分量位于 0°～360°的圆周上，并且在相邻角度有色度的过渡。红颜色的色度在 60°～330°的区间内。如图 11-2 所示，若简单地将其归一到[0，1]区间内，会造成红色色度区域的断裂，破坏了其在颜色空间内的关联关系。对于整体颜色呈红色或纹理颜色较深的样本，在求取 H 分量一阶矩时会由于 H 值归一化产生失真的结果。为了解决这一问题，对 H 分量进行特殊的归一化处理，将 H 分量代入函数式：

$$y' = \begin{cases} \dfrac{90° - x}{360°}, x \in (0°, 90°] \\ 0.25, x = 0°, 360° \\ \dfrac{450° - x}{360°}, x \in (90°, 360°) \end{cases} \tag{11-2}$$

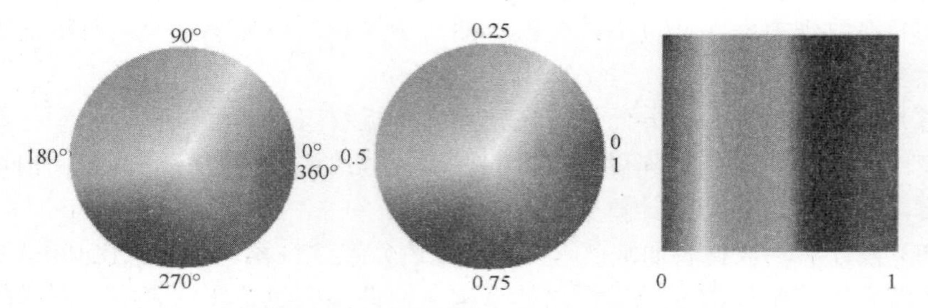

图 11-2 H 分量直接归一化后的结果

经过处理后，H 分量归一化的结果如图 11-3 所示，处理后的归一化区间内可以得到连续的红色色度的区域，在求取 H 分量特征值时，其结果可以准确地反映样本的颜色情况，解决了失真严重的问题。

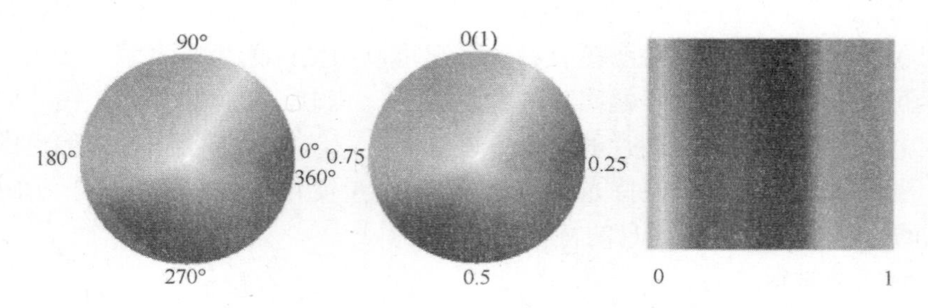

图 11-3 改进后 H 分量归一化的结果

如图 11-4 所示，经过非线性归一化后的 H 分量直方图可以很好地保留红色区域的连续表达，克服红色区域的断裂和深色纹理的复杂性对于板材整体颜色的影响，能够更清晰地通过图像直方图和一阶矩来表达板材颜色。

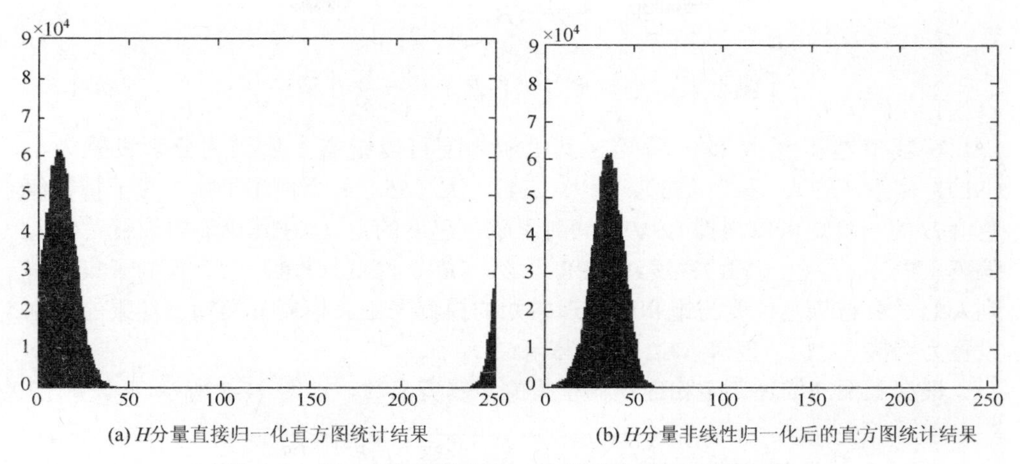

(a) H分量直接归一化直方图统计结果　(b) H分量非线性归一化后的直方图统计结果

图 11-4　同一图片非线性归一化前后的直方图结果对比

2）模糊分类器设计

颜色是人们日常生活中最常见的一种模糊概念。采用模糊逻辑推导的方法，可以得到人们对颜色心理感知的数学定义。本节对选取的特征值进行语言值模糊化处理，确定模糊子集的隶属度函数，根据专家经验生成模糊规则。

在进行小数约减时，通常采用四舍五入的方法。这不仅是为了在实际生活中更好地解决小数约减问题，还直接反映了人们对于“大”、“小”这两个程度的直接感受。进行程度副词的模糊化推断。令 $X=\{1, 2, \cdots, 10\}$，在其上定义模糊集：

$$A=[\text{大}]=\frac{0.2}{4}+\frac{0.4}{5}+\frac{0.6}{6}+\frac{0.8}{7}+\frac{1}{8}+\frac{1}{9}+\frac{1}{10} \tag{11-3}$$

$$B=[\text{小}]=\frac{1}{1}+\frac{0.8}{2}+\frac{0.6}{3}+\frac{0.4}{4}+\frac{0.2}{5} \tag{11-4}$$

通过模糊集逻辑运算得

$$[\text{很大}]=H^2(A)=\frac{0.04}{4}+\frac{0.16}{5}+\frac{0.36}{6}+\frac{0.64}{7}+\frac{1}{8}+\frac{1}{9}+\frac{1}{10} \tag{11-5}$$

$$[\text{很小}]=H^{0.5}(B)=\frac{1}{1}+\frac{0.89}{2}+\frac{0.77}{3}+\frac{0.63}{4}+\frac{0.45}{5} \tag{11-6}$$

$$(P^{0.5}(A))(x)=d^{0.5}(A(x))=\begin{cases}0, & A(x)\leqslant\frac{1}{2}\\ 1, & A(x)>\frac{1}{2}\end{cases} \tag{11-7}$$

得到需要的语言值为

$$\left[\text{偏大}\right]=P^{0.5}(A)=\frac{1}{6}+\frac{1}{7}+\frac{1}{8}+\frac{1}{9}+\frac{1}{10} \tag{11-8}$$

$$\left[\text{偏小}\right]=P^{0.5}(B)=\frac{1}{1}+\frac{1}{2}+\frac{1}{3} \tag{11-9}$$

$$\left[\text{偏不大不小}\right]=P^{0.5}(A^c \cap B^c)=\frac{1}{4}+\frac{1}{5}=\left[\text{适中}\right] \tag{11-10}$$

特征值饱和度 S 的一阶矩在其论域内便可以根据上述描述分别设置为小（$S1$）、偏小（$S2$）、适中（$S3$）、偏大（$S4$）、大（$S5$）五个模糊子集。对于特征值色度 H 的一阶矩可以根据HSV空间对于颜色色度的定义，在其论域内设置黄（Y）、偏黄（PY）、橙色（YR）、浅红（PR）、红（R）、深红（DR）六个模糊子集，得到人们对板材颜色色度与饱和度心理感知的模糊子集。模糊分类输出结果的类别设置为明快（$C1$）、温馨（$C2$）、奢华（$C3$）。

根据上面的描述制定相应模糊子集的隶属度函数，如图11-5所示。

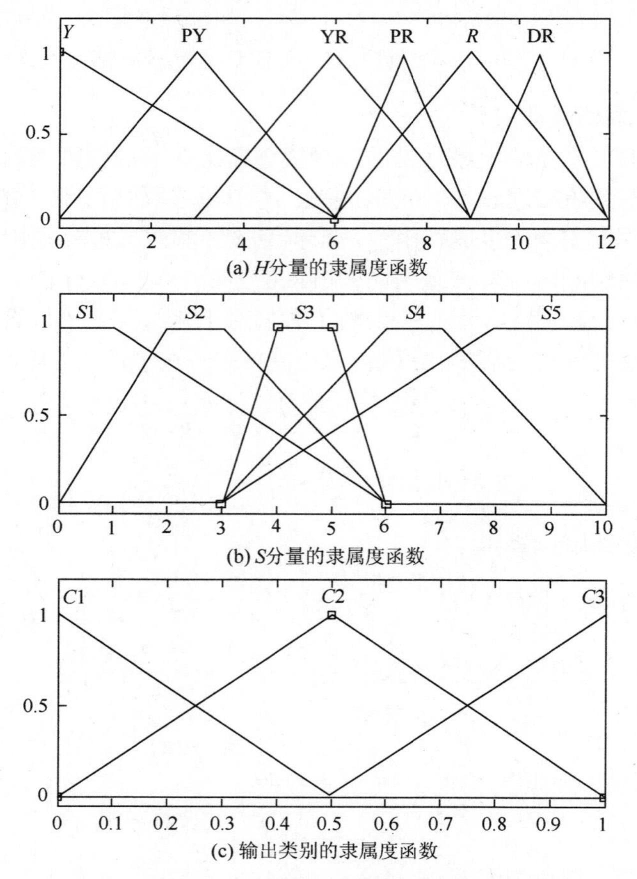

(a) H分量的隶属度函数

(b) S分量的隶属度函数

(c) 输出类别的隶属度函数

图11-5　H、S分量和输出结果的隶属度函数

两个输入变量是样本 H 分量一阶矩、样本 S 分量一阶矩，输出变量为所属的颜色类别。模糊推理方法选择 Mamdani 算法，这种方法通过采用最小的运算法则，从而定义模糊表达中的模糊关系。解模糊方法选择 MIN-MAX-重心法，这种方法通过选取模糊集隶属度函数曲线与数轴所围成面积的重心处对应的变量值作为解模糊后的清晰值。

由于选取的特征值有两个，模糊分类器结构确定为两输入单输出的分类器，结构如图 11-6 所示。

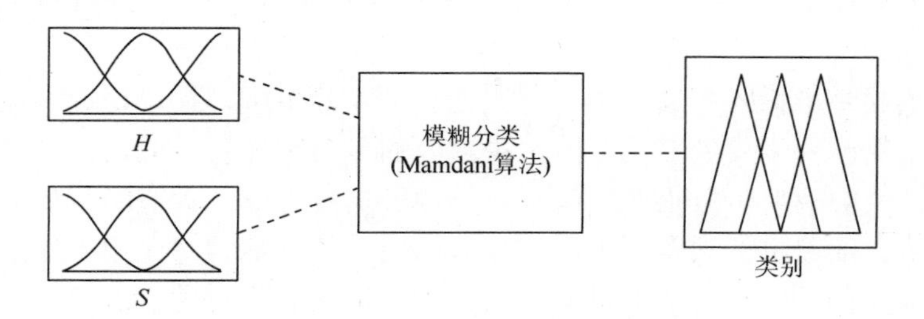

图 11-6　两输入单输出模糊分类器结构

根据木材学专家的经验，给出以下模糊规则的语言描述并制定模糊分类规则。

（1）红色色度高、颜色饱和度高的样本，其奢华评价程度高。

（2）红色与黄色在一定色度下，饱和度低的样本，其温馨评价程度高。

（3）黄色含量高、颜色饱和度低与明快呈显著正相关，与奢华呈负相关。

（4）颜色适中、饱和度一般的板材呈现温馨的感受。

根据以上描述，制定出 30 条模糊分类规则，经整理得到模糊分类规则如表 11-1 所示。

表 11-1　模糊分类规则表

H 分量	S 分量				
	$S1$	$S2$	$S3$	$S4$	$S5$
Y	$C1$	$C1$	$C1$	$C2$	$C2$
PY	$C1$	$C1$	$C1$	$C2$	$C2$
YR	$C1$	$C1$	$C2$	$C2$	$C3$
PR	$C2$	$C2$	$C2$	$C3$	$C3$
R	$C2$	$C2$	$C2$	$C3$	$C3$
DR	$C2$	$C2$	$C3$	$C3$	$C3$

3）实验与分析

实验统一采用低角度打光的方式。在拍摄的过程中，严格控制光照条件，保证前后的光照强度尽量均匀，不出现阴影或使木材表面呈现明暗不均的部分。同时，保证光照强度充足的前提下，尽量降低了相机 ISO 参数，使采集的图片更真实地反映板材样本的信息。拍摄的样本，尽量保证为一个完整的木材纹理或丰富过渡的颜色变化，在特征提取时能够得到充分的样本空间。拍摄时选择 Oscar F810C IRF 工业相机，接口类型为 IEEE 1394a-400Mbit/s；最大分辨率为 3272×2469；最大分辨率下最高帧频为帧/s。光源采用低角度放置的 LED 板，传送带速度约为 3m/s。

基本论域是指输入变量（H 与 S）变化的实际范围，基本论域内的量为精确量。论域是指模糊子集的变化范围，论域内的量为离散量。通过建立这样一种基本论域到论域的映射可以很好地解决在模糊分类过程中，数值的有效数字过多的问题，减少、消除机器误差。同时，也可以更为精确地画出模糊子集的隶属度函数。模糊分类器输入量与输出量的论域、基本论域的范围见表 11-2。

表 11-2　特征值的论域与基本论域的范围

	H	S	类别
基本论域	(0.080, 0.340)	(0.080, 0.700)	(0, 1)
论域	(0, 12)	(0, 10)	(0, 1)

模糊分类器工作时，对建立的模糊规则要经过模糊推理才能决策出输出模糊量的一个模糊子集。当经历了所有的输入模糊变量的论域后，结合输出模糊量的清晰化计算，可以得到查询表。本书使用 MATLAB 中的 FIS 工具箱实现，平面输出查询表结果如图 11-7 所示。

为了验证所设计的模糊分类器的有效性，选取市场上常用的板材树种：紫椴（tilia amurensis）、白桦（betula platyphylla）、水曲柳（fraxinus mandshurica）、五角枫（acer mono）、兴安落叶松（larix gmelinii）、大青杨（populus ussuriensis）、鱼鳞云杉（picea jezoensis）、柞木（xylosma congestum）、红松（pinus koraiensis）等 9 类树种构成样本空间，验证分类器的准确性与时耗。总体样本个数为 1000 个，其中柞木样本数量为 200 个，其他树种样本数均为 100 个，样本板材尺寸约为 40cm×20cm×2cm。邀请木材学专家根据经验对样本所属类别进行确定，以此作为分类结果正确与否的参考，三个类别的数量分别为：明快 336 个、温馨 559 个、奢华 105 个。正确率$=\dfrac{\text{该类别检测总数}-\text{误识别个数}}{\text{该类别检测总数}}\times 100\%$，采集的样本图像尺寸约为 300×300 像素。数据处理使用 Intel Corei3-2330M 处理器 2.20GHz，RAM

为 2GB，操作系统为 Win7，软件环境为 MATLAB R2012a。得到的分类结果如表 11-3 所示。

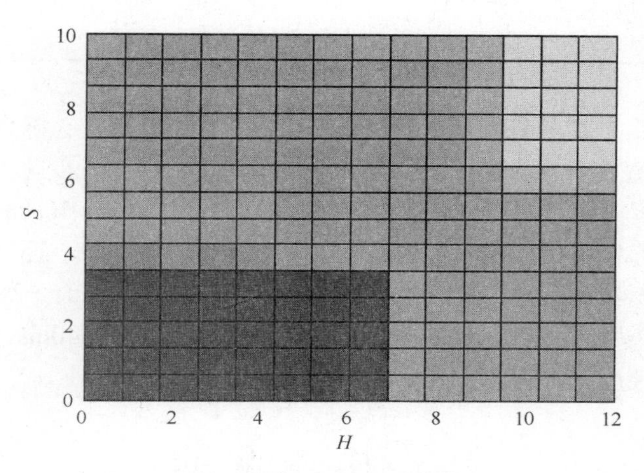

图 11-7　模糊分类器输出查询表

表 11-3　模糊分类结果

树种	明快		温馨		奢华		总体正确率/%	平均时耗/ms
	数量	正确率/%	数量	正确率/%	数量	正确率/%		
紫椴	13	100	78	100	9	100	100	36
白桦	67	97.01	31	96.77	2	100	97	38
水曲柳	16	93.75	73	97.26	11	100	97	39
五角枫	43	100	46	97.83	11	100	99	37
兴安落叶松	8	100	76	96.05	16	100	97	42
大青杨	57	100	43	95.35	0	—	98	44
鱼鳞云杉	39	97.44	58	96.55	3	100	97	36
柞木	72	95.83	99	95.96	29	96.55	96	41
红松	11	100	63	96.83	26	96.15	97	49
总计	326	—	567	—	107	—	—	
平均正确率/%	97.85		97.00		98.13		98.40	

对相同的样本使用相同的分类器与分类方法，使用 H 分量直接量化后求取的一阶矩作为特征值输入，得到 H 分量直接提取特征值进行模糊分类的结果如表 11-4 所示。

表 11-4　*H* 分量不同量化方法分类结果比较

	奢华类分类正确率/%	总体分类正确率/%	平均时耗/ms
H 分量直接量化	75.24	90.20	37
H 分量改进量化	98.13	98.40	40

改进量化后的 H 分量特征提取结果对深红色样本的分类正确率为 98.13%，相比采用 H 分量直接量化提取特征的分类结果为 75.24%，时耗变化并不明显，但准确率有了很大提升。分类器分类结果的平均正确率达到 98.40%，准确率高。出现误识别的原因为板材中存在一定缺陷，包括虫眼、切割伤痕、活节等。可将包含这些缺陷的板材视为不合格品或根据具体的生产需要将其作为一种新的模糊分类器感知量输出类别。图像处理及分类过程平均时耗约为每幅 40ms，能够匹配相机帧频和传送带速度，可实现在线分选的要求。

11.3　样本优选

训练样本的好坏直接影响着分类器的精度，要优选出与用户需求最为接近的板材，就必须将大量与用户需求接近的样本输入分类器中进行训练。因此在柔性分选中，必须要进行训练样本的优选。

将实木板材表面纹理特征数据通过某种非线性组合映射到 1～3 维空间上，找寻最佳投影，此投影能最好地反映投影前的实木板材表面纹理特征数据的特征或属性。通过非线性映射所得到的最优二维数据结构分析训练样本，剔出离群点，以达到训练样本优选的目的。

由于人类对低维空间中的数据有较强的直接判别能力，可以将柞木板材表面纹理特征高维数据通过一定的映射变为低维数据进行低维分析判别。在采用非线性映射将高维空间中的数据点映射为低维空间中的点时，多用 Sammon 算法，高维空间中的点与投影到低维空间所得点之间的距离尽可能地保持不变，Sammon 算法的运算过程相当复杂。本研究中的非线性映射是使用基于遗传算法寻优实现的。

假设高维空间中的某一数据点 $X_i(x_{i1}, x_{i2}, \cdots, x_{in})$，其对应于低维（假设是二维）空间中的点 $Y_i(y_{i1}, y_{i2})$，那么 y_{i1}, y_{i2} 应该是 $x_{i1}, x_{i2}, \cdots, x_{in}$ 的某种函数。

如果这种函数是非线性函数，低维数据就是高维数据的非线性映射。设 n 维空间矢量 $\boldsymbol{x}_i = (x_{i1}, x_{i2}, \cdots, x_{in})^{\mathrm{T}}$ 与 $\boldsymbol{x}_j = (x_{j1}, x_{j2}, \cdots, x_{jn})^{\mathrm{T}}$。其中 $\boldsymbol{x}_i$ 与 $\boldsymbol{x}_j$ 的距离是 d_{ij}^*，计算公式为

$$d_{ij}^* = \mathrm{dis}(\boldsymbol{x}_i, \boldsymbol{x}_j) \tag{11-11}$$

在二维空间中，矢量 $\boldsymbol{y}_i=(y_{i1},y_{i2})^{\mathrm{T}}$ 与 $\boldsymbol{y}_j=(y_{j1},y_{j2})^{\mathrm{T}}$ 的距离为 d_{ij}，计算公式为

$$d_{ij}=\mathrm{dis}(\boldsymbol{y}_i,\boldsymbol{y}_j) \tag{11-12}$$

在使用 NLM 时，由于需要将多维空间的点经过投影为低维空间中的点后，保持点与点之间的距离不变，理想条件下有 $d_{ij}^*=d_{ij}$。事实上是达不到这种情况的，经过投影后会存在误差。误差为 e_{ij}，计算公式为

$$e_{ij}=d_{ij}^*-d_{ij} \tag{11-13}$$

可以定义误差函数 E 为

$$E=f(e_{ij})=f(d_{ij}^*-d_{ij})=\frac{1}{\sum\limits_{i<j}^{n}d_{ij}^*}\sum_{i<j}^{n}\frac{(d_{ij}^*-d_{ij})^2}{d_{ij}^*} \tag{11-14}$$

通过不断调整 d 空间中 n 个矢量，使得误差函数取得最小值或者预定值，此时所得到的二维矢量 $\boldsymbol{y}$ 就是高维矢量 $\boldsymbol{x}$ 对应的转换矢量。NLM 的不同算法是在求解 E 的最小值时出现的。Sammon 算法中，误差函数 E 是必须同时调整来得到新的数据结构的 $2n$ 个独立变量 $y_{ij}(i=1,2,\cdots,n;j=1,2)$ 的函数，运用了最陡下降法求误差函数 E 的最小值属于复杂算法。

遗传算法寻优可以实现非线性映射，将误差函数 E 作为目标函数进行优化（最小化处理），通过对初始种群大小确定，使用遗传算法寻优，适当的低维（二维）数据结构可被找到。

遗传算法的主要驱动算法是选择算子和交叉算子的组合。遗传算法搜索过程为：①通过编码随机生成初始种群中的个体。每个个体均有特有的作为遗传物质主要载体的染色体，染色体决定了个体的基本属性。②从初始种群出发，模拟生物进化，遵循优胜劣汰，解码个体，将实际参数代替被编码的参数，在目标函数下计算适应度，选择适应度高的个体，淘汰适应度低的个体，形成新的种群。③通过交叉与变异将新种群的优良性状保留并遗传给下一代，使得下一代的适应性高于上一代。不断重复选择、交叉变异、再选择的过程，直至满足最终的收敛条件，这个过程使得每代的优良基因得以保留并累积，新种群与新个体的适应度不断提高。最后一代解码后，其是问题最优解。

遗传算法的具体步骤如下。

（1）编码。

（2）确定适应度函数，产生初始化群体。

（3）经过选择过程、复制过程、交叉过程、变异过程产生新的群体。

（4）利用收敛条件判别，不满足条件时，重复第（3）步。

（5）结束，搜索到最优解。

分别对柞木的直纹、抛物纹、乱纹分别选取 100 个样本进行聚类分析，并对这 100 个样本分别进行编号，号段为柞木直纹 1～100 号、柞木抛物线纹 1～100 号、柞木乱纹 1～100 号。以非线性映射（nonlinear mapping，NLM）的误差函数作为遗传算法的目标函数并设置遗传算法的约束参数，应用 MATLAB 的遗传算法工具箱进行搜索优化，直接对误差函数优化就是最小化处理，最终求取最佳二维数据结构。将原柞木板材表面纹理的九大特征非线性映射为二维，最终画出二维数据的分布图，进而分析数据结构，选出柞木板材表面纹理训练样本。在 MATLAB2012a 的遗传算法 GUI 中设置参数进行计算。计算过程如下。

（1）以非线性映射中的误差函数作为优化的目标函数，编制 MATLAB 适应度函数（fitness function）*m* 文件。训练样本的未经 PCA 变换的原始 9 维特征数据之间的距离与映射后的二维数据之间的距离均为欧氏距离。

（2）遗传算法中的适应度函数的变量数设置为 200（柞木板材表面纹理样本数 100×映射维数 2），初始种群大小为 20，遗传代数是 100，fitness-limit 设置为 0.01，stall-generation 设置为 150，其他参数选为缺省值。将未经 PCA 变换的原始 9 维特征数据通过基于遗传算法的非线性映射找出最佳二维数据结构。

（3）分析二维空间中的数据结构筛选离群点。

对柞木直纹样本的 9 维特征进行基于遗传算法的非线性映射，实验得到的遗传算法进化曲线如图 11-8 所示，非线性映射得到的二维数据结构在二维平面中的分布如图 11-9 所示。

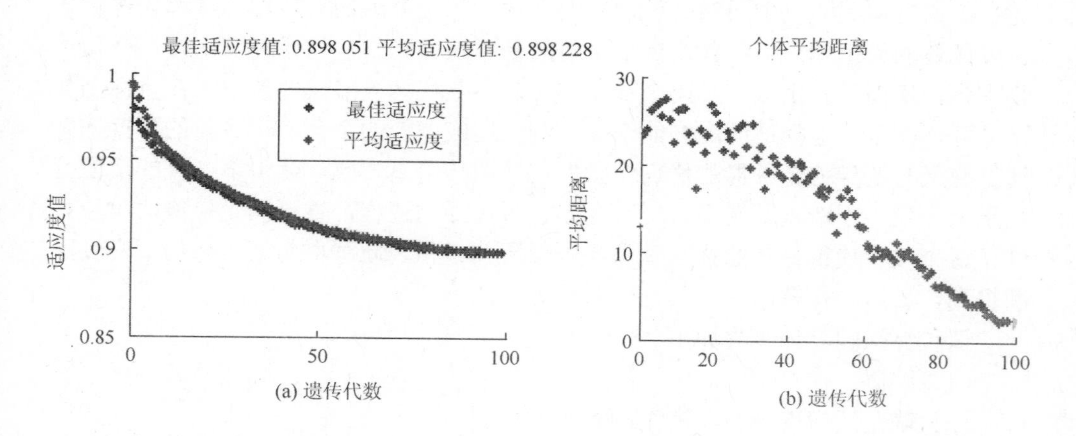

(a) 遗传代数　　(b) 遗传代数

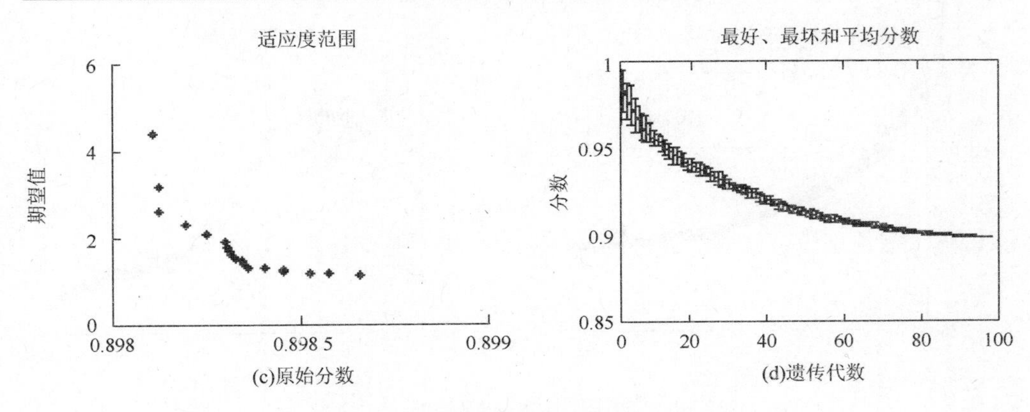

图 11-8　直纹样本遗传算法的运行结果

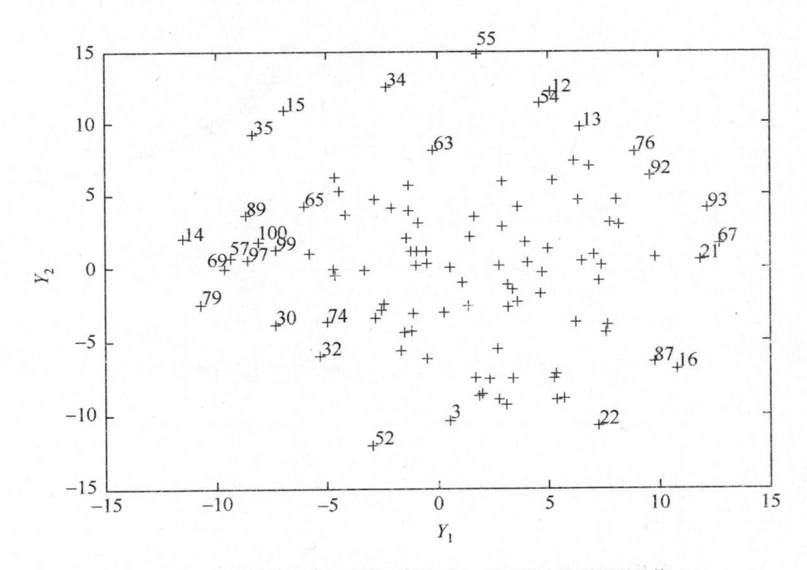

图 11-9　九维直纹特征映射至二维空间的结果图像

对柞木直纹进行基于遗传算法的非线性映射实验得到的最佳适应度值为 0.898 051，平均适应度值为 0.898 228。

直纹中样本的离群点对应的样本号为 3、12、13、14、15、16、21、22、30、32、34、35、52、54、55、57、63、65、67、69、74、76、79、87、89、92、93、97、99、100。

柞木抛物线纹样本特征值进行基于遗传算法的非线性映射，实验得到的遗传算法适应度函数进化曲线如图 11-10 所示，非线性映射所得到的二维数据结构在二维平面中的分布如图 11-11 所示。

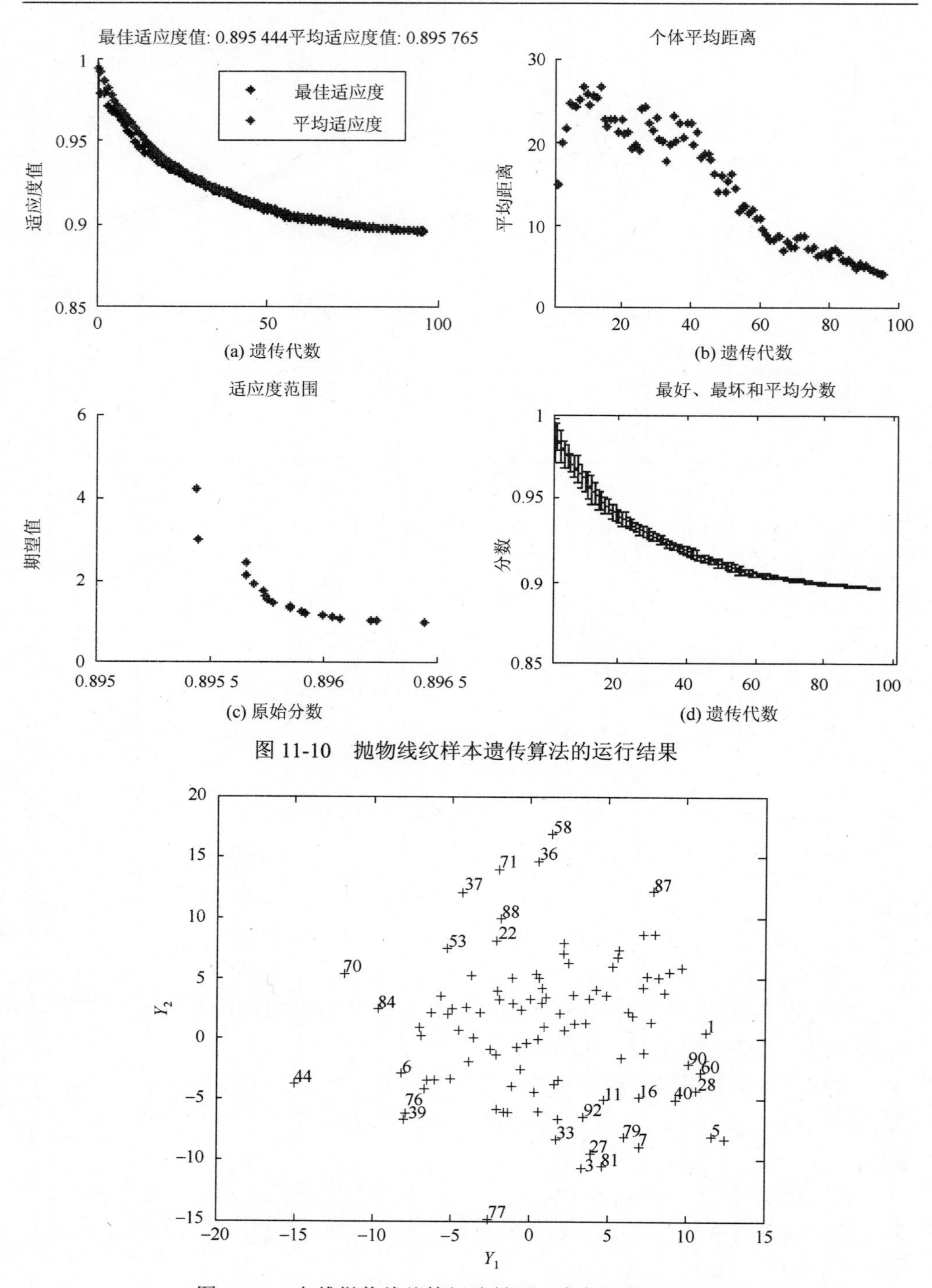

图 11-10　抛物线纹样本遗传算法的运行结果

图 11-11　九维抛物线纹特征映射至二维空间的结果图像

对柞木抛物线纹进行基于遗传算法的非线性映射实验得到的最佳适应度值为 0.895 444，平均适应度值为 0.895 765。

选出抛物线纹中的离群样本点对应的样本号为 1、3、5、6、7、11、16、22、27、28、33、36、37、40、44、53、58、60、70、71、76、77、79、81、84、87、88、90、92、99。

将柞木乱纹样本的特征值进行基于遗传算法的非线性映射实验，实验得到的遗传算法适应度函数进化曲线如图 11-12 所示，非线性映射后得到的二维数据结构在二维平面中的分布如图 11-13 所示。

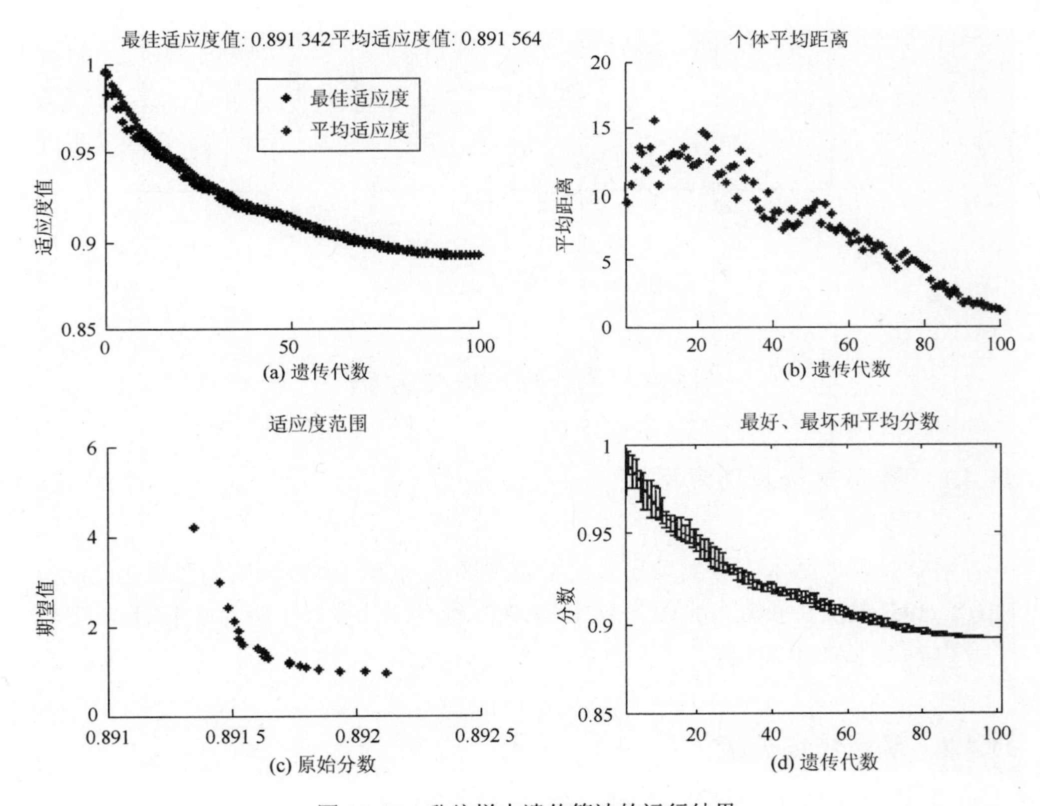

图 11-12　乱纹样本遗传算法的运行结果

对柞木乱纹进行基于遗传算法的非线性映射实验得到的最佳适应度值为 0.891 342，平均适应度值为 0.891 564。

选出的乱纹样本离群点对应的样本号是 1、4、6、7、9、10、12、15、20、23、28、32、33、41、43、44、51、55、58、60、65、67、69、75、78、79、85、86、89、94。

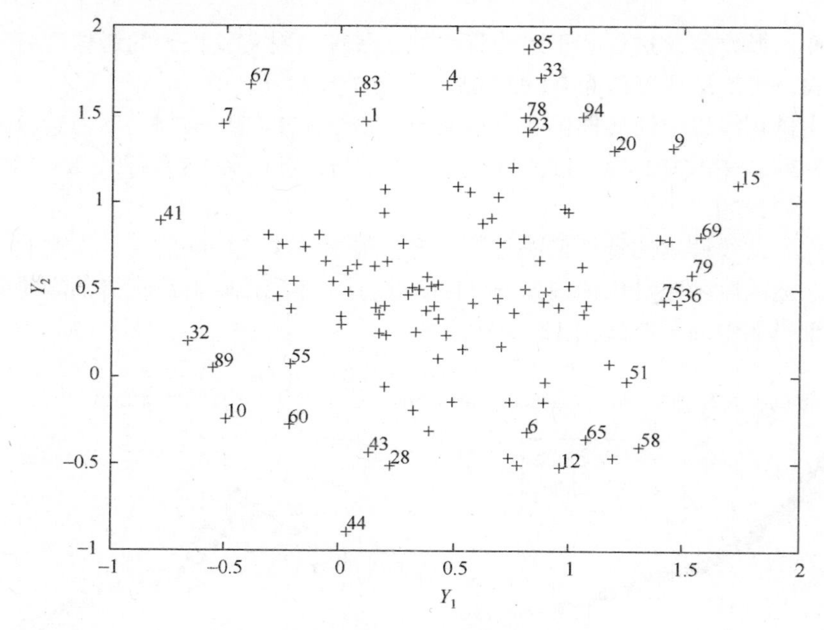

图 11-13　二维平面内分布

11.4　实验结果及分析

11.4.1　实验材料及仿真环境

实验以柞木样本库中的抛物线纹类纹理图像为例。实验所用的图像由 Oscar F810C IRF 摄像头获取，光源为双排 LED 平行光，计算机主频为 2.4GHz，实验平台为 MATLAB R2012a。

11.4.2　颜色特征分析

由用户从样本库中选取表面颜色比较满意的 8 幅图像，如图 11-14 所示。在 $L^*a^*b^*$ 颜色空间下计算 9 个颜色特征，其中 L^*、a^*、b^*、C^*、A_g^* 用像素点的均值表示，ΔL^*、Δa^*、Δb^*、ΔE^* 分别用各像素点与其均值求差，差值的绝对值求和再求平均得出。各特征参数如表 11-5 所示。

从图 11-14 的主观感受上，用户挑选出的 8 幅图像，色泽比较柔和，颜色为淡淡的黄绿色，体现出祥和的氛围。分别对 8 幅图像进行颜色特征提取，由表 11-5

得，L^*均值范围为 73.45～82.73，用户对实木地板明度的需求大致在该区间，说明用户比较喜欢较亮的实木地板；由红绿轴色品指数 a^*和黄蓝轴色品指数 b^*得出，a^*为−3.67～−2.42，b^*为 7.85～10.10，说明用户比较喜欢稍偏绿和稍偏黄的实木地板；由色饱和度 C^*和色调角 A_g^*得出，C^*为 8.44～10.54，A_g^*为 105.20～115.03，说明色饱和度分布在较低的区间，色调角区间说明偏向黄色色调范围。由 ΔL^* 区间范围 3.98～6.77、Δa^* 区间范围 3.28～4.26、Δb^* 区间范围 3.61～5.01、ΔE^* 区间范围 6.92～8.59 得出，四项特征分量数值较小且变化不太明显，说明用户满意的实木地板表面整体相对稳定。

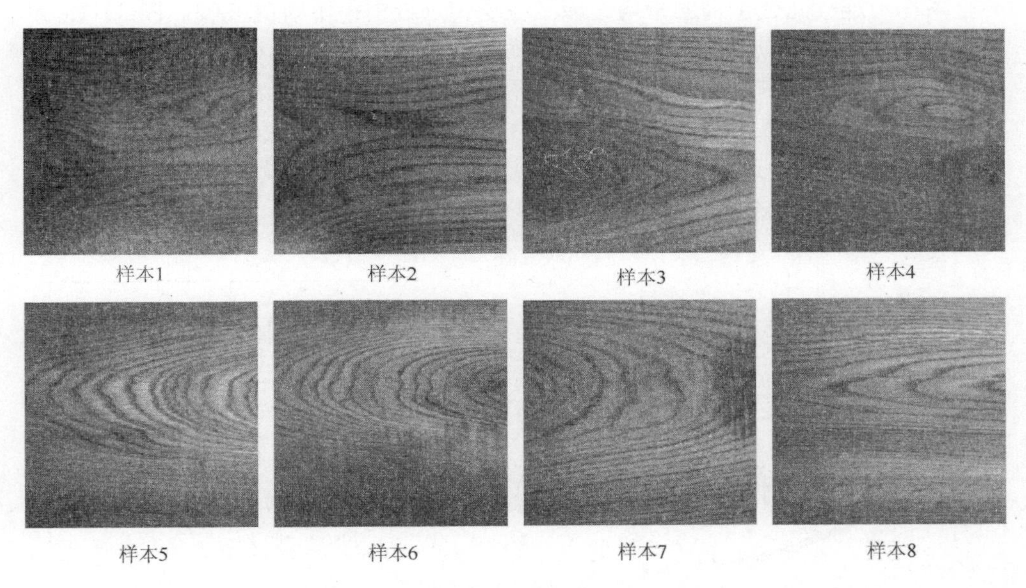

图 11-14　用户满意的实木地板表面颜色样本

表 11-5　颜色特征

特征	样本 1	样本 2	样本 3	样本 4	样本 5	样本 6	样本 7	样本 8
L^*均值	73.45	73.63	80.21	76.50	79.28	79.13	80.26	82.73
a^*均值	−3.05	−3.67	−3.16	−2.42	−3.51	−2.76	−2.87	−3.09
b^*均值	10.09	7.86	9.97	8.91	8.30	10.10	9.63	7.85
C^*均值	10.54	8.67	10.46	9.23	9.01	10.46	10.05	8.44
A_g^*均值	106.82	115.03	107.59	105.20	112.92	105.28	106.60	111.48
ΔL^*均值	4.91	6.77	5.36	3.98	5.51	5.69	4.46	4.78
Δa^*均值	3.28	3.58	4.26	3.74	3.87	4.18	4.11	3.60
Δb^*均值	3.61	3.63	4.86	4.48	4.82	4.90	5.01	4.93
ΔE^*均值	6.92	8.48	8.40	7.06	8.28	8.59	7.87	7.75

11.4.3　纹理样本优选

选取柞木样本库的 100 幅抛物纹图像进行实验，目的是优选出具有较好的抛物纹特征的图像作为训练样本，更好地满足用户对实木地板抛物纹纹理的需求。采用 Tamura 纹理特征的 6 个分量及纹理图像的熵、灰度方差和灰度平均值，共计 9 个特征，以非线性映射中的误差函数 E 为遗传算法的适应度函数，设置遗传算法的初始种群大小为 20，遗传代数为 100，交叉概率取 0.6，变异概率取 0.005，终止条件为连续几代个体的平均适应度在遗传过程中小于阈值 0.02。图 11-15 为遗传算法求最佳适应度值的降维过程，横坐标表示迭代次数，纵坐标表示适应度值，其中，最佳适应度值为 0.895 4，平均适应度值为 0.895 7。图 11-16 为抛物纹样本优选图，采用降维后的二维数据建立平面图，Y_1 表示数据的横坐标，Y_2 表示数据的纵坐标，图中选取 100 个数据的平均值作为质心，阈值为 0.55，剔除了 34 个离群点，优选出 66 个抛物纹样本图像。

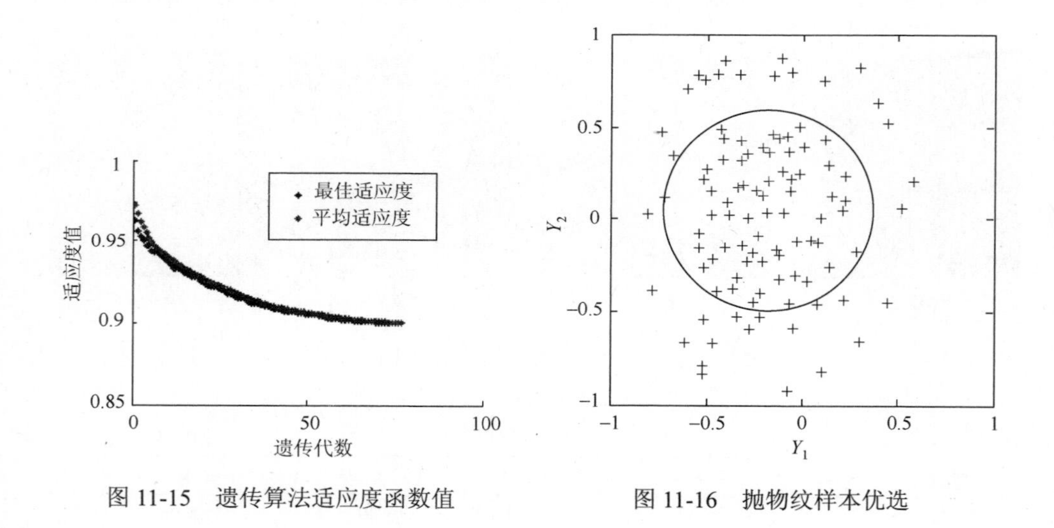

图 11-15　遗传算法适应度函数值　　图 11-16　抛物纹样本优选

11.4.4　用户满意度实验

以测试用户对抛物纹实木地板的满意度为例。在优选的 66 个抛物纹样本中，按照 11.4.2 节 $L^*a^*b^*$特征的区间范围，确定出颜色特征较好的样本，共计 30 个，采用压缩感知分类器的设计方法，分别提取 30 个较好样本的 18 维特征和 30 个被剔除样本的 18 维特征，形成用户喜欢类别的特征向量和不喜欢类别的特征向量，构建出具有两类特性的过完备字典。设置用户喜欢类别的实木地板输出结果为 1，不喜欢类别的输出结果为 0，采用样本库的 60 幅抛物纹图像，每组 20 幅，分 3 组进行测试，结果如表 11-6 所示。

表 11-6　分类结果

序号	输出结果	输出为 1 的个数
第一组	11000010001000000001	5
第二组	00100000001000000001	3
第三组	10010000001000100000	4

由表 11-6 得，压缩感知分类器识别出的用户喜欢的实木地板个数为 12，然后用户对挑选出的实木地板进行主观评价，用户对挑选的 11 个满意，满意度为 91.67%。其中 2 个如图 11-17(a)和图 11-17(b)所示，挑选出不满意的如图 11-17(c)所示。

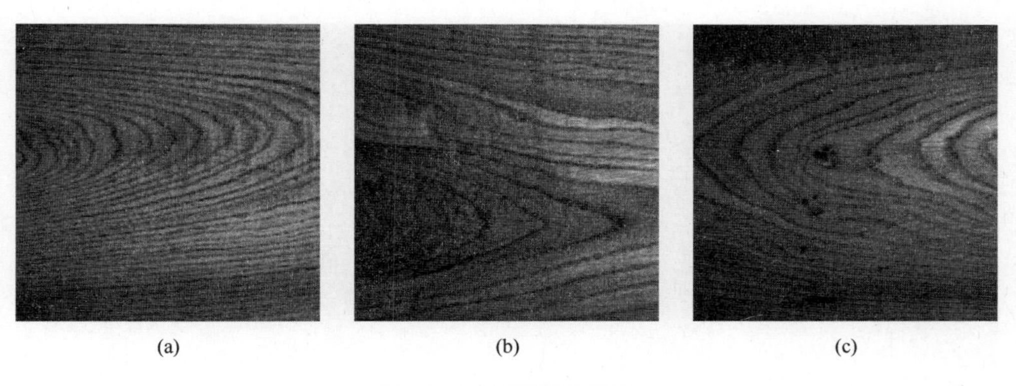

(a)　(b)　(c)

图 11-17　结果图像举例

由图 11-7 可见，图 11-17(c)抛物纹纹理较好，同时进行 $L^*a^*b^*$特征分析，其 9 个特征数据为，$L^*=77.53$、$a^*=-3.26$、$b^*=8.96$、$C^*=9.53$、$A_g{}^*=109.99$、$\Delta L^*=4.67$、$\Delta a^*=3.78$、$\Delta b^*=4.66$、$\Delta E^*=7.60$，均符合颜色特征的区间范围。进一步分析，不满意的原因在于图中存在少许黑色缺陷，由于缺陷面积小，对分类的特征参数不构成较大影响，但是会给人视觉不愉快，所以用户主观不满意。

11.5　本 章 小 结

本章介绍板材表面的多目标分选技术，能够依据不同用户的需要制定分选标准和分选方法。在样本优选方面，根据用户需求的纹理选择进入分类器的样本，能够将差距大的板材快速分离出去；在板材颜色方面，分选出满足用户视觉感受的实木板材，使颜色标准化。完成需求到知识的转化，指导实木板材分选过程，完成订单式分选。

参考文献

白鹏，张喜斌，张斌，等. 2008. 支持向量机理论及工程应用实例. 西安：西安电子科技大学出版社.

白雪冰，王克奇，王辉. 2006. 基于灰度共生矩阵的木材纹理分类方法的研究. 哈尔滨工业大学学报，37（12）：1667-1670.

白雪冰，王林. 2010. 基于空频变换的木材缺陷图像分割. 东北林业大学学报，38（8）：71-74.

白雪冰，邹丽晖. 2007. 基于灰度-梯度共生矩阵的木材表面缺陷分割方法. 森林工程，23（2）：16-18.

陈立君，王克奇，王辉，等. 2007. 木材纹理分析中小波基的选择和分解级数的确定. 林业机械与木工设备，35（5）：25-27.

陈立君. 2007. 基于多分辨率分形维的木材表面纹理分类的研究. 哈尔滨：东北林业大学.

陈永光，王国柱，撒潮，等. 2003. 木材表面缺陷边缘形态检测算法的研究. 木材加工机械，3：18-22.

陈郁淦，周学成，乐凯. 2011. 根系 CT 序列图像区域生长分割的新方法. 计算机工程与应用，28：158-161.

陈忠，赵忠明. 2005. 基于区域生长的多尺度遥感图像分割算法. 计算机工程与应用，35：7-9.

楮标. 2008. 小波理论在图像去噪与纹理分析中的应用研究. 合肥：合肥工业大学：26-27.

戴青云，余英林. 2001. 数学形态学在图像处理中的应用进展. 控制理论与应用，18（4）：478-482.

范九伦，赵凤，张雪峰. 2007. 三维 Otsu 阈值分割方法的递推算法. 电子学报，35（7）：1398-1402.

方超. 2010. 木材缺陷的图像检测技术. 哈尔滨：哈尔滨工程大学.

葛静祥. 2010. 图像纹理特征提取及分类算法研究. 天津：天津大学：5.

谷口庆治. 2002. 数字图像处理基础篇. 朱虹，译. 北京：科学出版社.

顾一. 2008. 基于 CCD 的图像采集和处理系统. 杭州：浙江大学.

韩书霞，戚大伟，于雷. 2011. 基于分形特征参数的原木缺陷 CT 图像处理. 东北林业大学学报，39（6）：108-111.

韩争胜，李映，张艳宁. 2005. 基于 LDA 算法的人脸识别方法的比较研究. 微电子学与计算机，7（22）：131-133.

侯云峰，阳丰俊，杨效余，等. 2012. 基于形态学重构运算的地面目标识别算法. 国土资源遥感，3：11-15.

黄桂兰，郑肇葆. 1995. 空间灰度相关在影像纹理分类中的应用及分析. 武汉测绘科技大学学报，（4）：301-304.

季伟东，王克奇，张建飞. 2013. 基于改进的粒子群算法优化开关神经网络的木材表面缺陷识别. 东北林业大学学报，40（12）：99-102.

金立生，王荣本，高龙，等. 2006. 基于区域生长的智能车辆阴影路径图像分割方法. 吉林大学学报（工学版），36：132-135.

孔超. 2010. 基于数学形态学的木质材料实时无损检测研究. 哈尔滨：东北林业大学：12.

李闯. 2007. 基于小波理论的图像处理技术研究. 武汉：武汉理工大学：7-8.

李宏贵，李兴国. 2003. 一种改进的梯度算子. 中国图象图形学报，8（3）：253-255.

李坚，刘一星. 1998. 木材涂饰与视觉物理量. 哈尔滨：东北林业大学出版社.

李林，高政，黄卫平. 2002. 一种新颖的基于截集分解的形态学算子. 光学技术，27（1）：74-77.

李士勇. 2006. 模糊控制•神经控制和智能控制论. 哈尔滨：哈尔滨工业大学出版社.

李士勇. 2011. 智能优化算法. 哈尔滨：哈尔滨工业大学出版社.

李艳梅. 2013. 图像增强的相关技术及应用研究. 成都：电子科技大学.

李莹. 2012. 基于 SVM 的海面小目标检测的研究. 哈尔滨：哈尔滨工程大学.
刘东辉，卞建鹏，付平，等. 2009. 支持向量机最优参数选择的研究. 河北科技大学学报，30（1）：59-61.
刘俊梅. 2007. 基于小波变换的图像纹理特征提取技术. 计算机工程与设计，28（13）：3141-3144.
刘丽，匡纲要. 2009. 图像纹理特征提取方法综述. 中国图象图形学报，4（4）：622-635.
刘庆祥，蒋天发. 2003. 彩色与灰度图像间转换算法的研究. 武汉理工大学学报（交通科学与工程版），30（10）：20-22.
刘申晓，王学春，常朝稳. 2013. 基于改进粒子群优化算法的 Otsu 图像分割方法. 计算机科学，40（8）：293-295.
刘松涛，殷福亮. 2012. 基于图割的图像分割方法及其新进展. 自动化学报，28（6）：911-922.
卢允伟，陈友荣. 2009. 基于拉普拉斯算法的图像锐化算法研究和实现. 电脑知识与技术，5（6）：1513-1515.
马钊，陆桂明，马国厚. 2004. 利用可加性模糊系统处理图像数据的方法. 华北水利水电学院学报，（1）：47-49.
戚大伟，牟洪波. 2013. 基于 Hu 不变矩和 BP 神经网络的木材缺陷检测. 东南大学学报自然科学版，43（A1）：63-66.
秦志远，吴冰，王艳，等. 2005. 图像平滑算法比较研究及改进策略. 测绘学院学报，22（2）：103-106.
仇逊超，王阿川. 2013. 木材彩色图像缺陷分割——基于 Gabor 滤波的改进 C-V 彩色模型. 计算机工程与应用，49(18)：153-158.
任获荣. 2004. 数学形态学及其应用. 西安：西安电子科技大学.
任宁，于海鹏，刘一星，等. 2007. 木材纹理的分形特征与计算. 东北林业大学学报，34（2）：9-11.
阮秋琦. 2001. 数字图像处理学. 北京：电子工业出版社.
盛道清. 2007. 图像增强算法的研究. 武汉：武汉科技大学.
石光明，刘丹华，高大化，等. 2009. 压缩感知理论及其研究进展. 电子学报，37（5）：1070-1081.
宋晖，薛云，张良均. 2011. 基于 SVM 分类问题的核函数选择仿真研究. 计算机与现代化，8：133-136.
孙丽萍，张汝楠，秦怀光. 2007. X 射线在原木无损检测中的应用. 林业机械与木工设备，35（10）：54-55.
孙燮华. 2009. 数字图像处理—原理与算法. 北京：机械工业出版社.
孙延奎. 2012. 小波变换与图像、图形处理技术. 北京：清华大学出版社.
田凯，郑丽颖，王科俊. 2005. 一种用于模式识别的新型神经网络模型. 哈尔滨工程大学学报，23（6）：82-84.
涂其远，吴建华，万国金. 2002. 动态阈值结合全局阈值对图像进行分割. 南昌大学学报（工科版），24（1）：37-40.
汪杭军. 2013. 基于纹理的木材图像识别方法研究. 合肥：中国科学技术大学.
王阿川，曹琳. 2013. 基于改进轮廓模型单板缺陷图像快速识别方法. 计算机工程，39（1）：1-6.
王爱斐. 2013. 基于混合高斯模型的地板块纹理分类算法研究. 哈尔滨：东北林业大学：6.
王爱民，沈兰荪. 2000. 图像分割研究综述. 控制技术，19（5）：1-5.
王晗，白雪冰，王辉. 2007. 基于空间灰度共生矩阵木材纹理分类识别的研究. 森林工程，23（1）：32-36.
王辉，杨林，丁金华. 2010. 基于特征级数据融合木材纹理分类的研究. 计算机工程与应用，46（3）：215-218.
王克奇，陈立君，王辉，等. 2006. 基于空间灰度共生矩阵的木材纹理特征提取. 森林工程，22（1）：24-26.
王克奇，石岭. 2005. 基于高斯—马尔可夫随机场的木材表面纹理分析. 林业科技，30（6）：46-48.
王克奇，杨少春，戴天虹，等. 2008. 基于均匀颜色空间的木材分类研究. 计算机工程与设计，（7）：1780-1784.
王林，白雪冰. 2010. 基于 Gabor 变换木材表面缺陷图像分割方法. 计算机工程与设计，31（5）：1066-1069.
王楠楠，杨爱萍，寇志强，等. 2013. 基于 LBPV 的旋转不变纹理分类算法. 电子技术应用，39（12）：138-140，144.
王树文，闫成新，张天序，等. 2004. 数学形态学在图像处理中的应用. 计算机工程与应用，32：89-92.
王亚超，薛河儒，多化琼，等. 2013. 基于小波变换的木材纹理去噪研究. 内蒙古农业大学学报，34（1）：142-145.
王亚超，薛河儒，多化琼. 2012. 基于 9/7 小波变换的木材纹理频域特征研究. 西北林学院学报，27（1）：225-228.

王业琴，王辉. 2011. GMRF 随机场在纹理特征描述与识别中的应用. 计算机工程与应用，（25）：202-204，219.
吴成茂. 2013. 直方图均衡化的数学模型研究. 电子学报，3：598-602.
吴海波，刘钊. 2008. 基于拉普拉斯算法的彩色图像锐化处理. 电脑开发与应用，（9）：27-28.
吴庆涛，曹继邦，郑瑞娟，等. 2013. 基于粒子群优化的入侵特征选择算法. 计算机工程与应用，49（7）：89-92.
武治国. 2009. 基于图像特征的多尺度变换图像融合技术研究. 长春：中国科学院长春光学精密机械与物理研究所.
肖宾杰，殳伟群. 2011. 基于图像融合的木板表面缺陷特征提取方法研究. 计算机科学，38（4）：282-285.
肖淑苹，陈一栋，杨建雄. 2010. 基于小波变换和支持向量机的彩色纹理识别. 微电子学与计算机，（7）：117-120.
解洪胜，张虹，徐秀. 2008. 基于复小波和支持向量机的纹理分类法. 计算机应用研究，25（5）：1573-1575，1578.
谢永华，钱玉恒，白雪冰. 2010. 基于小波分解与分形维的木材纹理分类. 东北林业大学学报，38（12）：118-120.
徐姗姗，刘应安. 2013. 基于卷积神经网络的木材缺陷识别. 山东大学学报（工学版），43（2）：23-28.
徐新征，丁世飞，史忠植，等. 2010. 图像分割的新路伦和新方法. 电子学报，2：76-81.
徐一清. 2010. 木材纹理识别算法研究进展. 大众科技，（8）：45-146.
许国根，贾英. 2012. 模式识别与智能计算的 MATLAB 实现. 北京：北京航空航天大学出版社.
薛琴，陈玮，罗俊奇. 2007. 基于梯度算子的蚁群图像分割算法研究. 计算机工程与设计，28（23）：5660-5663.
杨福刚，孙同景，庞清乐，等. 2006. 基于 SVM 和小波的木材纹理分类算法. 仪器仪表学报，27（6）：2250-2252.
杨淑莹. 2008. 模式识别与智能计算——Matlab 技术实现. 北京：电子工业出版社.
杨述斌，彭复员. 2004. 数学形态学在图像处理中的应用与发展. 武汉化工学院学报，26（1）：70-72.
姚静，方彦军，陈广. 2010. 遗传和禁忌搜索混合算法在机组负荷分配中的应用. 中国电机工程学报，26：95-100.
尹建媛. 2008. 图像处理中边缘检测算法的研究. 科技信息，（4）：67-68.
尹奎英，刘宏伟，金林. 2011. 快速的 Otsu 双阈值 SAR 图像分割法. 吉林大学学报（工学版），41（6）：1760-1765.
尹思慈. 1996. 木材学. 北京：中国林业出版社：33-34.
于海鹏. 2005. 基于数字图像处理学的木材纹理定量化研究. 哈尔滨：东北林业大学：54-60.
于海鹏，刘一星，刘镇波. 2007. 基于图像纹理特征的木材树种识别. 林业科学，（4）：77-81，146-147.
余章明，张元，廉飞宇，等. 2009. 数字图像增强中灰度变换方法研究. 电子质量，6：18-20.
曾令全，罗富宝，丁金嫚. 2011. 禁忌搜索－粒子群算法在无功优化中的应用. 电网技术：7.
张刚，马宗民. 2010. 一种采用 Gabor 小波的纹理特征提取方法. 中国图象图形学报，15（2）：247-254.
张建德，邵定宏. 2008. 改进的基于颜色空间距离的图像灰度化算法. 机械与电子，1：63-65.
张水发，王开义，刘忠强，等. 2013. 基于离散余弦变换和区域生长的白粉虱图像分割算法. 农业工程学报，17：514-516.
张文修，杨晓斌. 1999. 可加性模糊系统（AFS）权系数 W 的最小二乘估计. 模糊系统与数学，（3）：11-15.
张艳玲，刘桂雄，曹东，等. 2007. 数学形态学的基本算法及在图像预处理中的应用. 科学技术与工程，3：356-359.
张怡卓，曹军，许雷，等. 2013. 实木地板缺陷形态学分割与 SOM 识别. 电机与控制学报，17（4）：116-120.
张怡卓，佟川，李想. 2012. 梯度算子与灰度阈值融合的实木地板节子识别方法研究. 林业科技，1：18-20.
张怡卓，佟川，于慧伶. 2012. 基于形态学重构的实木地板缺陷分割方法研究. 森林工程，28（3）：14-17.
张毓晋. 2001. 图像分割. 北京：科学出版社.
赵高长，张磊，武风波. 2011. 改进的中值滤波算法在图像去噪中的应用. 应用光学，32（4）：678-682.
郑圆圆，陈再良. 2011. 模糊理论的应用与研究. 苏州大学学报（工科版），（2）：52-58.
周金和，彭福堂. 2006. 一种有选择的图像灰度化方法. 计算机工程，32（10）：198-200.
朱福喜，朱三元，伍春香. 2006. 人工智能基础教程. 北京：清华大学出版社.
庄哲民，张阿妞，李芬兰. 2007. 基于优化的 LDA 算法人脸识别研究. 电子与信息学报，9：2047-2049.

Alock R. 1996. Techniques for Automated Visual Inspection of Birch Wood Board. United Kingdom: School of Engineering, University of Wales Cardiff.

Amir M. 2012. Classification of wood surface defects with hybrid usage of statistical and textural features. International Conference on Telecommunications and Signal Processing, 35: 749-752.

Aptoula E, Lefevre S. 2007. A comparative study on multivariate mathematical morphology. Pattern Recognition, 40（11）: 2914-2929.

Arivazhagan S, Ganesan L, Pddam S P. 2006. Texture classification using Gabor wavelets based rotation invariant features. Pattern Recognition Letters, 27（16）: 1976-1982.

Avci E, Sengur A, Hanbay D. 2009. An optimum feature extraction method for texture classification. Expert Systems with Applications,（36）: 6036-6043.

Bhalerao A, Wilson R. 2001. Unsupervised image segmentation combining region and boundary estimation. Image and Vision Computing, 4: 353-368.

Candes E J, Donoho D L. 2000. Curvelets—a surprisingly effective nonadaptive representation for objects with edges. Curves and Surfaces: 105-120.

Candes E. 2006. Compressive sampling. Proceedings of the International Congress of Mathematicians. Madrid, Spain, 3: 1433-1452.

Castellani M, Rowlands H. 2009. Evolutionary artificial neural network design and training for wood veneer classification. Engineering Applications of Artificial Intelligence,（22）: 732-741.

Castleman K R. 2000. 数字图像处理. 朱志刚，林学訚，石定机，等译. 北京：清华大学出版社.

Chafik D K. 2009. Automatic image segmentation system through iterative edge–region co-operation. Image and Vision Computing, 6: 541-555.

Donoho D L. 2006. Compressed sensing. Information Theory, IEEE Transactions on, 52（4）: 1289-1306.

Duming T, Bo H. 2001. Automatic surface inspection using wavelet reconstruction. Pattern Recognition, 34（6）: 1285-1305.

Engin A, Abdulkadir S, Davut H. 2009. An optimum feature extraction method for texture classification. Expert Systems with Applications,（36）: 6036-6043.

Eraser A S. 1957. Simulation of genetic systems by automatic digital computers Ⅱ: effects of linkage on rates of advance under selection. Australian Journal of Biological Science, 10: 492-499.

Estcvez P A, Fernandez M, Alcock R J, et al. 1999. Selection of features for the classification of wood board defects. 9th International Conference on Artificial Neural Networks: ICANN'99.

Estcvez P A, PCrez C A, Caballero R E, et al. 1998. Classification of defects on wood boards based on neural networks and genetic selection of features, Proc of 4th International Conference on Information Systems, Aealysis and Synthesis, ISAS'98, 1: 624-629.

Estcvez P A, Perez C A, Goles E. 2003. Genetic input selection to a neural classifier for defect classification of radiata pine boards. Forest Products Journal,（53）: 87-94.

Fatih K, Bülent S. 2002. Image segmentation by relaxation using constraint satisfaction neural network. Image and Vision Computing, 5: 483-497.

Frank Y S, Cheng S X. 2005. Automatic seeded region growing for color image segmentation. Image and Vision Computing, 23（5）: 877-886.

Gonzalo A R, Pablo A E, Pablo A R. 2009. Automated visual inspection system for wood defect classification using computational intelligence techniques. International Journal of Systems Science，40（2）：163-172.

Goutsias J，Heijmans H J A M. 2000. Multiresolution signal decomposition schemes：part 1：linear and morphological pyramids. IEEE Trans on Image Processing，9（11）：1862-1876.

Haddon J F，Boyce J F. 1993. Co-occurrence matrices for image analysis. Electronics & Communication Engineering Journal，5（2）：71-83.

Han Y F，Shi P F. 2007. An adaptive level-selecting wavelet transform for texture defect detection. Image and Vision Computing，25（8）：1239-1248.

Hannu K，Hannu R，Olli S. 2009. Non-segmenting defect detection and SOM based classification for surface inspection using color vision. Conference on Polarization and Color Techniques in Industrial Inspection，7：270-280.

Hawkins J K. 1970. Textural properties for pattern recognition. Picture Processing and Psychopictorics：347-370.

Hu M K. 1962. Visual pattern recognition by moment invariants. Information Theory，IRE Transactions on，8（2）：179-187.

Irene Y H G，Henrik R V. 2008. Automatic classification of wood defects using support vector machines. International Conference of Computer Vision and Graphics：356-367.

Isabelle B，Henri M. 1995. Fuzzy mathematical morphologies：a comparative study. Pattern Recognition，9：1341-1387.

Jamali N. 2011. Majority voting：material classification by tactile sensing using surface texture. IEEE Transactions on Robotics，27（3）：508-521.

Kauppinen H，Kautio H，Silvén O. 1999. Non-segmenting defect detection and SOM based classification for surface inspection using color vision. Conference on Polarization and Color Techniques in Industrial Inspection，7：270-280.

Kennedy J，Eberhart R C. 1997. A discrete binary version of the particle swarm algorithm//Systems，Man，and Cybernetics. Computational Cybernetics and Simulation，IEEE International Conference on. IEEE，5：4104-4108.

Kenneth R C. 1998. 数字图像处理. 朱志刚，等译. 北京：电子工业出版社.

Kingsbury N. 2001. Complex wavelets for shift invariant analysis and filtering of signals. Applied and Computational Harmonic Analysis，10（3）：234-253.

Kohonen T. 1990. The self-organizing maps. Proceedings of the IEEE，78（9）：1464-1480.

Li C，Huang J Y，Chen C M. 2004. Soft computing approach to feature extraction. Fuzzy sets and systems，47（1）：119-140.

Li S T，Kwok J T，Zhu H L，et al. 2003. Texture classification using the support vector machines. Pattern Recognition，36（12）.

Liu C. 2013. Learning discriminative illumination and filters for raw material classification with optimal projections of bidirectional texture functions. Proceedings of the IEEE Computer Society Conference on Computer Vision and Pattern Recognition：1430-1437.

Mahram A. 2012. Classification of wood surface defects with hybrid usage of statistical and textural features. International Conference on Telecommunications and Signal Processing，35：749-752.

Marco C，Hefin R. 2009. Evolutionary artificial neural network design and training for wood veneer classification. Engineering Applications of Artificial Intelligence，（22）：732-741.

Matti Niskanen O S，Kauppinen H. 2001. Color and texture based wood inspection with non-supervised clustering. Proceedings of the Scandinavian Conference on Image：336-342.

Nemirovsky S，Porat M. 2009. On texture and image interpolation using Markov models. Signal Processing：Image Communication，24（3）：139-157.

Otsu N. 1979. A threshold selection method from gray-level histograms. IEEE Teans Sys，Man，Cyber，9（1）：62-66.

Pham D T，Alcock R J. 1998. Automated grading and defect detection：a review. Forest Products Journal，48：34-42.

Pham D T，Alcock R J. 1999. Automated visual inspection of wood boards：selection of features for defect classification by a neural network. Journal of Process Mechanical Engineering，213（4）：231-245.

Pramunendar R A. 2013. A classification method of coconut wood quality based on gray level co-occurrence matrices. Proceedings of International Conference on Robotics：254-257.

Qi D W，Zhang P. 2010. Edge detection of wood defects in X-ray wood image using neural network and mathematical morphology. Proceedings of the 29th Chinese Control Conference，7：29-31.

Rafael C G，Richard E W. 2011. 数字图像处理. 阮秋琦，阮宇智，等译. 北京：电子工业出版社.

Ramakant N，Babu K R. 1980. Linear feature extraction and description. Computer Graphicsand Image Processing（CGIP），（13）：257-269.

Robert M，Haralick S K. 1973. Textural feature for image classification. IEEE Transactions on Systems，Man and Cybernetics，6（3）：610-621.

Rumelhart D E，McClelland J L. Parallel Distributed Processing. Cambridge，MA：MIT Press，1986.

Sengur A. 2008. Wavelet transform and adaptive neuro-fuzzy inference system for color texture classification. Expert Systems with Application，34（3）：2120-2128.

Suo G J. 2011. Research on identification and classification of texture based on MATLAB. The International Society for Optical Engineering，8335（11）：25-30.

Tamura H，Mori S，Yamawaki T. 1978. Texture features corresponding to visual perception. IEEE Trans on Systems，Man and Cybemetics，8（6）；460-473.

Tournier C，Grass M，Zope D，et al. 2012. Characterization of bread breakdown during mastication by image texture analysis. Journal of Food Engineering，113（4）：615-622.

Wa W. 1999. Fast image fusion with a Markov random field. IEEE Image Processing and its Application Conference Publication，465：557-561.

Wooten J R，Filip To S D，Igathinathane C，et al. 2011. Discrimination of bark from wood chips through texture analysis by image processing. Computers and Electronics in Agriculture，79（1）：13-19.

Wright J，Yang A Y，Ganesh A，et. al. 2009. Robust face recognition via sparse representation. Pattern Analysis and Machine Intelligence，IEEE Transactions on，31（2）：210-227.

Wu D Y. 2010. Wood defect recognition based on affinity propagation clustering. Chinese Conference on Pattern Recognition：541-545.

Yang F G，Sun T J，Pang Q G，et al. 2006. Wood texture classification algorithm based on SVM and wavelet. Chinese Journal of Scientific Instrument，27（3）：2250-2252.

Yin K Y，Liu H W，Jin L. 2011. Fast SAR image segmentation method based on Otsu adaptive double threshold. Journal of Jilin University（Engineering and Technology Edition），41（6）：1760-1765.

Ying Z G，Jayaram K U. 2009. Intensity standardization simplifies brain MR image segmentation. Computer Vision and Image Understanding，10：1095-1103.

Zhao Z L. 2012. Non-destructive testing of solid wood plate using variable permittivity plate capacitor. IEEE International Symposium on Instrumentation and Control Technology，8：153-156.